KB083517

나의 시간은
　　　너의 시간과 같지 않다

나의 시간은
너의 시간과 같지 않다

1판 1쇄 펴냄 2023년 10월 27일 **1판 2쇄 펴냄** 2024년 6월 17일

지은이 김찬주
펴낸이 이희주 **편집** 이희주 **교정** 김란영 **디자인** 전수련
종이 세종페이퍼 **인쇄·제본** 두성P&L
펴낸곳 세로북스 **출판등록** 제2019-000108호(2019. 8. 28.)
주소 서울시 송파구 백제고분로 7길 7-9, 1204호
https://serobooks.tistory.com/ **전자우편** serobooks95@gmail.com
전화 02-6339-5260 **팩스** 0504-133-6503

ⓒ 김찬주, 2023
ISBN 979-11-979094-5-0 03420

이 도서는 한국출판문화산업진흥원의 '2023년 중소출판사 출판콘텐츠 창작 지원 사업'의
일환으로 국민체육진흥기금을 지원받아 제작되었습니다.

김찬주 교수의 고독한 물리학 **특수 상대성 이론**

나의 시간은
너의 시간과
같지 않다

김찬주 지음

세로
SEROBOOKS

물리학자처럼 생각하고
물리학자처럼 결론에 도달하는 완전한 체험.
특수상대론을 정말로 이해하고 나면
다시는 무지몽매했던 과거로 돌아갈 수 없다!

과학으로 세상을 이해한다는 것

늘 머리에 맴도는 문장이 있습니다.

"이걸 왜 알아야 하지?"

저는 대학에서 과학 교양과목을 강의합니다. 현대물리학이 주요 주제죠. 학년과 전공에 관계없이 많은 학생이 제 과목을 수강합니다. 이과 계열은 물론이고 문과나 예체능 계열 수강생도 많습니다. 일부를 제외하곤 물리와는 직접적으로 아무 관계도 없는 삶을 살아갈 학생들입니다. 이들에게 눈에 보이지도 않는 원자의 이상한 성질을 현대물리학 이론으로 미주알고주알 설명하고, 그걸 시험문제로 내고, 누가 얼마나 잘 공부했는지 채점하여 성적을 매깁니다.

무슨 의미가 있을까요?

학기가 끝나면 '이 과목의 학점을 땄다'는 사실과 배울 때의 막연한 느낌 이외에는 학생의 머리에 아무것도 남아 있지 않을 가능성이 큽니다. 돌이켜보니 과거에 제가 바로 그런 학생이었습니다. 저는 수업 시간에 무엇을 하는 걸까요? 흔한 질문입니다. 그럴듯한 답변도 여러 곳에서 찾을 수 있죠. 하지만 그 답변들로 충분한지 저는 확신할 수 없습니다. 때로는 두려움에 휩싸입니다. 수많은 학생의 귀중한 시간을 빼앗고 있는 건 아닐까?

저는 아직 답을 잘 모릅니다. 다만, 답을 찾는 과정에서 제가 학생들에게 전하고 싶은 것이 있다는 사실을 깨달았습니다. 그건 바로 과학적 세계관의 존재입니다. 세상을 보는 관점은 많습니다. 과학자인 저는 과학의 눈으로 세상을 보는 방식을 이야기하고 싶습니다. 과학의 결과물보다는 결과에 이르는 과정을, 그리고 그런 과정을 통해 우리가 사는 세상을 이해하는 방법이 존재한다는 사실 자체를 알리고 싶습니다.

개별적인 과학 지식을 많이 안다고 해서 과학적 세계관에 눈을 뜨는 것은 아닙니다. 그건 마치 백과사전에 늘어선 수많은 항목처럼 아무런 체계도 잡히지 않은 단편 사실의 암기에 불과할 수도 있습니다. 유일한 가능성인지는 모르겠지만, 제가 물리학을 공부하며 깨달은 확실한 방법이 있습니다. 소박하더라도 온전한 과학 활동을 하는 거죠. 시작부터 끝까지 눈과 손과 뇌가 직접 보고 만지고 고민하는 그만큼, 과학으로 세상을 이해한다는 것이 어떤 의미인지 느낄 수 있습니다.

이 책은 일반인을 대상으로 하는 특수상대론 강의입니다. 특수상대성 이론, 혹은 줄여서 특수상대론은 1905년에 아인슈타인이 발표한 물리학 이론입니다. 이 이론은 10년 후 일반상대론으로 이어지며 인류가 태곳적부터 가지고 있던 시간과 공간의 개념을 뒤집었습니다. 양자역학과 함께 현대물리학 혁명을 일으켰고, 핵발전소에서 휴대전화에 이르기까지 현대의 물질문명을 가능하게 한 핵심

이론입니다. 특수상대론은 과학을 넘어 철학이나 문학, 예술에 이르기까지 많은 영향을 미쳤습니다. 아인슈타인이 단순히 위대한 과학자를 넘어 20세기 인류를 대표하는 상징적 존재로 자리매김한 것도 특수상대론이 시작이었습니다.

이 책은 특수상대론을 일반인의 눈높이에서 알기 쉽게 설명하기 위해 썼습니다. 하지만, 그것이 유일한 목적은 아닙니다. 책을 쓴 가장 근본적인 의도는 특수상대론을 통해 독자가 물리학 연구를 직접 체험하게 하는 것입니다. 관람이나 견학, 시찰, 혹은 간접 체험이 아니라 시작부터 끝까지 물리학자처럼 생각하고 물리학자처럼 결론에 도달하는 완결된 직접 체험입니다. 앞서 언급했듯이 이런 온전한 체험이 우리가 살고 있는 세상을 과학의 눈으로 새롭게 바라보는 계기가 될 수 있기 때문입니다.

이런 의도를 실현하기 위해 책을 쓰면서 다음 몇 가지를 지키려고 노력했습니다.

첫째, 동기와 의지만 있다면 사전 지식이 없어도 누구나 이해할 수 있게 쓰자.

둘째, 어렵다는 이유만으로 중요한 부분의 설명을 건너뛰지 말자.

셋째, 핵심을 훼손하지 않는 한 최대한 쉽고 친절한 설명을 찾자.

넷째, 짧은 글에 새로운 내용을 많이 포함하지 말자.

그러다 보니, 보통의 교양 과학 서적과는 작지만 중요한 차이가 있습니다. 이 책에는 아주 쉬운 내용도 있지만 다른 곳에서는 다루지 않는 내용도 있습니다. 어떤 경우든 아무 근거도 없이 결과만 쓰지 않고 결과에 이르는 모든 중간 과정을 설명했기 때문입니다. 상식으로 누구나 알고 있거나 초등학교 수준의 쉬운 내용이라고 하여 건너뛰지 않았습니다. 일반인이 이해하기에는 너무 어려운 논리라는 이유로 설명을 생략하지도 않았습니다. 쉬우면 쉬운 대로, 어려우면 어려운 대로 모두 물리학 연구에서 수시로 마주치는 과정이니까요. 책을 읽다 보면 때로는 쉬운 부분이 오히려 어렵게 느껴지고 어려운 부분이 의외로 쉽게 느껴질 겁니다. 많은 경우에 쉬움과 어려움은 실제 난이도의 차이가 아니라 익숙함의 차이일 뿐입니다. 특수상대론은 바로 그런 익숙함을 뒤집는 이론입니다.

이 책의 주요 부분은 네이버의 프리미엄콘텐츠 파트너 채널에 연재한 글입니다. 독자의 과분한 성원과 격려에 힘입어 연재를 이어갈 수 있었습니다. 글을 책으로 엮으면서 주제별로 여섯 개의 장으로 나누었습니다. 여기에 독자의 반응을 반영하여 표현을 다듬고 내용을 보완하여 완결성을 높였습니다.

각 장 끝에는 [토론]을 추가하여, 질문과 답변, 더 깊이 있는 설명, 혹은 글의 흐름에서 살짝 벗어나지만 책을 읽으며 떠오를 수 있는 생각 등 다양한 주제를 다뤘습니다. 인간의 사고 과정이 대체로 마찬가지지만, 과학에서는 특히 연구에 몰입했다가 살짝 벗어난 상태에서 그 전과는 다른 각도로 내용을 음미하면서 깨달음을 얻거나 새로운 발견을 하는 경우가 종종 있습니다. 각 장 끝의 [토론]이 이런 역할을 하면 좋겠습니다.

지구상에 존재하는 그 어떤 특수상대론 설명보다 이해하기 쉽게 쓰자고 다짐하며 글을 시작한 기억이 납니다. 이론 자체가 어려운 건 어쩔 수 없어도, 설명이 불친절하여 이해하지 못하는 독자는 없어야 한다고 믿습니다. 제 의도와 노력이 얼마나 성공했을지 모르겠습니다. 이 책이 특수상대론의 이해, 더 나아가 과학적 세계관의 이해에 조금이라도 도움이 되기를 바랍니다.

2023년 가을에
김찬주

차례

특수상대론의 특별함

상대론은 상대성 이론의 줄임말입니다. 쓰기도 편하고 부르기도 편하니 여기서는 상대론이라고 하겠습니다. 영어로도 'theory of relativity'를 줄여서 그냥 'relativity'라고 합니다. 뒤에서 설명할 예정이지만, 상대론에는 특수상대론과 일반상대론이 있습니다. 특수상대론이 훨씬 더 쉬운 이론입니다.

상대론을 설명하는 글은 많습니다. 동영상도 넘쳐나죠. 요새는 고등학교 물리 시간에도 배웁니다. '만유인력' 하면 뉴턴이듯이 '상대론' 하면 아인슈타인입니다. 아인슈타인은 아마도 뉴턴과 함께 인류 역사상 가장 인지도가 높은 사람일 겁니다. 물론 예수님이나 부처님도 있지만 인간 세계를 초월한 분들은 빼고 생각하는 것이 맞겠지요. 그러고 보니 둘 다 물리학자네요.

그런데 저는 왜 또 상대론 얘기를 하려는 걸까요?

상대론이 인류 문명에 끼친 영향은 참으로 지대합니다. 현대물리학 거의 전체가 상대론을 기반으로 하고 있습니다. 핵발전소에서 생산하는 전기, 병원의 의료기기, 휴대전화의 지도 앱에 이르기까지 우리의 일상에 깊이 들어와 있기도 합니다. 상대론의 영향력은 과학을 훨씬 뛰어넘습니다. 시간과 공간에 대한 개념을 근본부터 송두리째 뒤흔들어 철학이나 예술에도 큰 영향을 끼쳤습니다. 그러나 이런 잘 알려진 이유로 군이 또다시 상대론 얘기를 하려는 건 아닙니다.

제가 보기에 상대론은, 그중에서도 특히 특수상대론은 다른 과학 이론에서는 찾아보기 어려운 매우 독특한 특성이 있습니다.

과학은 어렵습니다. 마치 이런 쉬운 것도 모르면 바보라는 듯이 학교에서 무덤덤하게 가르치고 배우는 대부분의 과학 내용은, 한때는 전 세계의 그 누구도 답을 몰랐던 미해결 문제였습니다. 인간의 지적 능력이 출생 연도에 비례하여 향상되는 게 아니라면, 과거에 날고 긴다는 과학자들마저 쩔쩔매던 문제를 오늘날의 우리가 단순히 그들보다 늦게 태어났다는 이유만으로 쉽게 이해할 리 없습니다.

물론 우리는 과거의 과학자가 겪었던 수많은 시행착오를 거치지 않습니다. 핵심만을 찾아 지름길을 따라 정답을 배웁니다. 하지만 그렇다고 하여 본래 어려운 내용이 누구나 이해할 수 있을 정도로 쉽게 바뀌진 않습니다. 지름길을 따라 등산하면 훨씬 숨이 벅찹니다. 지름길을 따라 완성된 과학 이론을 배우면, 한꺼번에 머리에 쏟아져 들어오는 압축된 정보를 곧바로 제대로 소화하기 어렵습니다. 천재가 아닌 이상, 자신의 것으로 만드는 데는 필연적으로 시간이 필요합니다. 머리로 음미하고 사색하는 시간, 그리고 가슴으로 받아들이는 시간.

정규 학교 교육 내용을 벗어나 최신 과학 발전까지 포함하면 사정이 더 어렵습니다. 이해는 고사하고 생경한 전문용어에 익숙해지기도 벅찹니다. 일반인이 논리의 비약 없이 과학 이론을 이해하기란 불가능에 가깝습니다. 일반인을 대상으로 하는 교양 과학은 결국 적당히 타협할 수밖에 없습니다. 중간 과정을 생략하고 결과만을 설명하는 것이지요. 그럴듯한 예시나 비유를 곁들일 뿐입니다. 이처럼 단계적 이해의 과정이 생략된 과학은 일반 대중에게 종교나 이념과 크게 다르지 않습니다. 이건 누구의 잘못도 아닙니다. 굳이 따지자면 과학이 너무 많이 발전하여 생긴 문제입니다.

특수상대론은 매우 드문 예외입니다. 핵심을 이해하는 데 사전 지식이 거의 필요 없습니다. 복잡하지도, 어려운 전문용어가 나오지도 않습니다. 일반인도 대학교 전공수업에서 배우는 것과 똑같은 방식으로 배우고 생각하고 이해할 수 있습니다. 100여 년 전에 아인슈타인이 이해했던 바로 그 방식 그대로 말이지요. 단순화하여 말하자면, 특수상대론은 직선 몇 개 그어 놓은 그림 한두 장만 이해하면 끝입니다. 물론 '제대로' 이해해야 합니다만.

난해하기로 악명 높은 이 이론을 아무 사전 지식이 없는 보통 사람도 이해할 수 있다니 정말이냐고요? 정말입니다. 바로 이것이 제가 특수상대론에 대한 책을 쓰기로 마음먹은 가장 큰 이유입니다. **대부분의 과학 이론과는 달리 특수상대론은 평범한 일반인도 아무런 논리적 비약이나 불완전한 비유 없이 핵심에 도달할 수 있습니다.** 일방적인 결과의 나열과 무비판적인 수용이 아니라 이해와 설득을 통해서 말입니다.

하지만, **특수상대론의 이해가 이 책의 궁극적 목표는 아닙니다.**

사소해 보이지만 매우 중요하게 살펴볼 점이 한 가지 있습니다. 특수상대론은 이미 수많은 책에 잘 설명되어 있습니다. 흠잡을 데 없는 완벽한 논리로 간결하게. 그런데 제 생각에는 바로 여기에 문제가 있습니다. 대체로 책의 저자는 과학자입니다. 과학자는 자기 분야의 글을 쓸 때 보통 논리적으로 명쾌하게, 그리고 오해의 여지를 가능한 한 줄여서 쓰기 위해 노력합니다. 결론을 도출한 후에는 같은 얘기를 되풀이하지 않고 다음으로 나아갑니다. 이런 책은 읽는다고 곧바로 이해하기가 쉽지 않습니다. 여러 번 읽어도 제자리걸음을 하기 십상입니다. 독자의 노력이 더 필요합니다. 충분히 시간을 들여 되새김질하며 익숙해져야 합니다. 깨달음이 올 때까지 기나긴 사색을 해야 할 수도 있습니다. 과학에 익숙한 사람은 혼자서 잘해 낼 수 있습니다. 그러나 본격적인 과학 훈련을 받지 않은 대부분의 일반인에게는 너무 큰 부담입니다.

저는 평범한 독자를 대상으로 생각의 흐름을 따라 속도를 조절하며 쓴 책이 있으면 좋겠다는 상상을 하곤 합니다. 매끄러운 정답이 나오기 전, 머릿속에서 좌충우돌하며 맴도는 막연한 생각까지 포함해서 말이지요. 보통은 독자가 알아서 해결해야 마땅한 것으로 떠넘겨지는 부분이지요. 하지만 이런 내용도 어느 정도 책에 들어 있다면, 독자의 부담이 많이 줄어들 겁니다.

특수상대론은 이런 생각과 매우 잘 맞는 주제입니다. 시작부터 결론까지, 사전 지식이 없는 일반인이라도 이론물리학자가 어떻게 물리학을 연구하는지 직접 체험할 수 있는 매우 이상적인 이론입니다. 사실, 물리학자가 어떤 이론을 완성할 때는 거의 모든 시도를 실패하고 가장 마지막 한 번을 성공할 뿐입니다. 마지막 한 번의 성공을 논문으로 발표하는 거지요. 특수상대론을 이해하는 과정도 마찬가지입니다. 누구나 무수한 실패와 마지막 성공을 체험할 수 있습니다. 호기심과 약간의 의지가 필요할 뿐입니다.

물리학자처럼 생각하고 물리학자처럼 결론에 도달하는 완전한 체험. 하나의 완결된 체험이 어쩌면 과학, 더 나아가 우리가 살고 있는 세상을 새롭게 바라보게 하는 계기가 될 수도 있지 않을까요.

1

특수상대론을
만나기 위한 짧은 준비

1강

바람맞은 약속, 그리고 시간과 공간

상대론은 시간과 공간의 이야기입니다. 이 이론은 우리가 지금까지 살아오면서 단 한 번도 의심하지 않았던 정든 시간과 공간의 모습이 사실은 허상이라고 설명합니다. 우리가 일상에서 경험하는 시간과 공간은 어떤 특성이 있을까요? 이것을 먼저 정리하고 넘어가야 그것이 허상인지 아닌지 논의를 시작할 수 있겠지요.

  그림 1은 제가 일하는 이화여자대학교 부근의 약도입니다. 기훈은 오는 크리스마스 정오에 지영과 이대 정문에서 만나기로 약속했습니다. 이 약속은 혼동의 여지없이 잘 정해진 약속일까요? 혹시 기훈이 이 동네 지리를 잘 몰라서 헤매면 어떡하죠? 이대 정문을 찾아오는 방법을 알려 주면 됩니다. 서울 지하철 2호선을 타고 이대역에서 내려 3번 출구로 나온 뒤 북쪽으로 250미터쯤 걸어가면 이대 정문

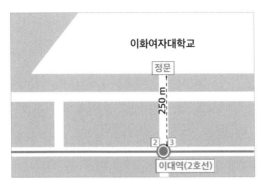

그림 1_ 이화여자대학교 부근의 약도.

이 나온다고 말이죠. 요새는 휴대전화에 자신의 위치까지 잘 나오는 정밀한 지도가 있으니 이런 안내가 필요 없겠지만, 아무튼 원한다면 이렇게 약속 장소를 알려 줄 수 있습니다.

이런 약속은 어떤가요?

"크리스마스에 눈이 오면 우리가 처음 만났던 카페에서 보자. 먼저 온 사람이 기다리기로 해."

기훈의 이 말을 철석같이 믿은 지영은 크리스마스에 함박눈이 오자 기뻐하며 카페로 갔습니다. 그런데 기훈은 자정이 지나도 나타나지 않았어요. 다음 날, 지영은 기훈에게 따져 물었습니다.

"약속을 잊었니? 아니면 카페가 기억이 안 났어? 전화라도 하지."

기훈은 깜짝 놀라며 반문했습니다.

"눈이 왔어? 우리 동네엔 안 왔는데!"

알고 보니 그 함박눈은 국지성 폭설이었던 겁니다. 지구 온난화가 문제였을 수도 있겠네요.

왜 약속이 어긋났을까요? 눈이 오는 현상은 지역마다 다를 수 있다는 사실을 간과했기 때문이죠. 지영과 기훈이 특정 순간에 눈이 오는 사건을 반드시 공유한다는 보장이 없는 겁니다. 첫 상황에서는 그렇지 않습니다. 크리스마스 정오라는 시간은 누구에게나 같은 순간입니다. 달리 말하면, '기훈의 시계가 정오를 나타내는 사건'과 '지영의 시계가 정오를 나타내는 사건'은 같은 순간에 일어납니다. 지영에게 정오일 때, 예를 들어 기훈에게 11시인 경우는 있을 수 없다는 거죠. 왜냐면 누구나 같은 시간을 공유하니까요. 한 사람에게만 눈이 오듯이 한 사람에게만 정오인 일은 절대로 일어나지 않습니다. 이것이 우리가 시간에 대해 가지고 있는 상식이자 경험으로 터득한 사실입니다.

참고로, 우리는 일상에서 어떤 특별한 의미가 있는 일을 '사건'이라고 부르지만, 그런 의미는 사람이 부여한 것일 뿐 자연은 아무런 구분을 하지 않습니다. 물리학적으로는 특정 순간에 특정 위치에서 일어나는 모든 것이 다 사건입니다. 크리스마스에 지영의 동네에 눈이 오는 것만 사건이 아니라 기훈의 시계가 정오를 나타내는 것도 특정 순간에 특정 위치에서 일어나는 훌륭한 사건이죠. 숨 쉬는 것도 사건이고 눈 한 번 깜박이는 것도 사건입니다.

거리에 대해서도 마찬가지입니다. 이대역 3번 출구에서 북쪽으로 250미터 가면 이대 정문이 나온다는 것은 지영에게도 기훈에게도, 다른 누구에게도 변함없는 사실입니다. 만약 기훈의 경우에는 250미터가 아니라 2.5킬로미터를 가야 이대 정문이 나온다면, 지영은 기훈을 만나지 못하고 바람을 맞을 겁니다.

'혹시 나의 한 시간이 지영에게는 두 시간이면 어쩌지?' 또는 '나의 1킬로미터가 기훈에게는 5킬로미터면 어쩌지?' 하는 걱정을 하지 않고 하루하루를 마음 편하게 사는 것은, **이 땅에 사는 사람 누구에게나 시간이 흘러가는 속도가 같고 거리의 기준이 같다는 것을 무의식적으로 누구나 다 믿고 있고, 또한 그 믿음이 현실 세계에서 매우 잘 맞기 때문입니다.** 너무나 당연해서 지금 여기에서 새삼스럽게 이 사실을 거론하는 것이 이상할 정도죠.

만약 현재 시각을 확인하려면 각자 자신의 시계를 꺼내 보거나 주변에 걸려 있는 시계를 보면 됩니다. 정확한 시계라면 다 같은 시각을 가리킬 테니 아무거나 보면 되죠. 달리 말하면, 우리는 어디서든 원하는 순간에 시간을 확인할 수 있습니다. 마찬가지로 어떤 물체의 길이나 두 지점 사이의 거리도 아무 때나 잴 수 있습니다. 재는 방법이 세부적으로 조금 달라도 도구만 정확하다면 누가 어디서 재든 정확한 길이가 나옵니다.

조금 그럴듯하게 다음과 같이 표현할 수 있습니다. 눈에 보이진 않지만, 우리가 사는 공간 모든 곳에 자와 시계가 있습니다. 땅에도, 지하에도, 공중에도 각 점에 하나씩 무한히 많은 시계가 열심히 돌아가고 있습니다. 특정한 순간에 모든 시계는 같은 시각을 가리키고 있습니다. 시간이 흘러가는 속도도 모두 같으므로 아무리 세월이 흘러도 무한히 많은 그 시계들은 한 치의 오차도 없이 영원히 똑같이 움직입니다. 누구든 현재 시각을 알고 싶으면 자기 앞에 놓인 시계를 보면 됩니다. 사실은 아무 시계나 봐도 다 마찬가지죠. 모두 같은 시각을 가리키고 있으니까요. 누구든 어떤 물체의 길이를 재고 싶으면, 공간의 모든 곳에 붙어 있는 자의 눈금을 읽으면 됩니다. 언제 어느 곳에서 누가 재든 같은 길이가 나옵니다. 집에서 170센티미터였던 키가 부산 가는 KTX 안에서 잰다고 180센티미터로 변하는 일도 일어나지 않습니다.

이것이 우리가 일상에서 경험하는 시간과 공간입니다. 서울에 있든, 뉴욕에 있든, 아니면 비행기를 타고 태평양을 건너고 있든, 그

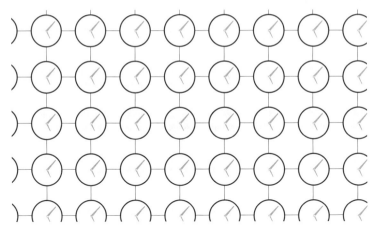

그림 2 _ 일상적으로 경험하는 시간과 공간.

사람의 상황이나 움직임이 어떠하든, **누구에게나 흘러가는 시간은 똑같고, 길이의 기준도 같습니다. 시간과 공간은 완벽히 구분되어 아무 관계가 없고, 누구나 하나의 시간을 공유합니다.**

예를 들어 한국 시간으로 정확히 오늘 아침 10시 32분 45초일 때 지구의 모습은 어떠했을까요? 이대역 앞 어떤 학생은 학교로 걸어가며 오른발을 땅에서 20센티미터 들어 올렸습니다. 영국의 한 병원에서는 엄마의 뱃속에서 막 나온 아이가 울음을 터뜨리려고 입을 벌렸습니다. 아프리카에서는 사자가 사냥감의 목을 물고 숨을 끊으려 하고 있습니다. 멕시코의 어떤 가정집에서는 싱크대에서 접시가 떨어져 깨지기 직전입니다. 지구상에 일어나는 모든 사건을 '한국 시간 오전 10시 32분 45초'의 바로 그 순간에 3차원 정지 영상에 담는다면 졸고 있는 기훈에게나, 운전 중인 지영에게나, 혹은 비행기를 타고 있는 손흥민 선수에게나 '한국 시간 오전 10시 32분 45초'의 순간은 완전히 똑같은 모습을 하고 있습니다.

그다음 1초 후의 모습도 누구에게나 같을 겁니다. 아이는 우렁차게 울음소리를 내었고, 사자의 사냥감은 속절없이 숨을 거두었으며, 멕시코의 접시는 산산조각이 났을 겁니다. 그다음 1초 후도, 또 그다음 1초 후도 누구에게나 같겠죠. 졸고 있는 기훈에게만 아이가 울기 전이라거나, 운전 중인 지영에게만 사냥감이 아직 숨이 붙어 있다거나, 비행기를 타고 빠르게 움직이고 있는 손흥민 선수에게만 접시가 깨지기 전일 수는 없습니다. 기훈이나 지영의 어떤 한순간이 손흥민 선수의 어떤 한순간과 다르지 않으니까요. 한마디로, 누가 영화를 찍든 매 순간 정지 영상은 완벽하게 똑같다는 말입니다.

이처럼 우주 전체에는 하나의 절대적인 시간이 흐르고 있습니다, 우리의 일상 경험에 따르면.

하지만 특수상대론에 따르면, 이것은 허상입니다.

우리는 생각보다 훨씬 더 재미있는 세상에 살고 있습니다.

2강

일상에서 속도 더하기: 1차원

특수상대론은 속도로 시작하여 속도로 끝납니다. 앞으로 지겹도록 속도와 만나 울고 웃으며 시간과 공간의 비밀을 벗길 것입니다.

일상에서는 아마도 움직이는 자동차의 빠르기를 나타내는 양으로 속도를 가장 많이 접할 겁니다. 예를 들어 어린이 보호구역의 제한속도는 30km/h, 즉 시속 30킬로미터입니다. 이건 한 시간에 30킬로미터를 간다는 뜻입니다. 물론 정말 한 시간 동안 가는 걸 기다렸다가 거리를 재어 보고 속도를 결정하진 않습니다. 현재의 빠르기를 그대로 유지하면 한 시간 후 30킬로미터만큼 갈 거라는 얘기죠. 한 시간은 3600초이므로 30킬로미터, 즉 30000미터를 3600으로 나누면 약 초속 8.3미터입니다. 이것을 8.3m/s로 씁니다. 속도를 나타낼 때 /h는 '한 시간(hour)당'이라는 뜻이고 /s는 '1초(second)당'이라는 뜻입니다.

어디선가 들어보았겠지만, 특수상대론에서 매우 중요한 빛의 속도는 대략 초속 30만 킬로미터, 즉 30만 km/s입니다. 정확한 값은 30만이 아니라 299792.458인데, 적어도 이 책에서는 중요하지 않으므로 특별한 경우가 아니면 그냥 계속 30만이라고 하겠습니다. 왜 하필 30만이냐, 혹은 왜 하필 299792.458이냐면, 순전히 역사적 우연 때문입니다. **30만이나 299792.458이라는 숫자 자체에는**

아무런 과학적 중요성도 없습니다. 역사적으로 보면 미터는 본래 지구 크기를 적당히 나누어 정의한 길이의 단위이고, 초는 하루를 적당히 나누어 정의한 시간의 단위입니다. 지구의 특성을 가지고 만든 단위들이니 우주 아무 곳이나 돌아다니는 빛의 속성과는 무슨 관계가 있을 리 없죠. 그런데 이렇게 정의한 미터와 초를 가지고 빛의 속도를 표현해 봤더니 우연히 거의 30만 km/s, 즉 초속 3억 미터가 나왔을 뿐입니다. 다른 단위, 예를 들어 거리를 마일로 나타내면 빛의 속도는 약 초속 186283마일입니다. 재미없는 숫자입니다.

용어 얘기를 하나 더 하자면, 물리학에서는 본래 속도velocity와 속력speed을 구분하여 사용합니다. 속도는 빠르기와 방향을 합친 용어이고, 속력은 빠르기만을 뜻하는 용어입니다. 그런데 여기서는 반드시 구별해야 하는 경우가 아니라면 속도라고 하겠습니다. 일상에서는 속도라는 표현이 훨씬 많이 쓰이기 때문입니다. 굳이 용어의 엄밀성 때문에 그보다 훨씬 중요한 자유로운 사고를 조금이라도 제약할 필요는 없는 것 같습니다.

특수상대론을 본격적으로 시작하기에 앞서 반드시 짚고 넘어가야 할 내용이 있습니다. 속도를 더하는 방법입니다. 여기서는 먼저 1차원, 즉 한 방향의 속도만을 생각하겠습니다. 사실 대부분 일상에서 매우 자연스럽게 터득하고 있어서 '굳이 이런 것까지 설명이 필요한가' 하는 느낌이 있지만, 나중에 특수상대론 얘기를 듣다 보면 머릿속이 온통 뒤죽박죽되어 이 부분을 다시 볼 수도 있습니다.

공항이나 지하철에 보면 소위 무빙워크가 있습니다. 권장 순화어로는 자동길이라고 합니다. 자동길 위에서 걸어가면 그냥 서 있는 것보다 당연히 더 빠르게 갈 수 있겠지요. 얼마나 빨리 갈 수 있을까요? 예를 들어 자동길이 움직이는 속도가 초속 1미터, 즉 1m/s라고 합시다. 기훈이 자동길 위에서 자동길이 움직이는 방향으로 2m/s의 속도로 바삐 걷고 있습니다. 이 광경을 자동길 밖에서 그냥 정지해 있는 지영이 지켜보고 있습니다. 지영이 볼 때 기훈의 속도는 얼마일까요? 물론 생각해 볼 것도 없이 답은 3m/s입니다. 초등학교로 돌아간 것 같아 불만인 독자도 있겠지만, 조금만 인내심을 가집시다. 답이 3m/s인 것은 맞는데, 왜죠? 속도는 더해야 하기 때문이겠죠. 왜 더해야 하죠?

이 쉬운 질문에 정식으로 답을 하려면, **시간을 재고 거리를 재는 과정을 생각해 봐야 합니다.** 우선 시계와 자가 필요하겠죠. 그런데 이건 1강에서 설명했습니다. 누구에게나 똑같은 속도로 흘러가는 절대적인 시간이 있고 누구나 길이를 재는 기준이 같으므로, 공간의 모든 점에 시계와 자가 붙어 있다고 생각하면 된다고요. 이제 무한히 많은 시계 중에서 아무거나 보면 시간을 알 수 있습니다. 시계가 모두 같은 시각을 가리키니까요. 거리는 재고 싶은 곳에서 자의 눈금을 읽으면 되겠지요.

뻔한 얘기지만 그림으로 이해해 봅시다. 한 점의 의혹도 남지 않도록 말이죠.

자동길의 속도가 1m/s라는 말은 1초에 1미터 간다는 뜻입니다. 그림 1이 이를 나타냅니다. A에 서 있는 기훈이 1초 후 1미터 이

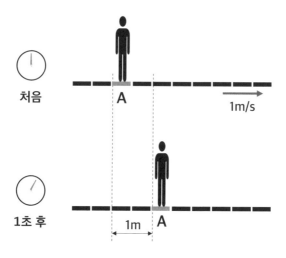

그림 1_ 움직이는 자동길과 정지한 사람.

동했습니다.

　만약 멈춰 있는 자동길 위에서 기훈이 2m/s의 속도로 걷고 있다면 1초 후에는 처음 위치 A에서 2미터 떨어진 B에 있게 됩니다. 그림 2입니다.

　이제 그림 1과 그림 2를 종합한 그림 3을 봅시다. 자동길이 1m/s로 움직이고 있고 기훈은 그 위에서 2m/s로 움직입니다. 밖에서 이 광경을 보는 지영에게 기훈은 1초 후 얼마나 움직였나요? 3미터 움직였습니다. 이것을 어떻게 알죠? 자동길의 A 지점이 1미터 움직였고, 그 A에서 기훈의 위치인 B까지가 2미터니까요. 그러니 처음 위치에서 B까지는 3미터입니다.

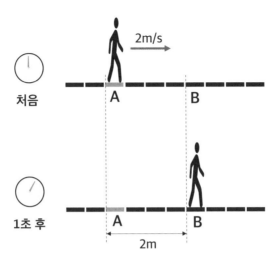

그림 2_ 정지한 자동길과 움직이는 사람.

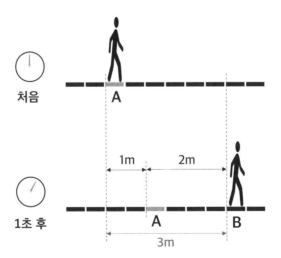

그림 3_ 움직이는 자동길과 움직이는 사람.

명백하네요. 이 초등학교 계산을 통해 **속도가 1+2=3처럼 단순히 더해지는 이유를 분명히 알았습니다. 1초 동안 움직인 거리가 '실제로' 그 값이기 때문인 거죠.**

이 쉬운 얘기를 이토록 자세하게 풀어 쓴 이유가 있습니다. 혹시라도 다른 가능성이 있는지, 속고 있는 건 아닌지 주의 깊게 보시기 바랍니다. 지금 살펴본 뻔한 계산이 나중에 번민의 나날을 얼마나 줄여 줄지 알 수 없습니다.

요약하겠습니다.

우리의 일상 경험에 따르면, 1+2=3의 확실성으로 두 속도는 정확하게 더해집니다. 다른 가능성은 없습니다.

뒤에서 보겠지만, **특수상대론에 따르면 이것은 사실이 아닙니다.** 어디서 잘못된 걸까요? 설마 아인슈타인이 덧셈을 틀린 건 아니겠지요?

3강
일상에서 속도 더하기: 2차원

특수상대론은 논리 구조가 매우 단순합니다. 하지만 그 결과를 마음으로 받아들이기는 절대 쉽지 않습니다. 지구에서 인간으로 살아가면서 자연스럽게 터득한 여러 상식 중에서도, 절대로 틀리지 않으리라고 믿어 의심치 않던 가장 기본적인 상식을 부정해야 하기 때문입니다. 뿌연 안갯속을 헤매다가 깨달음의 상태에 도달하려면, 어떤 경우에도 흔들리지 않는 단단한 기반이 필요합니다. 그 기반 위에 섰을 때 비로소 새로운 사실을 마음으로 받아들일 수 있습니다.

3강은 그런 기반을 만들기 위한 마지막 준비 작업입니다. 이번에도 2강에서와 마찬가지로 우리가 일상에서 늘 경험하는 내용입니다. 하지만, 평소에 이런 생각을 해 보지 않은 분들이라면 헷갈리거나 놀랄 수도 있습니다. 심지어 '내가 세상을 헛살았나?' 하고 회의에 빠질 수도 있습니다. 그러나 조금만 잘 생각해 보면 충분히 끄덕일 수 있는 내용입니다.

지영이 정지한 상태에서 공을 **위로 똑바로**, 즉 바닥에 대해 수직으로 던집니다. 그림 1처럼 공은 위로 올라갔다가 아래로 떨어져 다시 지영의 손으로 돌아오겠지요.

이번에는 지영이 움직이는 자동길에 서 있습니다. 정지해 있을

때와 마찬가지로 지영은 위로 공을 던졌다가 다시 자신의 손으로 공을 받습니다. 물론 공이 올라갔다 내려오는 동안 자동길과 지영은 계속 앞으로 움직입니다. 그러니 공이 다시 지영의 손에 떨어지려면, 공도 역시 자동길이나 지영과 함께 앞으로 계속 움직여야 하겠지요. 이 장면을 정지해 있는 기훈이 지켜보고 있다고 생각해 봅시다. 기훈에게는 공이 어떻게 움직이는 것으로 보일까요?

그림 2는 기훈이 지영의 모습을 카메라로 연속 촬영하여 여러 순간을 하나로 합성한 것입니다. 그림 2에서 보듯이 공은 매 순간 올라감과 동시에 앞으로 이동합니다. 이걸 연속적으로 이어 보면 포물선

그림 2_ 움직이는 자동길에 서서 공을 '위로' 던짐.

모양이 나옵니다. 특히, 기훈의 관점에서 공이 지영의 손을 떠날 때 비스듬하게 올라가야만 하는 것을 알 수 있습니다. 이때 올라가는 각도는 다음 순간 공이 올라간 거리와 지영이 앞으로 간 거리의 비율에 따라 결정될 것입니다. 지영이 멈춰 있으면 똑바로 올라가므로 90도일 것이고 지영이 빨리 움직일수록 각도가 작아지겠지요.

질문입니다.

움직이는 자동길에서 지영이 공을 위로 던질 때, **자신이 자동길과 함께 움직이고 있다는 사실을 고려하여 정지해 있을 때와는 다르게 공을 약간 앞으로 던진다는 느낌으로 던져야 할까요, 아니면 정지해 있을 때와 마찬가지로 자신이 보기에 그냥 위로 똑바로 던지면 될까요?**

정답은 움직이는 걸 전혀 의식하지 않고 정지해 있을 때와 마찬가지로 던지면 된다는 것입니다. 만약 이 답이 당연하다고 생각하면, 결론으로 건너뛰어도 됩니다. 뭔가 아닌 것 같다거나 속는 듯한 느낌이 들면 계속 읽으셔야 합니다. 마음속에서 "아냐! 그럴 리 없어!" 하는 격렬한 울림이 느껴지면 더욱 열심히 보기 바랍니다.

이 문제를 거부감 없이 자연스럽게 이해하기 위해, 공을 위로 던지는 대신 그림 3처럼 공을 든 손을 위로 올렸다 내리는 모습을 상상해 봅시다. 여러분이 당사자라고 생각하면 좀 더 실감이 날 겁니다. 지금 당장 손에 아무거나 쥐고 직접 실험해 보면 더 확실하겠지요. 움직이는 자동길 위에 서 있는 대신에 걸어가면서 실험하면 됩니다. 걸어가면서 손을 위로 똑바로 올렸다 내려 보세요. 그동안 여러분의

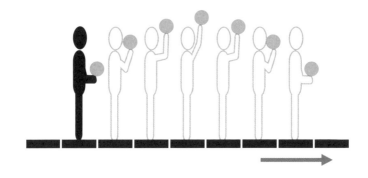

그림 3_ 움직이는 자동길에 서서 공을 잡고 손을 들었다 내림.

몸은 앞으로 전진합니다. 여러분은 손을 위로 똑바로 올렸다 내렸지만, 그렇게 위로 똑바로 올라간 손도, 그리고 그 손안에 있는 공도 모두 몸과 함께 앞으로 전진해 있습니다!

공을 던지는 것과 손으로 공을 올리는 것은 다르다고요? 그럼 이런 상상은 어떤가요? 공을 위로 던집니다. 그리고 동시에 손도 위로 올립니다. 손은 공의 바로 아래를 그대로 따라가도록 속도를 조절하여 올리면 됩니다. 공에 손이 닿을락 말락 하게 말이죠. 물론 손은 몸에 붙어 있습니다. 손은 시작부터 끝까지 몸 **위로 똑바로** 올라갔다 내려옵니다. 비스듬하게 앞으로 가지 않아요. 당연히 그 손의 바로 위에 있는 공도 **위로 똑바로** 올라갔다 내려옵니다. 공을 던진 지영이 보기에는 말이죠.

"아니, 이건 내가 본래 생각했던 '위로 똑바로'가 아니야!" 하는 내면의 외침을 느끼는 분도 있겠지만, 그럼 뭐가 제대로 된 '위로 똑바로'일까요? 잘 생각해 보세요. 본래 상황은 자동길에서 공을 위로 똑바로 던졌다가 그 손에 공이 다시 떨어지게 하는 것입니다. 아직도 위로 똑바로 던지면 몸이 앞으로 갔으니 공을 받을 수 없다는 생각이 들면, 처음부터 잘못 생각한 겁니다. **그때의 '위로 똑바로'는 지영의 관점이 아니라, 정지 상태에서 그 장면을 지켜보는 구경꾼, 즉 기훈의 관점일 뿐입니다.** 그건 지영의 관점에서는 '뒤쪽 위로'죠.

이 설명으로도 아직 마음의 평온을 얻지 못한 분이 있을 겁니다. 이번 글에서는 일단 결론을 받아들이고 다음으로 넘어가도 괜찮습니다. 나중에 지금 설명보다 훨씬 더 알기 쉽게 이해하는 방법을 알려 드리겠습니다.

지금까지 설명한 것을 한마디로 요약하면, **관점에 따라 속도의 방향이 바뀐다**는 것입니다. 공의 속도가 지영이 움직이는 속도와 더해지기 때문입니다. 앞으로 특수상대론의 가장 핵심적인 결과를 설명할 때, 이 사실을 매우 중요하게 사용할 예정입니다.

그런데 이렇게 방향이 다른 속도 두 개를 더할 때는 단순히 숫자를 그대로 더해서는 안 됩니다. 기훈의 관점에서 공이 지영의 손을 떠나는 부분을 좀 더 상세하게 살펴봅시다. 자동길은 초속 3미터로 움직이고, 그 위에서 지영이 공을 초속 4미터로 위로 던지는 것으로 하죠. 초속 3미터면 자동길의 속도로는 좀 빠르지만, 편의상 이렇게 놓겠습니다. 그림 4에서 흰색 공은 출발 직전의 공, 회색 공은 지영의 관점에서 0.1초 후 공의 위치입니다. 처음 위치에서 40센티미터 높이에 있습니다. (실제로는 중력 때문에 40센티미터보다 약간 덜 올라갔

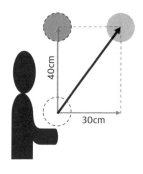

그림 4_ 출발 직후 공의 움직임.

겠지만, 0.1초의 짧은 시간 뒤이므로 그 차이는 크지 않을 겁니다. 만약 차이가 클 수도 있다는 의심이 들면, 더 짧은 시간, 예를 들어 100만 분의 1초 뒤를 생각하면 됩니다.) 0.1초 뒤 지영과 공 모두 30센티미터 앞으로 움직였으므로 최종적으로 공은 파란색 부분에 도달합니다. 출발 위치에서 파란색 위치까지의 거리는 대각선 길이죠. 그 길이가 얼마일까요? 수학 시간에 배우는 피타고라스의 정리에서 변의 비율이 3:4:5면 직각삼각형이라는 것을 기억하는 분이 있을 겁니다. 이 사실을 이용하면 대각선 길이는 50센티미터네요. 사실 이건 몰라도 괜찮습니다. 다만 대각선이 30센티미터나 40센티미터보다 더 긴 것은 분명하죠. 결론적으로, 정지해 있는 기훈이 볼 때 공은 흰색에서 파란색으로 이동한 것이므로, 공의 속도는 0.1초에 50센티미터, 즉 초속 5미터입니다. 3+4=7처럼 그냥 숫자를 더하면 안 되죠.

이처럼 방향이 다른 속도를 더할 때도 이전 글에서와 마찬가지로 '실제로' 얼마를 움직였을지 생각해 보면 됩니다. 물리학에서는 방향이 다른 속도를 더하는 방법을 **벡터의 덧셈**이라고 합니다. '벡터'라는 용어를 혹시 배운 기억이 있으면 좋고, 안 배웠어도 앞으로 특수상대론을 이해하는 데는 아무 지장이 없습니다.

정리하겠습니다.

움직이는 사람이 자신의 관점에서 위로 똑바로 던진 공은, 정지한 사람이 볼 때는 움직이는 속도가 (방향까지 고려한 방식으로) 더해져서 대각선 위로 움직입니다.

마침내 준비가 끝났습니다.

이제 특수상대론으로 갑니다.

달리는 차에서 밖으로 던진
쓰레기의 행방

본문의 설명을 모두 이해했다고 해도 마음에 여전히 의문 부호가 남아 있을 수 있습니다. 일상 경험과 잘 맞지 않는다는 느낌이 들기 때문이죠. 예를 들어 자동차를 타고 가다 창문 밖으로 쓰레기를 버리는 상상을 해 봅시다. 물론 실제로 이런 행위를 하면 안 되죠. 하지만 상상은 자유입니다. 그리고 때로는 실수로 손에 들고 있던 것을 놓쳐서 이런 일이 일어나기도 하고, 때로는 앞에 가는 차의 무단 투척을 목격하기도 합니다. 어쨌든 이럴 때 창밖으로 버린 쓰레기는 자동차와 함께 갈까요, 아니면 자동차 뒤로 멀어질까요?

앞의 설명을 그대로 적용한다면, 쓰레기는 자동차와 함께 가야 합니다. 다만 중력이 작용하므로 밑으로 떨어지겠지요. 즉, 차 안에서 보면 쓰레기가 수직으로 밑으로 떨어지는 것처럼 보여야 합니다. 그런데 실제로는 쓰레기가 차의 속도를 그대로 이어받지 못합니다. 차에서 보면 뒤로 멀어지는 것처럼 보이죠. 그럼 앞서 열심히 설명한 건 자동길에서 느리게 움직일 때만 맞고 자동차에는 적용되지 않는 건까요?

바로 이런 일상의 경험이 앞에서 순수한 추론으로 얻은 결론을 선뜻 마음으로 받아들이지 못하게 방해합니다. 답을 말하자면, 둘 다 옳습니다. 현실에서 쓰레기가 뒤로 멀어진다는 경험도 옳고(실제로 일어나는 일이 '잘못'될 리가 있겠어요? 현실은 언제나 옳습니다. 설명의 대상일 뿐이죠), 자동차가 움직이는 속도가 그대로 더해진다는 결론도 옳습니다(이건 물론 상대론을 생각하지 않았을 때의 얘기입니다). 그럼 무엇이 문제일까요?

이건 공기의 저항 때문에 발생한 문제입니다. 겉으로 명확히 언급하지는 않았지만, 본문의 설명은 공기 저항이 없는 '비현실적인' 상황을 가정했습니다. 쓰레기가 손을 떠난 바로 그 순간에는 자동차의 속도가 그대로 더해졌겠지요. 공기가 없다면 그 속도가 그대로 유지될 겁니다. 하지만 공기가 앞길을 가로막고 있으니 쓰레기의 속도는 곧바로 줄어들고 맙니다. 달리는 자동차의 관점에서는 쓰레기가 뒤로 멀어지는 거죠. 만약 이런 실험을 공기가 없는 달에서 하거나 지구에서 진공 상태를 만들어 놓고 한다면 차와 함께 움직이는 쓰레기를 목격할 수 있을 겁니다.

제가 이 쉬운 이야기를 길게 설명하는 이유가 있습니다. 현실에서 발생하는 사건은 온갖 요인들이 함께 작용하여 일어난 최종 결과물입니다. 그중에서 부차적인 요소를 배제하고 핵심 원인을 찾아 이상적인 환경을 만든 뒤 어떤 일이 일어나는지 살펴보는 것이 물리학 연구의 첫걸음입니다. 무엇이 핵심이고 무엇이 부차적인지 어떻게 아느냐고요? 그걸 찾는 것이 바로 물리학자의 능력입니다. 좋은 물리학자는 복잡한 현상의 본질을 꿰뚫는 통찰력이 있습니다. 갈릴레오가 바로 그런 물리학자입니다. 현실 세계에는 공기의 저항이나 마찰이 항상 존재하지만, 그런 것이 없는 이상적인, 혹은 비현실적인(!) 상황이야말로 본질을 이해하는 핵심이라는 통찰을 한 거죠. 그럼으로써 속도가 더해져야 한다는 사실을 발견했습니다.

사실, 무엇이 핵심이냐 아니냐는 절대적인 기준이 없습니다. 주목하는 현상에 따라 다르죠. 만약 쓰레기의 속도 변화가 현재의 주요 관심사라면, 공기 입자가 쓰레기에 충돌할 때 어떤 일이 일어나는지 이해하는 것이 핵심이겠지요. 여기서는 특수상대론의 이해가 목적이므로 그와 무관한 공기 저항을 부차적이라고 했던 것이고요. 현실에서 일어나는 현상을 정교하게 설명하는 것이 목적이라면, 당연히 여러 측면을 종합적으로 고려해야 합니다.

열린 공간과 닫힌 공간은 다르다?

다음과 같은 의문을 제기하는 분도 많습니다.

'버스나 자동차같이 밀폐된 공간 안에서 속도가 더해진다는 사실은 수긍할 수 있다. 하지만 자동길처럼 내부와 외부의 구분이 없거나 자동차 창문 밖으로 던진 쓰레기처럼 외부에서 물체가 움직일 때도 속도가 정말 더해지는가? 자동차만 그냥 앞으로 가고 허공에 뜬 물체는 자동차의 속도랑 상관 없을 것 같은데.'

벽과 천장으로 둘러싸인 공간 내부는 그 공간만의 독자성을 인정할 수 있지만, 안팎이 통해 있으면 언뜻 생각하기에 그렇지 않아 보이기도 합니다.

하지만, 이런 상상은 어떤가요? 버스의 천장에 눈에 잘 보이지도 않는 아주 작은 구멍을 냅니다. 이 작은 구멍으로 인해 버스 내부에 있는 공의 움직임이 바뀔까요? 그럴 것 같지 않죠? 만약 여기에 동의한다면 그다음에는 그 구멍보다 조금 더 큰 구멍을 냅니다. 이렇게 구멍을 조금씩 조금씩 넓히다가 마침내 버스의 천장을 모두 들어내고, 더 나아가 바닥만 남긴 채 차체를 모조리 없앨 수 있겠지요. 그럼 자동차 밖으로 던진 쓰레기와 마찬가지 상황입니다. 이제 되돌아봅시다. 버스나 자동차와 자동길이 다른가요? 공기의 영향이 없다면 아무 차이가 없습니다.

앞으로 우리는 상상으로 많은 실험을 합니다. 자동길이나 버스, 기차, 때로는 우주선을 동원합니다. 이들은 모두 상상을 쉽게 하기 위한 보조 도구일 뿐입니다. 움직이는 수단이 무엇인지는 전혀 중요하지 않죠. 방금 보았듯이 벽의 유무, 안과 밖도 아무 차이가 없습니다. 오직 움직임만이 중요합니다.

II

빛의 속도와 관성계

빛의 속도, 그 심오함에 관하여

살다 보면 어디선가 주워들어 별생각 없이 당연하게 받아들이는 얘기들이 있습니다. 과학에서는 세상 만물이 원자로 되어 있다거나, 물은 H_2O, 소리의 속도는 초속 340미터 같은 것들이 이에 해당하겠지요.

빛의 속도가 항상 초속 30만 킬로미터라는 것도 알게 모르게 많이 접합니다. 워낙 유명해서 오히려 그냥 '빛의 속도가 무지무지하게 빠른가 보지.' 하고 무미건조하게 받아들이고 말죠. 수많은 단편 지식 중의 하나로 말입니다. 새삼 이것이 신비롭다고 느끼거나 무슨 감정이입을 할 아무런 이유가 없어 보입니다.

그러나 다른 건 몰라도, **빛의 속도만큼은 절대로 심드렁하게 넘기면 안 됩니다. 의미를 제대로 깨달으면, 그 순간 세상이 완전히 달라 보이니까요.** 제 생각으로는, 살면서 이런 경험을 할 수 있는 기회는 거의 없습니다. 해리 포터나 반지의 제왕에 나오는 마법의 세계가 바로 현실에 펼쳐져 있다는 느낌이 들 정도입니다. "나쁜 물리학자들! 이 재미있는 얘기를 꼭꼭 숨겨두고 너희만 알고 있었구나!" 할지도 모릅니다.

'빛의 속도는 항상 초속 30만 킬로미터이다.'에서 중요한 부분은 '초속 30만 킬로미터'가 아닙니다. 물론 인간이 체감할 수 없는 엄청난 속도이니 놀랍긴 합니다. 하지만 이 정도 놀라운 얘기는 세상 곳곳에 널려 있습니다. 별 느낌이 안 오는 게 오히려 당연하죠. 기네스북에 한 줄 정도 실리면 될까요?

다른 얘기들과 완전히 차원이 다르게 경이로운 부분은 '항상'입니다. 여기에서 '항상'은 '누구에게나 어떤 상황에서도'의 의미입니다. 다만, 세 가지 조건이 필요합니다. 첫째, 진공이어야 합니다. 공기나 물 같은 물질 속에서는 빛의 속도가 작아집니다. 그런데 이건 빛이 움직이다가 공기나 물과 같은 물질에 의해 일종의 방해를 받기 때문에 일어나는 일일 뿐, 빛의 본질적인 속도가 달라지는 건 아닙니다. 둘째, 중력이 없어야 합니다. 중력이 있으면 '일반상대론'이 필요합니다. 이 책에선 특수상대론만 다루므로 특별한 경우가 아니면 앞으로 중력의 효과는 무시하겠습니다. 우리는 지구에 살면서 계속 중력을 느끼고 있는데 이렇게 제한해도 되나 하는 의문이 생길 수 있습니다. 사실 빛의 속도에 끼치는 지구 중력의 효과는 매우 작아서 대부분 무시할 수 있습니다. 물론 무시할 수 없는 경우도 있는데, 그건 그때 다시 언급하겠습니다. 마지막으로, 어떤 사건을 기술할 때 속도가 변하는 사람의 관점으로 보면 안 됩니다. 마지막 조건을 제대로 설명하려면 좀 길어지는데, 6강에서 자세히 다룰 예정입니다. 앞으로 특별한 언급이 없으면, 항상 이런 세 조건이 성립한다고 가정하겠습니다.

중요한 부분을 강조하여 표현을 바꾸면 '빛의 속도는 **누구에게나 어떤 상황에서도** 초속 30만 킬로미터이다.'가 됩니다. 그런데 2강에서 설명한 바와 같이 30만이라는 숫자 자체는 아무런 중요성이 없습니다. 정확한 값도 아니고요. 결국 이 부분도 본질적인 의미를 찾아 바꿔 표현하면 다음과 같습니다. **'빛의 속도는 누구에게나 어떤 상황에서도 변하지 않고 일정하다.'** 이것을 **광속 불변의 원리**라고 합니다. 이때 그 일정한 값이 초속 30만 킬로미터 근처인 것이고요. 여기까지는 그냥 그러려니 하면 될 것 같은데, 도대체 왜 이게 경천동지할 얘기일까요? 이 사실의 진정한 의미를 가슴 깊이 깨달았느냐 아니냐에 따라 사람은 특수상대론을 이해한 사람과 그렇지 못한 사람의 두 종류로 나뉩니다. 이해한 사람은 다시는 무지몽매했던 과거로 돌아갈 수 없습니다.

2강과 3강에서는 속도를 어떻게 더하는지 설명했습니다. 기억을 되살려 볼까요? 이번에는 교통사고 상황을 생각해 보겠습니다. 그림 1처럼 정지해 있는 회색 차에 파란 차가 시속 100킬로미터로 다가옵니다. 회색 차에서 파란 차를 보면 물론 시속 100킬로미터로 다가오는 것으로 보이겠지요.

그림 2에서는 회색 차가 시속 60킬로미터로 달리고 있습니다. 회색 차에서는 파란 차가 얼마의 속도로 다가오는 것으로 보일까요? 이것도 쉽네요. 100에서 60을 빼면 되겠지요. 시속 40킬로미터로 다가옵니다. 왜냐면, 회색 차가 60만큼 갔을 때 뒤에 있던 파란 차는 100만큼 쫓아오니 간격이 100-60=40만큼 줄어들기 때문이죠.

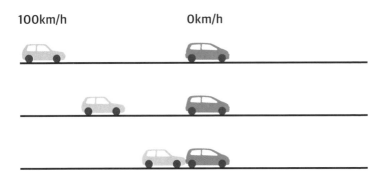

100km/h   **0km/h**

그림 1_ 정지한 회색 차에 파란 차가 시속 100km로 충돌.

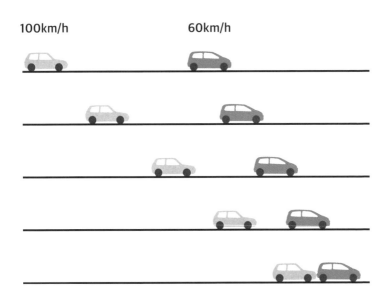

100km/h   **60km/h**

그림 2_ 시속 60km로 가는 회색 차를 파란 차가 시속 100km로 뒤에서 쫓아와서 충돌.

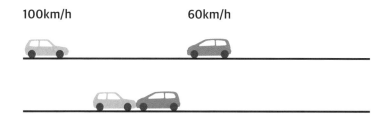

그림 3_ 파란 차와 회색 차가 서로를 향해 돌진하여 충돌.

그림 3을 봅시다. 파란 차와 회색 차가 서로를 향해 돌진하는 상황입니다. 이렇게 충돌한다면 세 경우 중에서 충격이 가장 크겠지요. 회색 차의 관점에서 파란 차는 시속 160킬로미터로 다가오는 것으로 보이겠습니다. 1＋2＝3의 확실성으로 의심의 여지가 없는 계산입니다.

이번에는 우주 공간에서 우주선을 향해 레이저 빛을 쏘는 상황을 생각해 봅시다. 그림 4처럼 우주선이 정지해 있다면 우주선에서 볼 때 빛이 얼마의 속도로 오는 것으로 보일까요? 답은 물론 초속 30만 킬로미터입니다.

그림 5에서는 우주선이 초속 15만 킬로미터로 움직입니다(실제로 이렇게 빨리 움직이는 우주선은 인간이 아직 만들지 못했지만, 상상은 얼마든지 할 수 있습니다). 여기에 빛을 쏘면 우주선에서 그 빛은 얼마의 속도로 오는 것으로 보일까요?

위의 교통사고 상황과 아무런 차이가 없죠? 회색 차가 우주선, 파란 차가 레이저 빛으로 바뀌었을 뿐입니다. 그럼 답은 30만에서 15

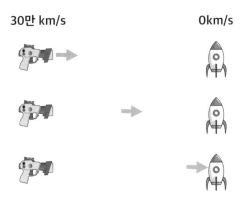

30만 km/s 0km/s

그림 4＿ 정지한 우주선을 향해 레이저 빛 발사.

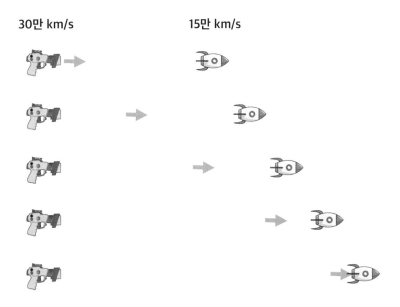

30만 km/s 15만 km/s

그림 5＿ 초속 15만 km로 가는 우주선을 향해 뒤에서 레이저 빛 발사.

만을 빼면 되겠네요. 즉, 우주선에서 빛은 초속 15만 킬로미터로 오는 것으로 보여야 합니다. 맞나요?

틀렸습니다! 우주선에서 빛은 초속 30만 킬로미터로 오는 것으로 보입니다. **왜냐면 그게 바로 빛의 속도가 누구에게나 어떤 상황에서도 '항상' 초속 30만 킬로미터라는 것의 의미니까요!** 이상하죠?

마지막으로 그림 6을 봅시다. 우주선과 빛이 서로를 향해 돌진합니다. 우주선에서 빛이 얼마의 속도로 오는 것으로 보일까요? 이 경우에도 답은 초속 45만 킬로미터가 아니라 여전히 초속 30만 킬로미터입니다.

결국 빛에서 멀어져도, 빛을 향해 돌진해도, 빛은 항상 초속 30만 킬로미터로 움직이는 것으로 보입니다. 정말 이상한 이야기입니다. 빛의 속도가 항상 일정하다는 사실을 받아들이면 이 결론을 피할 수 없습니다. 심지어 우주선이 빛의 속도의 99.9999%의 속도로 멀어지거나 돌진해도, 빛은 아랑곳하지 않고 그냥 우주선에서 볼 때

30만 km/s   15만 km/s

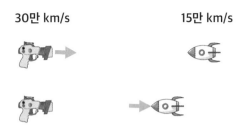

그림 6_ 다가오는 우주선을 향해 레이저 빛 발사.

초속 30만 킬로미터로 다가올 뿐입니다. 무슨 귀신 이야기 같지 않습니까? 귀신이 다가오는 것을 보고 걸음아 날 살려라 하고 한참을 도망쳤는데, 뒤를 보니 귀신이 "까꿍! 나 여기 있다!" 하는 거죠. 우주선이 정확히 빛의 속도로 멀어지거나 빛보다 더 빨리 움직이면 어찌 되냐고요? 그런 경우는 불가능합니다! 나중에 설명할 예정입니다.

그런데 둘 다 움직이는 경우 두 속도가 정확히 더해진다는 사실을 2강에서 이미 1+2=3의 수준으로 증명했습니다. 그림까지 그려가며 명명백백하게 말이죠. 거기 나오는 속도가 사람이 걷는 속도든, 차가 움직이는 속도든, 아니면 빛의 속도든 아무 차이가 없어야 합니다. 그냥 움직인 거리를 재는 것일 뿐이니까요. **이 논리에 따르면, 빛의 속도가 항상 같다는 것은 1+2=3을 부정하는 것과 마찬가지입니다.**

그렇다면 빛의 속도가 항상 같다는 것이 얼마나 근거가 있는 얘기일까요? 혹시 별 근거도 없는데 그냥 속도가 너무 빨라서 사람들이 착각하고 있는 건 아닐까요? 그렇지 않습니다. 빛의 속도를 측정하려는 노력은 아주 오래전부터 있었는데, 19세기 후반에 이미 항상 일정하다는 사실이 실험적으로 알려졌습니다. 역사적으로 가장 유명한 실험은 1880년대의 마이컬슨·몰리Michelson-Morley 실험입니다(현대의 관점에서 볼 때, 이 실험의 세부 내용이 특수상대론과 큰 관계는 없으므로 이 책에서는 설명하지 않습니다). 100년도 더 지난 지금은 실험적 증거가 산처럼 엄청나게 쌓였습니다. 도저히 부정할 수 없을 정도로요. 나중에 설명하겠지만, 사실 우리는 일상에서 빛의 속도가 항상 똑같다는 사실을 수시로 활용하고 있습니다.

빛의 속도가 항상 똑같다는 것은 아주 이상한 얘기이기 때문에 19세기 후반 물리학자들은 큰 혼란에 빠졌습니다. 복잡한 이론을 만들어 이것을 설명하려고 노력했지요. 그때 26세의 아인슈타인이 특수상대론을 발표합니다. 1905년이었습니다.

아인슈타인은 과연 이 문제를 어떻게 해결했을까요?

5강
상식적 시간과 공간의 붕괴

액션 영화를 보면 흔히 자동차 격투 장면이 나옵니다. 악당의 차와 주인공의 차가 거의 나란히 달리다가 차를 서로 부딪치기도 하고, 어떤 때는 주인공이 차창 밖으로 손을 뻗어 악당의 멱살을 붙잡기도 합니다. 결말이야 대체로 뻔하지만, 눈요깃거리로 볼만합니다. 이런 자동차 격투가 성사되려면 두 차의 속도가 거의 같아야 합니다. 예를 들어 한 차의 속도가 초속 30미터(시속 108킬로미터)이고 다른 차는 초속 29.9미터라고 해 봅시다. 느린 차의 관점에서 보면 빠른 차가 겨우 초속 10센티미터로 움직입니다. 10초가 지나도 두 차의 이동 거리는 1미터 차이에 불과합니다. 이 정도면 한 차가 살짝 앞서가게 되므로 두 차의 속도가 완전히 같을 때보다 긴장감도 높아지고 더 생동감도 있겠지요.

빛의 속도의 99.9999999%로 움직이는 우주선이 있다고 상상해 봅시다. 물론 이렇게 빨리 움직이는 우주선은 아직 인간이 만들지 못했습니다. 하지만, 상상할 자유는 얼마든지 있죠. **현실에 얽매이지 않고 물리 법칙이 허용하는 한도 내에서 극한의 상황을 설정하여 자유롭게 상상해 보기. 물리학을 공부하는 사람의 특권입니다.** 이런 상상에 맛 들이면 빠져나올 길이 없습니다. 밤에 잠자리에 누워 눈을 감습니다. 자유를 얻은 마음은 우주로 떠오릅니다. 우주

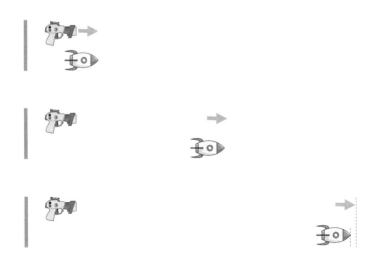

그림 1_ 지영이 쏜 레이저 빛과 기훈이 탄 우주선.

전체를 무대로 사고 실험thought experiment을 진행합니다.

우주선에 기훈을 태웁니다. 우주선이 정지해 있는 지영을 스쳐 지나가는 순간 지영은 우주선이 가는 방향으로 레이저 빛을 쏩니다. 그림 1처럼 말이죠.

빛은 우주선보다 아주 약간 빠릅니다. 지영의 관점에서 빛과 우주선의 속도 차이는 빛 속도의 0.0000001%밖에 되지 않습니다. 1초에 30센티미터 차이입니다(그림 2). 빛이 아주 살짝 우주선을 앞서 나가지만, 기훈이 손을 조금만 뻗어도 빛을 잡을 수 있을 것만 같습니다. 손에 땀을 쥐며 자동차 격투 장면을 지켜보던 관객처럼 지영이 외칩니다. "기훈아, 손을 뻗어봐!" 물론 우주에서는 소리가 나지 않으니 무언의 외침이었겠지요.

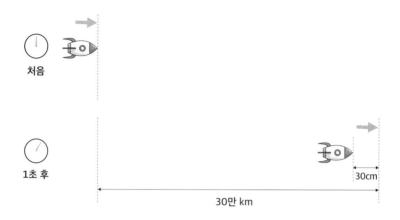

그림 2_ 지영의 관점. 처음과 1초 후.

장면이 바뀝니다. 기훈의 우주선 내부입니다. 기훈이 우주선 밖을 살펴봅니다. 자신이 탄 우주선을 제외하고 우주 전체가 뒤로 움직이고 있습니다. 빛 속도의 99.9999999%의 속도로 말이죠. 지영이 앞에서 나타나는가 싶더니 순식간에 우주선을 스치며 뒤로 빠르게 멀어집니다. 지영이 우주선 옆을 스치는 순간, 지영의 손에서 레이저 빛이 발사됩니다. 지영의 관점에서는 기훈이 손을 조금만 뻗으면 잡을 수 있을 것만 같은, 1초에 30센티미터 차이밖에 안 나는, 바로 그 빛입니다. "기훈아, 손을 뻗어봐!" 기훈은 불현듯 지영의 외침을 들은 것만 같습니다. 빛이 자동차 격투 장면에 나오는 악당 같은 존재는 아니지만, 기훈은 빛을 향해 재빨리 손을 뻗습니다.

그 빛, 1초 후 겨우 30센티미터 앞에 있을 것 같던 그 빛은, 기훈의 손을 멀리 따돌리고 30만 킬로미터를 날아가 버렸습니다. 광

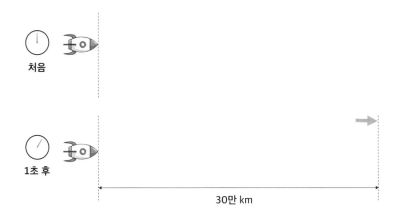

처음

1초 후

30만 km

그림 3_ 우주선에 탄 기훈의 관점. 처음과 1초 후.

속 불변의 원리 때문에요! 지영에겐 1초 후 30센티미터 차이였지만, 기훈에겐 1초 후 30만 킬로미터 차이였던 겁니다(그림 3).

이 허무한 결론과 함께 우주를 누비던 사고 실험은 끝났습니다. 사고 실험은 끝났지만, 다음 단계가 기다리고 있습니다. 왜 이런 결과가 나왔는지 알아내어야 합니다. 이대로는 도저히 잠을 잘 수 없습니다. 도대체 어떻게 해야 이런 터무니없는 모순을 극복할 수 있을까? 어떻게 한 사람에게는 30센티미터 차이인데 다른 사람에겐 30만 킬로미터 차이가 날 수 있을까? 왜 1+2=3의 논리가 작동하지 않는 걸까?

잠자리에서 몸을 뒤척이길 여러 차례. 까무룩 잠이 들었는가 싶더니 눈앞에 우주선이 보입니다. 빛의 속도의 99.9999999%로 날아가는 기훈의 우주선입니다. 황급히 기훈을 찾습니다. 저기 보입니다. 손을 들어 무언가 붙잡으려 하는 것 같습니다. 그런데 손이 허공에서 얼어붙은 듯 움직이지 않습니다. 기훈뿐만이 아닙니다. 공중에 떠다니는 물방울도, 공기 입자 하나마저도…. 마치 정지 영상처럼 우주선 전체가 굳어 있습니다. 시계의 초침도 동작을 멈췄습니다. 오직 초정밀 원자시계만이 아주 느린 속도로 작동하며 시간이 완전히 멈추진 않았음을 알려 주고 있습니다.

아니, 이게 뭐지? 하는 순간 눈이 번쩍 뜨이며 꿈에서 깨어납니다. 창밖을 보니 벌써 동쪽 하늘이 밝습니다. 지평선 위로 새로운 아침을 알리는 해가 떠오르자, 마음에서도 잊고 있었던 사실 하나가 떠오릅니다.

1+2=3이라는 속도의 단순 덧셈에는 그동안 우리의 상식으로는 절대로 의심하지 않았던, 중대한 가정이 숨어 있습니다. 우주의 시간과 공간에 대한 가정입니다. 1강에서 설명했던 바로 그 내용입니다. 모든 사람이 시간과 길이를 재는 기준이 같다는 상식. 바로 이 상식이 1+2=3 혹은 1−0.999999999=0.000000001을 계산할 때 가정되어 있었던 겁니다. 이 가정을 없애면? 움직이는 속도에 따라서 시간이 흘러가는 속도가 달라지고 길이가 달라진다면?

위의 사고 실험에는 두 개의 서로 다른 관점이 있습니다. 우주선을 타고 가는 기훈의 관점과 정지해서 지켜보는 지영의 관점. 이제 이 두 관점을 잘 구분하여 다시 생각해 봅시다.

★ 우주선이 빛의 속도의 99.9999999%로 움직인다는 것은 누

구의 관점인가요? 정지한 채 지켜보는 지영의 관점입니다. 우주선에 타고 있는 기훈에게는, 우주선은 그냥 정지한 것으로 보일 뿐입니다.

★ 지영이 쏜 빛이 초속 30만 킬로미터로 움직인다는 것은 누구의 관점인가요? 둘 다의 관점입니다. 빛의 속도는 정지한 지영의 관점에서도 30만 km/s이고 움직이는 우주선에서 봐도 30만 km/s입니다. 이게 바로 광속 불변의 원리입니다.

★ 시간이 1초가 흘렀다는 건 누구의 관점인가요? 정지하여 지켜보는 지영의 관점입니다. 우주선 안에 있는 기훈에게도 1초가 흘렀을까요? 지금까지는 당연히 그렇게 생각했습니다. 이게 우리가 알고 있는 상식이죠. 하지만, 이제 그런 가정은 버려야 합니다. 그러면, 시간이 얼마나 흘렀을지 모릅니다. 얼마인지 모르니 그 시간을 그냥 T라고 합시다. 즉, 지영에게 1초가 흘렀을 때, 기훈에게는 얼마인지 아직 잘 모르는 시간 T가 흘렀습니다(그림 4).

정지하여 지켜보는 지영의 관점에서 시간이 1초가 흘렀을 때 빛은 30만 킬로미터를 움직였습니다. 그래야 속도가 30만 km/s가 되니까요. 우주선에 타고 있는 기훈의 관점에서는 빛이 얼마나 움직였을까요? 모릅니다. 길이의 기준이 지영과 같을 필요가 없으니까요.

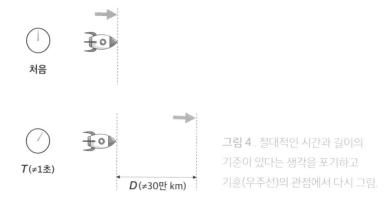

처음

T(≠1초)

D (≠30만 km)

그림 4. 절대적인 시간과 길이의 기준이 있다는 생각을 포기하고 기훈(우주선)의 관점에서 다시 그림.

기훈의 관점에서 빛이 움직인 거리를 D라고 합시다(그림 4).

기훈의 관점으로는 시간이 얼마나 흘렀는지도 빛이 움직인 거리가 얼마인지도 모르지만, 알고 있는 사실이 하나 있습니다. 기훈에게도 빛의 속도는 초속 30만 킬로미터라는 것입니다. 움직인 거리 D를 흘러간 시간 T로 나누면 속도가 나옵니다. 그러니 비록 D도 모르고 T도 모르지만, 다음 관계는 반드시 성립해야 합니다.

$$\frac{D}{T} = 30만 \ \text{km/s}$$

예를 들어 T가 0.1초, D가 3만 킬로미터일 수도 있고, T가 0.01초, D가 3000킬로미터일 수도 있는 거죠. 즉, 지영에게 흘러간 시간(1초)과 기훈에게 흘러간 시간(T)이 다를 수 있다면, 문제를 해결할 가능성이 생기는 겁니다. 정지한 지영에게도 움직이는 기훈에게도 모두 빛의 속도가 30만 km/s로 유지될 수 있으니까요. 물론 이건 현재 단계에서는 하나의 가능성에 불과합니다. D가 얼마인지, T

가 얼마인지도 아직 모르고 막연히 이러면 된다는 수준이니까요. 꿈을 믿는다면, T는 1초보다 매우 작을 겁니다. 우주선 내부가 거의 정지한 듯했으니까요.

혹시 지금 무슨 이야기를 하는 건지 전혀 감이 오지 않더라도 괜찮습니다. 이것은 앞으로 어떤 일이 벌어질지를 잠깐 보여 주는 맛보기일 뿐입니다.

정리하겠습니다.

광속 불변의 원리를 받아들이면, 우리는 누구에게나 시간과 길이의 기준이 같다는 상식적인 생각을 포기해야만 할 수도 있습니다.

앞으로는 이것이 단지 한밤의 꿈이 아니라 유일한 해법이며, 여기서 온갖 놀라운 결과가 나온다는 것을 차근차근 알아보겠습니다.

6강
누가 정지해 있고 누가 움직이는가

지구상에서 움직이는 물체 중에 가장 큰 것은 뭘까요? 지진 등으로 대륙이 이동하기도 하지만, 이런 경우를 제외하면 아마도 2021년에 남극 대륙에서 떨어져 나간 A-76 빙산이 가장 큰 물체일 겁니다. 길이가 175킬로미터고 폭은 25킬로미터인데, 제주도의 2.4배 넓이입니다. 최근에는 세 조각으로 분리되었다고 합니다.

그런데 **움직인다는 것은 도대체 뭘까요?**

우리는 보통 땅을 기준으로 정지와 움직임을 판단합니다. 즉, '움직인다'고 표현할 때는 땅에 대해 상대적으로 위치가 바뀌는 것을 뜻합니다. 그런데 **땅을 기준으로 해야만 할 이유가 있을까요?** 시속 300킬로미터로 달리는 KTX에 앉아 있으면 속도감이 잘 느껴지지 않습니다. 간간이 기차 특유의 덜컹거림이 움직이고 있다는 사실을 깨우쳐 줄 뿐이죠. 비행기는 어떤가요? 이착륙 때나 기류가 변하는 때를 제외하면, 움직이고 있는지 땅에 그냥 서 있는지 정말 알기 어렵습니다. 창밖을 보기 전에는요. A-76 빙산 위에 서 있으면 어떨까요. 제주도보다 큰, 끝이 보이지 않는 빙산 한가운데에 서 있으면, 정지 상태인가요 움직이는 상태인가요? 빙산이 움직이고 있으니 움직이는 상태라고 해야 할까요? 만약 그 빙산 위에서 빙산의 움직임과 정확히 반대 방향으로 이동하여, 지구 대륙에 대해서는 상대적으

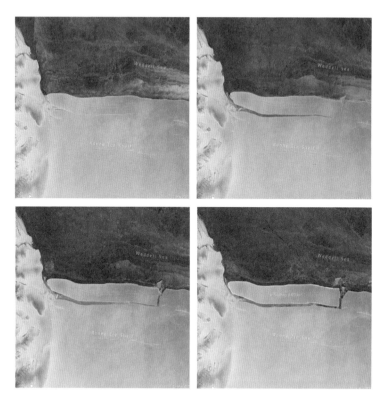

그림 1 2021년 5월 13일 남극 대륙에서 A-76 빙산이 떨어져 나왔다. 가장 거대한 빙산으로 알려져 있으며, 그 넓이는 4320제곱킬로미터에 이른다.
출처: modified Copernicus Sentinel data 2021

로 위치가 변하지 않고 있다면, 그건 정지 상태인가요?

이런 상상을 해 볼 수도 있습니다. KTX의 길이가 끝이 보이지 않을 정도로 길어지고 넓어집니다. 덜컹거림도 없고 한 방향으로 시속 300킬로미터로 계속 움직입니다. 거기서 KTX 밖을 내다보면, 땅이 움직이는지 KTX가 움직이는지 구분이 될까요?

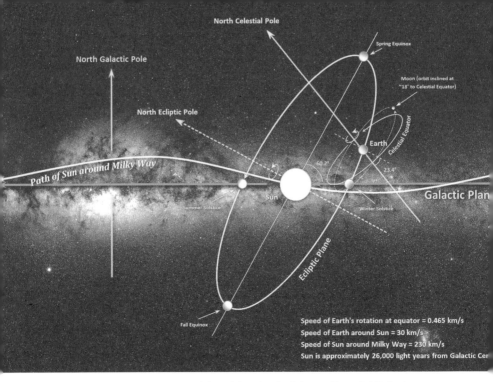

그림 2_ 지구는 자전과 동시에 태양 주위를 30km/s의 속도로 돌고, 태양은 우리 은하 주위를 230km/s의 속도로 돈다. ©Jim slater307, CC BY-SA 4.0

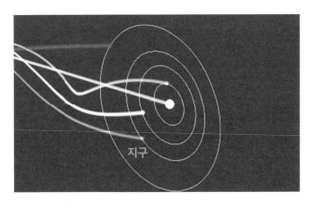

그림 3_ 태양도 움직이므로, 태양을 도는 지구는 나선 궤도를 따라 움직인다. 그림에서 가운데 있는 큰 천체가 태양. 파란색이 지구.

출처: http://www.rhysy.net/solar-system-vortex.html

사실, **땅을 기준으로 정지냐 아니냐를 따지는 것은 아무 의미가 없습니다.** 지구는 하루에 한 번씩 자전하고 있으니까요. 우주에서 보면 땅도 움직이고 있다는 얘기죠. 자전뿐인가요? 지구는 1년에 한 번씩 태양 주위를 돕니다. 그럼 태양을 정지 상태의 기준으로 삼아야 할까요? 그렇지 않습니다. 태양도 우리 은하의 중심 주위를 초속 230킬로미터라는 엄청난 속도로 돕니다. 우리 은하는 또 우리 은하 나름대로 다른 은하들과 중력을 주고받으며 우주 전체 평균에 비해 대략 초속 630킬로미터의 속도로 계속 움직이고 있습니다.

지구가 이렇게 빨리 움직이는 것을 우리는 일상에서 느끼지 못합니다. 비행기 안에서 비행기의 움직임을 느끼지 못하는 것도, KTX 안에서 KTX의 움직임을 느끼지 못하는 것도 모두 마찬가지 현상이죠. **결국 정지나 움직임에 절대적 구분이 있을 수 없다는 결론이 나옵니다. 어떤 속도로 움직이든, 움직이는 물체의 내부 관점으로 보면, 그냥 정지해 있는 것과 아무 차이가 없습니다.** 단, 속도가 변하면 안 됩니다(속도가 변하는 경우는 다음 글에서 다룹니다).

옛날 사람들은 이 사실을 잘 몰랐습니다. 지구가 우주의 중심이라고 생각했던 과거에는 땅이 절대적 기준이었을 겁니다. 빠른 이동 수단도 없었으니, 빠른 속도로 움직이면 어떤 일이 벌어질지 몸으로 느끼거나 상상할 수도 없었습니다. 땅을 기준으로 절대적 정지 상태를 생각하는 것이 매우 자연스러웠겠지요. 그래서 움직이는 물체를 내버려 두면 곧 정지한다는 아리스토텔레스의 이론이 무려 2000년 가까이 정설로 인정받았을 겁니다.

순수한 지적 능력만 놓고 본다면 우리 대부분은 아리스토텔레스보다 뛰어나지 않겠지요. 하지만 순전히 현대에 태어났다는 이유만으로, 우리는 그가 평생을 바쳐 갈고닦은 이론의 오류를 이렇게 곧바로 깨달을 수 있습니다. 만약 그가 부활하여 현대를 둘러본다면 일찍 태어난 자신의 운명을 한탄할지도 모를 일입니다. 아마 2000년 뒤의 우리 후손도 우리에 대해 같은 생각을 하겠지요.

절대적 정지나 절대적 움직임이 없으면, 절대적 속도도 무의미합니다. 일상에서 어떤 차의 속도가 시속 100킬로미터라고 할 때는 물론 땅을 기준으로 합니다. 그런데 시속 1300킬로미터에 달하는 지구 자전 속도를 감안하면, 그 차는 시속 1200킬로미터에서 1400킬로미터 사이의 속도로 움직인다고 할 수도 있습니다. 물론 땅에서 꼼짝도 하지 않는 사람들도 시속 1300킬로미터로 움직이고 있는 거죠. 게다가 지구 공전에, 태양의 움직임에, …. 위에서 한 얘기를 되풀이하면, 시속 100킬로미터라는 건 지구에 사는 사람들에게나 통할 이야기일 뿐입니다.

이처럼 절대적 속도란 없습니다. 정지해 있다고 생각해도, 시속 2000킬로미터로 움직이고 있다고 생각해도, 모두 훌륭한 하나의 관점이지요. **이런 관점의 차이에 따라 물리 법칙이 바뀌면 안 될 것입니다.** (예외가 있습니다. 빛의 속도. 전에 설명했듯이 빛의 속도는 절대적이고 불변입니다. 왜 빛의 속도만 이토록 특별한지는 II장의 토론과 VI장에서 설명합니다.)

이제 3강의 내용을 다시 떠올려 봅시다. 움직이는 자동길에 서서

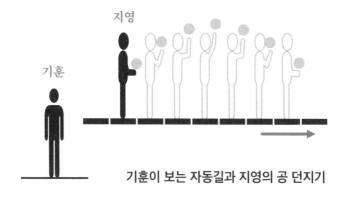

지영

기훈

기훈이 보는 자동길과 지영의 공 던지기

그림 4. 땅에 서 있는 기훈이 움직이는 자동길 위에 서 있는 지영을 보고 있다. 지영은 자신의 관점에서는 공을 위로 똑바로 던지고 받는다.

공을 위로 똑바로 던질 때 공의 속도가 자동길의 속도와 어떻게 더해지는지 3강에서 설명했습니다. 특히, 자동길이 움직이는 것을 의식하지 않고 그냥 위로 똑바로 던져야 위로 올라간 공이 다시 던진 사람의 손에 떨어진다고 했었죠. 자동길 밖에 서 있는 사람이 볼 때는 비록 공이 위로 똑바로 올라가는 것이 아니라 대각선 방향으로 올라가서 포물선을 그리며 내려온다고 하더라도 말이죠(그림 4). 그러한 설명을 받아들이기 힘든 분을 위해 뒤에 가서 더 쉽게 이해하는 방법을 알려 드린다고 했는데, 이제 때가 되었습니다.

　우리는 땅을 기준으로 생각하는 것에 너무 익숙해져 있습니다. 땅을 기준으로 보면 자동길은 물론 움직입니다. 하지만, 위에서 보았듯이 이것만이 유일하게 옳은 관점은 아닙니다. **지영이 자동길에**

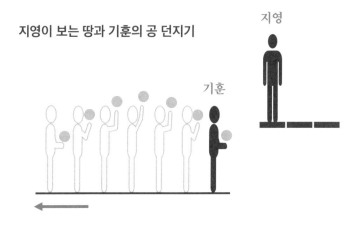

지영이 보는 땅과 기훈의 공 던지기

그림 5. 자동길에 서 있는 지영이 (자신의 관점에서 볼 때) '움직이는 땅' 위에 서 있는 기훈을 보고 있다. 기훈은 자신의 관점에서는 공을 위로 똑바로 던지고 받는다.

서 있다면, 지영의 관점도 완벽하게 옳은 관점입니다. 지영이 보면 자동길과 자신이 정지해 있고 주변이 움직입니다(그림 5). 마치 거대한 A-76 빙산 위에서 세상을 보는 것과 마찬가지입니다.

기훈이 땅 위에 서서 공을 위로 똑바로 던졌다 받습니다. 이 모습을 자동길에서 움직이는 지영이 봅니다. 지영에게 기훈은 어떻게 보일까요? 자동길과 반대 방향, 즉 그림에서 왼쪽으로 움직이는 것으로 보이겠지요. 기훈이 공을 위로 던졌다 받으면, 지영에게는 그 공이 왼쪽으로 포물선을 그리며 위로 올라갔다가 내려오는 것으로 보일 겁니다.

이제 **동등한 두 사건**이 있습니다.

★ 자동길에서 지영이 공을 던졌다 받는 것을 땅에서 지켜보는 기훈(그림 4)

★ 땅에서 기훈이 공을 던졌다 받는 것을 자동길에서 지켜보는 지영(그림 5)

땅에 서서 기훈이 공을 위로 똑바로 던졌다 받으면서 '(지영이 볼 때는) 땅이 움직이니, 내가 공을 위로 던지면 나의 뒤쪽으로 떨어지겠다.' 하고 걱정하진 않죠? 정확히 같은 이유로, 자동길의 지영도 '자동길이 움직이니, 내가 공을 위로 던지면 나의 뒤쪽으로 떨어지겠다.' 하고 걱정할 필요가 없습니다. 그냥 누구나 자신의 관점에서 공을 위로 똑바로 던지고 받으면 됩니다. **어느 한쪽만 옳은 관점이 아니고 모두 완벽히 동등하니까요!**

설명은 끝났지만, 마음으로 받아들이는 마지막 단계가 남았습니다. 마지막 단계는 개인의 노력이 더 필요할 수도 있습니다. 아직도 미심쩍은 분은 전체 논리를 다시 음미해 보기 바랍니다. 마음속에서 자신이 당사자가 되어 구체적으로 상상해 보는 것이 중요합니다. 그래야 몸으로 느껴지고, 몸으로 느껴져야 마음으로 받아들일 수 있습니다.

이 글이 특수상대론과 무슨 관계가 있는지 의아해할 분이 있을지도 모르겠습니다. 사실을 얘기하자면, **우리는 지금 특수상대론의 한복판에 들어와 있습니다. 아인슈타인이 특수상대론을 만들 때 두 가지 가정을 했는데, 그중 첫째 가정이 '특수 상대성 원리'입니다. 둘**

째 가정은 전에 이미 설명한 '광속 불변의 원리'고요. 참고로, 특수 상대성 '원리'와 특수 상대성 '이론'은 다릅니다. 특수 상대성 원리는 특수 상대성 이론, 즉 특수상대론을 만들 때 필요한 두 가지 가정 중 첫째 가정일 뿐입니다.

6강의 내용을 정리하겠습니다.

정지와 움직임의 구분은 절대적 의미가 없습니다. 빛의 속도를 제외하면, 속도가 얼마인지도 중요하지 않습니다. **속도는 관점에 따라 얼마든지 달라질 수 있으며, 어느 한 관점도 절대적이거나 우월하지 않습니다. 오직 상대적 비교만 가능할 뿐이죠.** 그렇습니다. 그래서 '상대론'입니다.

이것의 부산물로, 땅이 정지해 있는 관점과 자동길이 정지해 있는 관점이 동등하다는 사실을 쉽게 깨달을 수 있습니다. 이 깨달음에 도달하면, 자동길에서 공을 위로 똑바로 던지는 것은 땅 위에서 공을 위로 똑바로 던지는 것과 같다는 것, 3강의 상황은 애초에 아무런 고민거리조차 되지 않는다는 것도 이제 당연하게 보일 겁니다.

여기서 설명한 내용은 언뜻 쉬워 보이지만, 뒤에 가서 완전히 새로운 느낌으로 다시 살펴보게 될 겁니다.

7강에서는 '특수 상대성 원리' 중에서 '특수'에 대해 알아보고, 아인슈타인의 두 가지 가정에 대한 설명을 완결하겠습니다.

관성계와 특수상대론의 두 가지 가정

버스에 탔을 때 졸음이 쏟아지는 사람에게는 위험한 자리가 있습니다. 가장 뒷줄의 가운데 자리입니다. 버스가 가다가 갑자기 멈추면 몸이 앞으로 튀어 나갈 수 있으니까요. 다른 자리는 모두 앞 의자의 등받이나 칸막이가 가로막고 있지만, 이 자리는 앞이 뻥 뚫려 있습니다. 언젠가 한 번은 그 자리에 앉은 승객이 버스 앞까지 튀어 나가서 본의 아니게 운전기사님과 눈을 맞추고 돌아오는 것을 본 적도 있습니다. 다행히 그분은 몸의 중심을 잘 잡아서 괜찮았지만, 크게 다칠 수도 있는 상황이었죠.

다른 자리도 팔걸이가 없으면 약간은 주의해야 합니다. 차가 좌회전하면 오른쪽으로, 우회전하면 왼쪽으로 몸이 쏠리거든요. 요새는 난폭운전이 많지 않지만, 어떤 사정으로 차가 급하게 방향을 바꾸면 바닥으로 쓰러질 수 있습니다. 깨어 있을 때는 큰 문제가 안 됩니다. 웬만한 변화에 충분히 대처할 수 있습니다. 문제는 졸고 있을 때죠. 자칫하면 사고로 이어집니다. 매사는 불여튼튼! 의식적으로나 무의식적으로나 버스에서 정신을 놓을 계획이 있다면, 방어가 잘되는 자리를 찾는 것이 좋습니다.

우리 몸만 이런 일을 겪는 건 아닙니다. 곱게 놓여 있던 가방이 미끄러져 바닥으로 떨어지거나 가방 안에 있던 물건이 와르르 쏟아지기도 합니다. 버스 안에 있는 모든 물체에 마치 보이지 않는 어떤 힘이 작용하는 것 같습니다. 하지만 새로운 힘은 없습니다. 버스의 속도, 즉 움직이는 빠르기나 방향이 변할 뿐입니다. 이때 버스 내부에서는 관성의 법칙이 맞지 않는 것처럼 보입니다. 아무 힘도 작용하지 않았는데 정지해 있던 물체가 갑자기 움직이니까요. ('원심력' 같은 게 떠오르는 분은 83쪽을 보세요.)

언젠가 학교에서 배웠을 **관성의 법칙**을 기억해 내 볼까요?

> 관성의 법칙
> 외부에서 아무런 힘도 받지 않으면, 정지한 물체는 계속 정지해 있고
> 움직이는 물체는 계속 같은 속도로 움직인다.

쉽게 말하여, 물체에 힘을 주지 않으면 그냥 하던 대로 한다는 얘기입니다. (물체가 움직이다가 아무 이유 없이 멈출 수는 없습니다. 정지라는 건 상대적인 것일 뿐, 절대적 의미는 없으니까요. 6강에서 설명했죠?) 그런데 **속도가 변하는 버스 안에서는 우리 몸이 왜 가만히 있지 못할까요? 왜 관성의 법칙이 성립하지 않는 것처럼 보일까요?**

먼저 일정한 속도로 움직이는 버스를 생각해 봅시다.

버스의 가운데 뒷자리에 기훈이 앉아 있습니다. 기훈의 관점에서 버스와 자기 자신은 정지해 있습니다. 기훈에게 작용하는 힘은 없으니, 관성의 법칙에 따르면 계속 정지해 있어야 하겠지요. 물론 실제로도 그러합니다. 일정한 속도로 잘 가는 버스에 앉아 있으면 튀어나갈 일이 없죠. (엄밀히 말하면, 기훈에게는 중력도 작용하고 버스 의자가

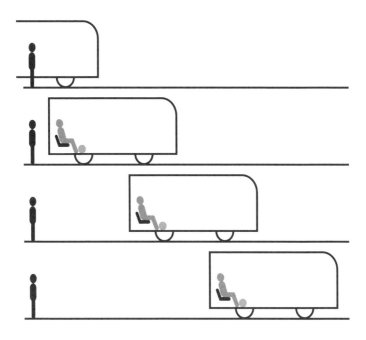

그림 1_ 서 있는 지영의 관점에서 일정한 속도로 움직이는 버스와 그 안에 앉아 있는 기훈의 모습.

떠받치는 힘도 작용하지만, 이런 힘은 모두 상쇄되어 0이 됩니다.)

　기훈이 탄 버스를 지영이 밖에 서서 지켜보고 있습니다. 지영의 관점에서 기훈은 움직이고 있죠. 기훈이 움직이는 속도는 버스의 속도와 같고 일정합니다. 지영의 관점도 관성의 법칙과 잘 맞습니다. 그림 1입니다.

　이번에는 버스가 갑자기 속도를 줄이다가 멈추는 상황을 생각해 봅시다.

　먼저 기훈의 관점입니다. 버스에 앉아 있던 기훈은 어느 순간부터 갑자기 앞으로 튀어 나갈 것 같은 힘을 느낍니다. 기훈은 엉덩이를 좌석 깊이 파묻고 의자를 붙잡아서 겨우 자리에 앉아 있을 수 있었습니다. 하지만, 기훈의 가방 안에 있던 공이 버스 바닥으로 떨어지더니 버스 앞쪽까지 또르르 굴러가 버립니다(그림 2). 즉, **기훈은**

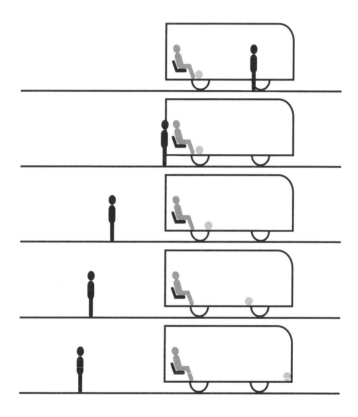

그림 2. 버스가 움직이다 멈출 때 기훈의 관점에서 땅에 서 있는 지영과 버스 안 공이 움직이는 모습. 버스 안의 공에는 아무런 힘도 작용하지 않았지만, 갑자기 움직이기 시작한다. 기훈은 앞으로 튀어 나가지 않도록 힘을 주어 버티고 있다. 기훈의 관점에서는 관성의 법칙이 맞지 않는 것처럼 보인다.

정지 상태를 억지로 유지(!)하기 위해 의자를 잡아 버틴 겁니다. 관성의 법칙을 그냥 믿는다면 기훈이 그대로 있어야 정지 상태가 계속 유지될 것 같은데, 지금은 오히려 거꾸로 된 거죠. 게다가 가방 속에 정지해 있던 공은 그냥 내버려 두었더니(!) 갑자기 앞으로 굴러갑니다. 기훈이 물리를 잘은 모르고 관성의 법칙만 겨우 알고 있었다면, "왜 그러지? 관성의 법칙이라는 거 엉터리잖아." 했을지도 모릅니다.

지영에겐 이 상황이 어떻게 보일까요? 그림 3을 봅시다. 버스가 가다가 속도를 줄여 멈춥니다. 속도가 변했으니 관성의 법칙에 따르면 무엇인가가 버스에 힘을 줬음이 분명합니다. 물론 도로 바닥이 버스에 힘을 준 거죠. 마찰력으로요. 운전기사가 브레이크를 밟아서 바퀴와 도로의 마찰력이 갑자기 커졌기 때문에 속도가 줄어들다가 멈춘 겁니다. 버스에 앉아 있는 기훈도 버스를 따라 덩달아 속도가 줄어듭니다. 사실은, 아무 이유 없이 진짜 덩달아서 속도가 줄어들 수는 없습니다. 뭔가가 기훈에게 뒤쪽으로 힘을 줘서 앞으로 못 가게 막았습니다. 바로 기훈이 붙잡고 버틴 의자가 그렇게 한 거죠.

가방 속에 있던 공은? 지영의 관점에서는 그 공도 버스의 속도로 움직이고 있었죠. 그리고, 버스가 멈춘 뒤에도, **공은 그 속도를 그대로 유지하며 제 갈 길을 간 겁니다. 관성의 법칙에 따라서요! 공에 아무 힘도 작용하지 않으니까요!** (엄밀히 말하면 공이 가방에서 나와 굴러갈 때 마찰이 있을 테니 속도가 조금 줄어들겠죠.) 공이 잘 가고 있는데, 그 앞을 버스의 앞쪽 차체가 갑자기 가로막은 겁니다. 공은 아무 잘

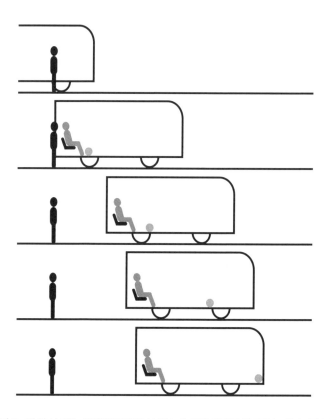

그림 3_ 땅에 서 있는 지영의 관점에서 버스가 움직이다가 정지하는 모습. 버스의 속도가 줄어들고 정지해도, 버스 안의 공은 계속 같은 속도로 움직인다. 관성의 법칙과 잘 맞는 현상이다.

못(?)도 없어요.

결론을 내리자면, 관성의 법칙은 아무 문제가 없습니다. 움직이다가 멈춰 버린 기훈의 관점이 이상한 거죠. 그래서 그의 관점에서는 관성의 법칙이 성립하지 않는 것처럼 보였던 겁니다.

지금까지의 내용을 정리해 봅시다.

세상에는 두 종류의 관점이 있습니다. 관성의 법칙이 성립하는 관점과 그렇지 않은 관점. 관성의 법칙이 성립하는 관점을 '관성계'라 하고 그렇지 않은 관점을 '비관성계'라 합니다. 위의 예에서는 지영의 관점이 관성계이고 기훈의 관점은 비관성계입니다. 차가 출발할 때나 멈출 때, 혹은 방향을 바꿀 때, 그 안에 타고 있는 사람의 관점은 모두 비관성계입니다. 이때 이상한 일이 벌어지는 건 물리를 몰라도 누구나 압니다. 몸이 이리저리 쏠리니까요. (여기서 혹시 '원심력' 같은 걸 떠올리는 분이 있다면, 맞습니다! 차가 굽은 길을 갈 때 몸이 쏠리는 것을 원심력으로 설명할 수도 있습니다. 원심력은 비관성계에서 관성의 법칙이 성립하지 않는 것을 보정해 주는 '가짜 힘'의 일종입니다. 이쪽 얘기를 시작하면 여러 개의 글이 필요하고, 특수상대론과 직접 관련은 없기 때문에 여기서는 이렇게 언급만 하고 설명은 생략합니다.)

참고로, 이 글에서는 편의상 '관점'을 '계'와 비슷한 의미로 사용하고 있습니다. '계'는 '좌표계' 혹은 '기준틀'의 줄임말이고 물리 용어입니다. 의미를 명확히 하려면 약간의 설명이 필요하지만, 현재 단계에서는 핵심 내용에 집중하기 위해 일단 넘어가고 10강에서 더 자세히 설명하겠습니다.

이제 드디어 아인슈타인이 특수상대론을 만들 때 사용한 두 가지 가정을 명확히 기술할 수 있게 되었습니다.

> 특수상대론의 기본 가정
> 1. 특수 상대성 원리: 모든 관성계에서 물리 법칙은 같다.
> 2. 광속 불변의 원리: 진공에서의 빛의 속도는 모든 관성계에서 같으며 항상 일정하다.

두 가정 모두 '모든 관성계에서'라는 구절이 들어가 있습니다. 위에서 설명한 내용을 바탕으로 생각해 보면 왜 이런 제한 조건이 필요한지 이해가 되죠? 만약 이 가정이 없다면, 첫째 가정이 성립하지 않을 게 분명합니다. 앞의 예에서 보았듯이 비관성계에서는 관성의 법칙조차 성립하지 않을 정도로, 잘 알려진 형태의 물리 법칙이 안 맞으니까요. 그리고 6강에서 절대적 정지나 움직임, 절대적 속도 같은 건 없다고 했죠? 그러므로 한 관성계에서 다른 관성계를 보면 어떤 일정한 속도로 움직이고 있겠지요. 예를 들면 땅에 서 있는 지영과 일정한 속도로 움직이는 기훈처럼 말이죠. 이들은 모두 동등하고 물리 법칙이 같습니다. 즉, **어느 한 관성계에서 성립하는 물리 법칙은 다른 관성계에서도 그대로 성립해야 합니다. 이것이 특수 상대성 원리의 의미입니다.**

앞서 4강에서 광속 불변의 원리를 설명할 때 '중력이 없어야 하고, 속도기 변하는 사람의 관점이 아니어야 한다'는 제한 조건이 필요하다고 했는데, 그것도 '모든 관성계에서'로 바꿔 표현했습니다. 여기에서 중력이 없어야 한다는 조건은 설명이 더 필요합니다. 이건 특수상대론을 발표한 1905년에는 아인슈타인도 잘 모르고 있었던 내용인데, **특수상대론은 중력을 제대로 다룰 수 없습니다.** 아인슈타인은 나중에 이 사실을 깨닫고 연구에 연구를 거듭하여 1915년에 일반상대론을 완성합니다. '일반'상대론에서는 제한 조건이 모두 사라집니다. 관성계일 필요도 없고 중력이 있어도 됩니다. 이런 '일반적인' 상황을 모두 설명한다는 의미에서 '일반'상대론이라는 이름이 붙었습니다. 물론 특수상대론은 제한 조건이 있는 '특수한' 상황만 기술한다고 하여 '특수'상대론이 되었고요. 보통 '일반'은 쉬운 경우, '특수'는 어려운 경우에 사용하는데 상대론은 반대입니다.

이것으로 한고비를 넘겼습니다. 앞으로는 특수상대론의 두 가정을 사용하여 시간과 공간이 어떤 비밀을 감추고 있는지 구체적으로 살펴보겠습니다. 지금까지의 내용에 비해 훨씬 다채롭고 생각할 거리가 많습니다. 물론 다른 곳에서 특수상대론을 접한 분은 익숙한 내용도 꽤 있을 겁니다. 하지만, **중요한 것은 결과가 아니라 결과에 이르는 과정입니다. 마음에 의문 부호가 남지 않아야 합니다. 막연히 머리는 끄덕이지만 마음이 거부하면 아무 소용이 없습니다.**

특수상대론은 충분히 시간을 들여 음미할 만한 가치가 있는 멋진 이론입니다.

빛의 속도는 왜 특별한가

특수상대론에서 왜 '빛'이라는 존재가 다른 모든 것과 다르게 결정적인 역할을 하는지 의문을 가질 수 있습니다. 사실은 빛 자체는 특별한 존재가 아닙니다. 빛의 '속도', 즉 299792458m/s가 특별한 속도죠. 다만, 앞에서도 강조했듯이 299792458이라는 숫자는 전혀 중요한 숫자가 아닙니다. 단위를 바꾸면 숫자가 달라지니까요. 숫자에 얽매이지 않기 위해 빛의 속도를 그냥 c라고 쓰겠습니다. 즉, c=299792458m/s입니다.

빛 이외에도 소위 정지질량이 0인 존재는 모두 속도 c로 움직이고 다른 속도로는 움직일 수 없습니다(정지질량은 VI장에서 설명합니다). 그런데 이 속도로 움직이는 존재 중에서 인간이 가장 먼저 알게 된 것이 빛이기 때문에 '빛의 속도'라는 이름이 붙은 거죠. 예를 들어 빛 이외에 중력파도 속도 c로 움직입니다. 정지질량이 0보다 큰 보통 물질은 모두 c보다 작은 속도로만 움직일 수 있습니다.

그럼 왜 c라는 속도가 그렇게 특별한지 물을 수 있습니다. 이에 대한 답은 그게 우리 우주가 가지고 있는 가장 근본적인 특성이기 때문이라는 겁니다. 과학은 세상에서 일어나는 온갖 현상의 원인을 캐어묻고 그 답을 찾습니다. '사과가 왜 떨어지는가? 지구가 잡아당기기 때문이다.' 이런 식으로 말이죠. 그럼 지구는 왜 사과를 잡아당기는지 이유를 찾고, 그게 중력이라는 걸 알게 되면 다시 중력은 왜 생기는지 묻습니다. 이렇게 과학은 많은 현상을 점점 적은 원리만으로 설명하려고 노력하죠. 그러다가 어느 시점에 이르면 더 이상 근본적인 이유를 찾을 수 없는 어떤 기본 원리에 도달합니다. c라는 속도가 특별하다는 게 그런 기본 원리 중의 하나입니다. 다시 말해, 'c라는 특별한 속도가 존재한다.'는 기본 특성을 가진 우주에 인류가 살고 있다는 뜻입니다. 물론 나중에 물리학이 지금보다 발전하면, 더 근본적인 어떤 원리를 발견하여 그로부터 c라는 특별한 속도가 왜 존재하는지 설명하게 될지도 모릅니다.

일반상대론에서도 빛의 속도는 항상 c인가

광속 불변의 원리는 중력이 없고 관성계여야 한다는 제한 조건이 있다고 했습니다. 이런 제한을 풀면 일반상대론을 적용해야 합니다. 일반상대론에서는 빛의 속도가 달라질 수 있습니다. 조금 더 엄밀하게 말하면, 일반상대론에서는 속도를 여러 가지로 정의할 수 있는데 우리가 흔히 생각하는 속도는 변할 수 있습니다. 가장 대표적인 예는 블랙홀입니다. 블랙홀에서 멀리 떨어진 관찰자의 관점에서 볼 때, 블랙홀에 가까운 곳일수록 빛의 속도가 느리고 사건의 지평선 event horizon에서는 빛이 정지합니다. 또한 아주 멀리 있는 은하는 빛의 속도보다 더 빨리 멀어지는 관측 결과가 나오기도 합니다. 이 또한 아무런 문제가 되지 않습니다. 이런 결과는 일반상대론을 알고 있어야만 이해할 수 있는 내용이므로 이 책에서는 더 이상 설명하지 않습니다.

결론적으로 말하면, 빛의 속도가 항상 c라는 건 특수상대론에서만 성립하며 중력을 고려해야 하는 경우에는 다를 수 있습니다.

상대론적 속도의 덧셈

빛의 속도가 운동 상태에 따라 전혀 달라지지 않는다면, 다른 속도는 어떻게 변할까요? I장에서 알아보았듯이 우리의 일상 상식에 따르면 속도는 1+2=3의 확실성으로 단순히 더해져야 하지만 실제로는 그렇지 않다고 했습니다. 그렇지 않은 극단적인 예가 빛의 속도입니다. 꿈쩍도 하지 않으니까요.

빛의 속도가 아니면 일반적으로는 꽤 복잡하게 더해집니다. 여기서는 2강에서 생각했던 것처럼 1차원에서 속도 두 개를 더하는 방법만 보여 드리겠습니다.

그림 1처럼 자동길에서 움직이는 기훈을 정지한 사람이 지켜보는 경우를 생각해 봅시다. 자동길의 속도를 v, 자동길에서 움직이는 기훈의 속도를 u라 하면 정지해 있는 사람이 보는 기훈의 속도 w는 다음과 같이 주어집니다.

$$w = \frac{u+v}{1+uv/c^2}$$

이 결과를 얻으려면 특수상대론에 대한 지식이 꽤 많이 필요하고

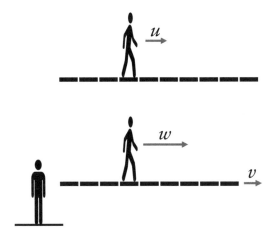

그림 1_ 특수상대론에서 속도의 덧셈. 자동길의 속도가 v, 자동길에서 움직이는 기훈의 속도가 u일 때, 정지한 사람이 본 기훈의 속도 w는 단순히 $u+v$가 아니다.

수식에도 익숙해야 합니다. (부록)에 유도 과정이 있습니다. 우리의 일상 경험과 일치하는지 살펴보는 건 어렵지 않습니다. 일상 속도에 비하면 빛의 속도는 매우 큽니다. 따라서 위의 식에서 c를 무한대로 근사할 수 있겠지요. 그러면 분모가 1입니다. 즉, $w = u + v$로 간단해 져서 일상 경험과 잘 일치하는 결과가 나옵니다. 또한, u나 v 중에서 하나가 c이면 w도 항상 c가 되는 것을 확인할 수 있습니다. 광속 불변의 원리가 이 식에 잘 반영되어 있다는 뜻입니다.

매우 빠르게 움직이지만 광속은 아닌 경우에는 어떻게 될까요? 예를 들어 광속의 절반으로 움직이는 우주선에서, 우주선이 움직이는 방향으로 광속의 절반으로 날아가는 총을 쏜다고 합시다. 정지해 있는 사람이 볼 때 그 총알의 속도는 앞의 식에서 u와 v에 각각 $c/2$를 대입하면 됩니다.

$$w = \frac{\dfrac{c}{2} + \dfrac{c}{2}}{1 + \dfrac{c}{2}\dfrac{c}{2}\dfrac{1}{c^2}} = \frac{4}{5}c$$

상식적으로 생각하면 총알의 속도가 $\dfrac{c}{2} + \dfrac{c}{2} = c$여야 할 것 같지만, 실제로는 그것의 80%네요. 만약 u와 v가 모두 소리의 속도인 340m/s라면, w는 680m/s가 아니라 679.9999999991253m/s 입니다. 차이가 0.000000001m/s에 불과하죠. 그래서 일상생활에서는 그냥 속도가 더해진다고 생각해도 차이를 느낄 수 없습니다.

시간

8강

너의 시간과 나의 시간은 다르다

특수상대론의 기본 가정 두 가지를 정리해 봅시다. 앞으로 이들을 수시로 적용하여 논리를 전개할 것입니다. 어떤 의미인지 느낌을 가지고 있는 것이 중요합니다. 첫째, 특수 상대성 원리의 '특수'는 관찰자의 속도가 변하는 상황은 생각하지 말자는 뜻입니다. 그 사람의 관점으로는 특수상대론을 적용할 수 없습니다. 이런 관점을 빼면 누구의 관점으로 생각해도 됩니다. 모두는 평등합니다. 이것이 '상대성'입니다. 둘째, 이런 관점을 빼면 누구에게나 빛의 속도는 항상 초속 30만 킬로미터입니다. 빛에서 멀어져도 가까워져도 아무 상관 없습니다. 무조건 초속 30만 킬로미터입니다.

특수상대론에서는 보통 특정 상황을 상상하고 기본 가정을 적용하면 어떤 일이 벌어질지 살펴봄으로써 필연적 결론을 끌어냅니다. 앞에서 잠깐 얘기했던, 바로 상상으로 실험하는 **사고 실험**입니다. 일종의 논리 퍼즐 문제를 푸는 것과 유사합니다. 다만, 보통 퍼즐은 푼 뒤 만족감을 느끼면 그것으로 끝이지만, 상대론의 사고 실험 문제는 풀고 나면 우리 우주에 대해 심오한 깨달음을 얻을 수 있다는 점이 큰 차이겠지요.

앞으로 계속 보겠지만, 특수상대론은 누구의 관점인가에 따라 흘러가는 시간이나 길이가 마구 바뀝니다. 그러므로 **반드시 누구의 관**

점인지 명시해야 합니다. 그렇게 하지 않으면 아무 의미가 없습니다. 거의 항상 틀린 결론이 나온다고 보면 됩니다. 8강에서는 관점에 따라 사건이 일어나는 순서가 달라질 수 있다는 사실을 설명합니다.

그림 1을 봅시다. 버스 안에 기훈이 서 있습니다. **버스가 멈춰 있는지, 움직이고 있는지, 움직인다면 속도가 얼마인지 등은 전혀 중요하지 않습니다.** 언급할 필요가 없죠. 관성계라는 가정만 잘 만족

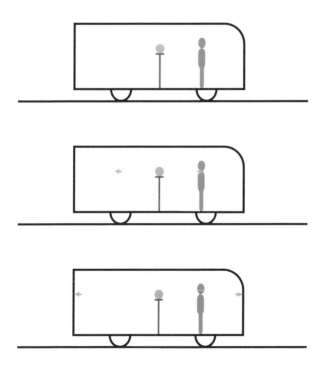

그림 1 _ 버스의 한가운데에 있는 전등이 켜지면 버스에 탄 기훈의 관점에서는 빛이 버스 앞뒤에 동시에 도달한다.

시키면 충분합니다. 앞서 설명했듯이 절대적 정지도, 절대적 움직임도 없으니까요. 이게 바로 특수 상대성 원리입니다. 버스에 타고 있는 기훈의 관점에서 어떠어떠한 일이 벌어진다고 하면 충분합니다.

버스의 한가운데에 전등이 놓여 있습니다. 전등을 켜면 불빛이 모든 방향으로 퍼져 나가겠지요. 버스의 앞과 뒤로 움직이는 빛도 있습니다. '기훈의 관점에서(반드시 누구의 관점인지 명확히 해야 합니다!)' 전등의 불빛은 버스의 앞과 뒤에 동시에 도달합니다. 왜냐면, 전등에서 버스의 앞과 뒤는 같은 거리만큼 떨어져 있고, 빛의 속도는 일정하니까요.

당연한 얘기죠? 그런데, 사실은 이 짧은 내용에 앞으로 두고두고 계속 놀라게 될 핵심 논리가 숨어 있습니다. 바로 광속 불변의 원리입니다. **빛의 속도는 항상 일정하므로 우리는 거리를 시간으로 환산할 수 있습니다.** 다시 확인합시다. 빛은 명백히 버스의 앞과 뒤에 같은 시각에 도달합니다. 왜죠? 앞과 뒤로 퍼져 가는 빛의 속도가 같으니까요. 같은 거리를 같은 속도로 움직이면 같은 시간이 걸릴 수밖에 없습니다. 만약 빛의 속도가 상황에 따라 달라질 수 있다면, 단순히 떨어진 거리가 같다고 해서 빛이 동시에 도달한다는 보장이 없습니다. 광속 불변의 원리가 중요한 역할을 하고 있습니다.

★ 이제 특수상대론의 마법이 시작됩니다 ★

지영이 땅 위에 서 있습니다. 지영이 볼 때, 기훈이 탄 버스는 일정한 속도로 움직입니다. 그림 2입니다. 이때, '**지영의 관점**'에서도

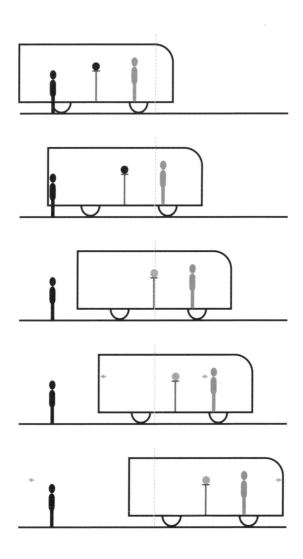

그림 2_ 움직이는 버스의 한가운데 전등이 켜지면 밖에 서 있는 지영의
관점에서는 버스 뒤쪽에 빛이 먼저 도달한다. 가운데 점선은 전등이 켜지는 지점을
참고로 표시한 것이다. 빛은 앞뒤로 같은 속도로 움직이므로, 전등이 켜진 위치인
점선에서 앞쪽과 뒤쪽으로 움직인 빛까지는 거리가 같다.

전등 빛이 버스의 앞과 뒤에 동시에 도달한 것으로 보일까요?

    그림 2를 유심히 살펴보면, 어느 순간 깨달음이 옵니다. 지영에게는 두 빛이 버스의 앞과 뒤에 동시에 도달하지 않습니다. 도달하는 시각이 다릅니다. 빛은 버스 뒤쪽에 먼저 도달하고 앞쪽은 나중에 도달합니다. 왜냐면, 빛이 앞뒤로 퍼져 가는 시간 동안 버스가 앞으로 움직이기 때문입니다. 그림 2에서 넷째 그림은 버스 뒤쪽에 빛이 도달하는 순간, 다섯째 그림은 앞쪽에 빛이 도달하는 순간입니다. 뒤쪽에 빛이 도달하고 시간이 꽤 흘러 앞쪽에 도달하는 것이 명백하죠? 따라서 이 상황을 지켜본 지영은 빛이 버스 뒤쪽에 먼저 도달했다는 결론을 내릴 수밖에 없습니다. 즉, **버스 안에 있는 기훈의 관점에서는 동시에 일어난 두 사건**(앞쪽에 빛 도달, 뒤쪽에 빛 도달)**이, 밖에 서 있는 지영의 관점에서는 시차를 두고 일어난 겁니다. 관점에 따라 사건이 일어난 시각이 달라졌습니다!**

    살면서 평소에 이런 일이 가능하다는 걸 상상이라도 해 본 일이 있나요? 어느 쪽이 옳을까요? 빛은 버스 안에 있는 전등에서 나왔으니 버스 안 기훈의 관점이 우선되어야 하지 않을까요? 버스 한가운데에서 빛이 나왔으니 기훈의 관점이 옳지, 버스 밖 지영은 뭔가 좀 석연치 않아 보이기도 합니다. 아니, 버스는 그냥 조그만 자동차에 불과하고 움직이는 것도 잠깐일 뿐인데, 그 안에서 일어나는 일이 뭐 그리 대단하겠어요? 정지해 있는 지영이 옳아 보이기도 합니다. 어느 쪽일까요?

둘 다 옳습니다. 특수 상대성 원리에 따라 모든 관점은 동등하니까요! 어떻게 둘 다 옳을 수가 있냐고요? 어떻게 사건이 일어난 시각이 바뀔 수가 있냐고요? 잘 믿기진 않지만, 우리 우주가 본래 그런 겁니다. 이게 우리가 살고 있는 우주의 특성입니다. 좋든 싫든, 이런 우주에서 우리가 태어난 것이죠. 그리고 인간의 과학이 발전하여, 마침내 이런 우주의 비밀을 알아냈습니다!

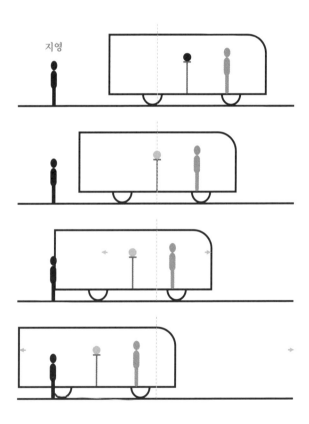

그림 3 버스가 후진하면 지영의 관점에서 버스 앞쪽에 빛이 먼저 도달한다.

버스가 앞으로 움직이지 않고 후진을 하면 어떻게 될까요? 즉, 그림 3처럼 왼쪽으로 움직이는 경우입니다. 이때는 물론 앞의 경우와 반대입니다. 지영의 관점에서 버스의 앞쪽에 빛이 먼저 도달하고 뒤쪽에는 나중에 도달합니다. 버스의 운동 방향에 따라 사건이 일어나는 순서까지도 바뀔 수 있다는 뜻이지요.

지금까지 알아낸 사실을 정리하겠습니다.

'절대적으로 동시에 일어난 두 사건' 같은 건 없습니다. 그건 허상입니다. 관점에 따라서 어떤 사건이 먼저 일어나고 나중에 일어났는지 순서까지도 달라질 수 있습니다. (주의: 모든 사건의 선후가 마구 바뀔 수 있다는 뜻은 아닙니다. 바뀔 수 있는 경우가 있고, 없는 경우가 있습니다. V장에서 자세히 설명할 예정입니다.)

여기서는 움직이는 버스 안에서 전등을 켜는 특정한 상황을 상상하여 이런 결론을 얻었습니다. 하지만 이렇게 얻은 결론은 그런 특정한 경우에만 적용되는 예외적 사실이 아닙니다. 특수상대론이 성립하는 한, **어떤 상황, 어떤 사건에도 '모두' 적용되는 필연적 귀결입니다.** 시간의 흐름이 어떤 특정한 상황에서만 이상하게 뒤틀릴 수는 없으니까요. 만약 일반적으로는 그럴 것 같지 않다는 생각이 들면 그때, 그런 곳에 버스를 가져다 놓고 위의 실험을 하면 됩니다. 우리는 아무 때나 아무 곳에서나 위와 같은 사고 실험을 얼마든지 되풀이할 수 있으니까요. 이것이 바로 논리의 힘입니다. 움직이는 버스와 전등 같은 사고 실험을 생각한 것은, 그게 가장 쉽게 결론을 이끌어 낼 수 있는 방법이기 때문일 뿐입니다.

우리는 어떤 특정한 시각, 예를 들어 오전 10시 정각이라고 하면 누구에게나 똑같은 어느 한순간을 상상합니다. **그런 거 없습니다. 나의 현재와 너의 현재는 다릅니다.** 나의 현재는 거대한 빙산이 남극 대륙에서 막 떨어지기 시작했고, 너의 현재는 아직 떨어지기 직전일 수도 있습니다. 나의 현재는 병원에서 새 생명이 이제 막 태어났고, 너의 현재는 아직 태어나기 직전일 수도 있습니다. 10억 광년 떨어진 곳에서 우주를 여행하고 있는 어느 외계인의 현재는 지구가 아직도 공룡시대일 수도 있고, 인류가 모두 멸망하고 없는 머나먼 미래의 어느 때일 수도 있습니다. 제각각 운동 상태에 따라 현재와 과거와 미래가 서로 뒤바뀔 수도 있습니다. (다시 얘기하지만, 바뀔 수 있는 경우가 있고 없는 경우가 있습니다.) 전 우주적으로 절대적으로 옳은 유일한 관점이란 존재하지 않습니다. 모두의 관점이 옳습니다. 어느 한 관점을 알면 다른 관점을 재구성할 수도 있습니다.

어쩌면 '뭔 이런 허술한 논리가 다 있나! 그 유명하다는 상대론이 겨우 이런 거였어?' 하며 마구 반박하고 싶은 욕구가 용솟음치는 분도 있을 겁니다. 그런데 머리에 떠오르는 수많은 반박 논리를 하나씩 신중하게 김토하다 보면, 그 어느 것도 올바른 반론이 되지 못한다는 것을 깨달을 수 있습니다. 9강에서는 이런 반박 논리나 의문점을 살펴보고, 왜 이런 결론이 나올 수밖에 없는지, 그리고 이것이 무엇을 의미하는지 좀 더 알아보겠습니다.

9강

광속 불변이면 절대적 동시는 없다

특수상대론은 마법 같은 이론입니다. 그토록 단순한 가정과 그토록 짧은 논증으로, 그토록 강렬하게 마음을 뒤흔들어 놓습니다. 100% 완벽하게 이해할 필요는 전혀 없습니다. 처음에는 아무도 그러지 못합니다. 10%, 아니 1%만이라도 그 의미를 살짝 스치듯 느끼는 순간이 오면, 그 느낌을 결코 잊을 수 없습니다. 적어도 저는 그랬습니다. 저를 감싸고 있는 텅 빈 공간마저도 신비하게 느껴졌지요.

8강의 설명을 다시 생각해 봅시다. 딱히 반박하기가 어려운 아주 간단하고 명쾌한 논리입니다. 하지만 이것만으로 사건이 일어난 시각이나 순서가 사람마다 달라질 수 있다는 결론을 피부에 와닿게 실감하는 분은 많지 않을 겁니다. 그저 우리와는 아무 관계도 없는 머나먼 세상에서 일어나는 일, 혹은 소설이나 영화 속의 한 장면일 뿐이죠.

인간은 익숙한 방식으로 생각하고 행동하고 몸으로 느껴 본 뒤에야, 뭔가 심상치 않은 느낌이 들면 겨우 깨달음을 얻을까 말까 하는 까다로운 존재입니다. 때로는 틀린 생각도 하고, 때로는 이런저런 생각을 비교도 하며 음미하는 시간이 필요합니다.

앞의 설명을 두고 곰곰이 생각해 보면, 다음과 같은 의문이 떠오릅니다.

'저 설명이 특수상대론과 무슨 관계가 있나? 그냥 상식적인 시간과 공간에서는 저런 일이 안 일어난다는 말인가? 버스가 움직이면 그만큼 버스 뒤쪽이 빛에 가까워졌고 앞쪽은 멀어졌으니, 빛이 뒤쪽에 먼저 도달하는 게 당연한 것 같아 보인다. 하지만, 그렇다고 해서 사건이 일어난 시각 자체가 관점에 따라 달라진다는 주장은 들어본 적이 없다.'

이 의문에 답하려면, 특수상대론을 상당히 잘 이해하고 있어야 합니다. 이 의문은 다음과 같이 해소할 수 있습니다. 특수상대론을 제대로 이해하느냐 마느냐를 결정짓는 핵심적인 부분이므로 주의 깊게 보시기 바랍니다.

특수상대론의 기본 가정을 바탕으로 한 앞의 설명에서 핵심은 빛의 속도가 누구에게나 변하지 않고 똑같다는 데 있습니다. 빛의 속도는 기훈에게도, 지영에게도 초속 30만 킬로미터입니다. 앞으로 가는 빛과 뒤로 가는 빛 모두 마찬가지입니다. 모든 빛의 속도가 똑같으니, 거리만 따져 보면 어떤 빛이 먼저 도착할지 바로 결론이 나오는 거죠.

만약 빛의 속도가 일정하지 않고 일상 경험처럼 속도가 더해지거나 빼진다면 어떻게 될까요? 버스가 앞으로 움직이면 앞쪽으로 가는 빛은 버스의 속도만큼 빨라져야 합니다. (이게 바로 지금까지 여러 번 언급했던 1+2=3의 논리입니다. 기억하시죠?) 그러면 시간이 그만큼 덜 걸릴 겁니다. 더 먼 거리를 가더라도 시간이 많이 걸리지 않을 수 있는 거죠. 또한 뒤로 가는 빛은 버스와 반대 방향으로 가니까 속도

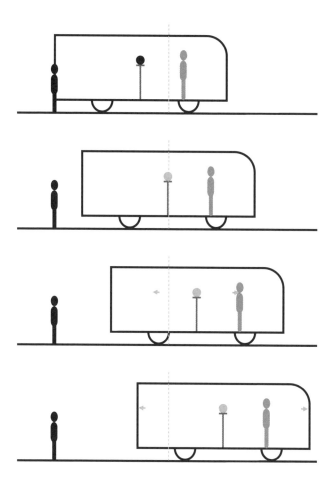

그림 1_ 빛의 속도가 항상 일정하다는 **특수상대론을 받아들이지 않았을**
때 벌어지는 가상 상황. 앞쪽으로 가는 빛은 버스 속도가 더해져서 빠르게 가고,
뒤쪽으로 가는 빛은 느리게 간다. 따라서 밖에 서 있는 지영의 관점에서도 버스의
앞뒤에 빛이 동시에 도달한다. (주의: 우리가 살고 있는 실제 세상은 이렇지 않다.)

가 줄겠죠. 그러니 버스 뒤쪽이 앞으로 약간 움직여 왔더라도, 빛이 뒤쪽까지 가는 데에는 속도가 느린 만큼 시간이 더 걸려야 할 겁니다. 결국 일상 경험에 따른 세상에서는 지영이 볼 때도 빛이 버스 앞 뒤에 동시에 도달할 가능성이 있습니다. 그림 1처럼 말이죠. 만약 이렇게 된다면 지영의 관점에서도 동시성이 깨어지지 않아요! 상식적인 생각과 잘 맞는 결론이죠.

그림 1과 8강의 그림 2를 주의 깊게 비교해 보시기 바랍니다. 차이가 보이나요? 이제 이런 가능성이 정말 맞는지 구체적으로 숫자를 넣어 확인해 봅시다. 그림 2처럼 버스의 중심에서 앞이나 뒤까지의 거리가 (매우 비현실적인 숫자긴 하지만) 편의상 30만 킬로미터라고 해 보죠. 버스 안 기훈의 관점에서 빛이 버스의 앞과 뒤에 도착하는 시간은 1초입니다.

지영의 관점에서는 어떨까요? 그림 3처럼 지영이 볼 때 버스는 초속 20만 킬로미터로 움직인다고 합시다. 빛의 속도가 특수상대론을

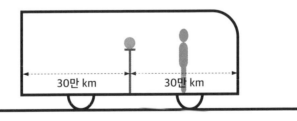

그림 2_ 계산을 쉽게 하기 위해 편의상 버스의 길이가 60만 킬로미터라고 하자. 그러면 버스 안에 있는 기훈의 관점에서 전등 빛이 버스 앞뒤에 도착하는 시간은 모두 1초이다.

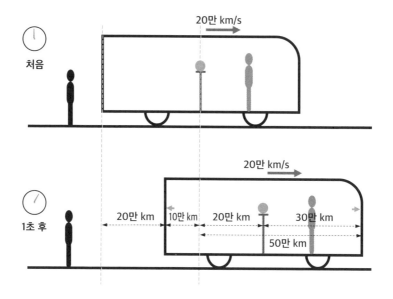

그림 3_ **특수상대론을 따르지 않았을** 때 벌어지는 가상 상황. 버스의 속도는 초속 20만 킬로미터이다. 앞으로 가는 빛과 뒤로 가는 빛의 속도가 달라지므로, 버스 밖 지영의 관점에서도 정확히 1초 후 빛이 버스의 앞뒤에 동시에 도달한다. 따라서 동시성이 깨어지지 않는다. (주의: 우리가 실제로 살고 있는 세상은 이렇지 않다.)

따르지 않고 1+2=3처럼 그냥 더해진다면, 앞쪽 빛의 속도는 30만과 20만을 더해 초속 50만 킬로미터겠죠. 한편, 버스가 초속 20만킬로미터로 움직이므로, 1초 후에 버스의 앞쪽은 처음보다 20만 킬로미터만큼 앞으로 갔습니다. 즉, 빛이 출발한 지점부터 계산한다면버스의 앞쪽은 1초 후에 50만 킬로미터 떨어져 있는 것입니다. 앞쪽 빛의 속도가 초속 50만 킬로미터이므로 1초 후 빛은 정확히 버스의 앞쪽에 도달하는 것을 알 수 있습니다.

뒤쪽 빛을 살펴볼까요? 뒤쪽 빛의 속도는 30만에서 20만을 빼 초속 10만 킬로미터죠? 버스의 뒤쪽은 1초 후에 20만 킬로미터만큼 앞으로 갔으므로, 빛이 출발한 곳에서부터는 10만 킬로미터 떨어져 있습니다. 그럼 이 경우에도 정확히 1초 후에 버스 뒤쪽에 도달하겠네요. 10만을 10만으로 나누면 되니까요!

결국 빛의 속도가 일정하지 않고 상식적인 생각처럼 단순히 더해지고 빼진다면, 기훈의 관점이든 지영의 관점이든 빛은 항상 버스의 앞뒤에 동시에 도달합니다. 버스가 앞으로 갔다고 하여 동시성이 깨어지는 일은 일어나지 않는다는 얘기죠. 이게 우리가 일상 경험을 바탕으로 생각하는 결론입니다. 우리는 이 결론이 틀렸다는 것을 이제 알게 되었습니다. **빛의 속도는 달라지지 않으니까요!**

다른 의문이 생길 수도 있습니다. 만약 빛이 아니라 소리나 총알, 혹은 공과 같이 다른 신호를 버스의 앞뒤에 전달한다면 어떤 일이 일어날까요? 빛에 비해 그저 속도가 느려졌을 뿐이니 이때도 빛의 경우와 마찬가지 현상이 일어나 관점에 따라 앞뒤에 신호가 도달하는 시각이 달라질까요? 즉, 동시가 관점에 따라 달라질까요?

속도 차이 외에, 다른 신호와 빛과는 결정적인 차이가 있습니다. 이제 되풀이하기도 지겨울 정도지만, 다른 신호는 속도 불변의 원리가 없습니다. 속도가 관점에 따라 변하죠. 그러므로 위에서 살펴본 것처럼(그림 1, 그림 3), 빛이 아닌 다른 신호일 때는 관점에 따라 동시성이 달라진다는 논리가 성립하지 않습니다.

정리하겠습니다.

버스가 움직일 때 관점에 따라 동시성이 깨어지고 사건의 발생 시각과 순서가 달라지는 일은, 상식적인 시간과 공간이라면 일어나지 않습니다. 이런 일이 일어나는 것은 **전적으로 특수상대론의 광속 불변 원리 때문입니다. 이제 둘 중의 하나입니다. 관점에 따라 사건이 일어나는 시각이 달라질 수 있다는 것을 받아들이거나, 광속 불변의 원리를 포기하거나.**

지난 100여 년 동안 수도 없이 행해진 실험에 따르면 광속 불변의 원리는 버릴 수 없습니다. 따라서 사람마다 다른 시간이 흘러간다는 사실을 인정할 수밖에 없습니다.

마지막으로 이런 의문이 남습니다. 이게 사실이라면 우리는 왜 일상생활을 하면서 이런 경험을 하지 못할까요? 그건 이 효과가 매우 작기 때문입니다. 우리가 평소에 경험하는 속도는 기껏해야 초속 수십 미터 정도에 불과한데, 빛의 속도와 비교하면 1000만 분의 1 정도니까요. 하지만 정밀한 실험을 하면 실제로 검증할 수 있습니다. 이 이야기는 나중에 다시 하겠습니다.

이 내용을 제대로 이해했다는 느낌이 들면, 이제 본격적으로 특수상대론적 세상에 눈을 뜨기 시작한 겁니다. 축하드립니다. 물리학에 소질이 많으시군요.

무슨 얘기를 하고 있는지 도무지 감을 잡지 못하고 있을 수도 있습니다. 전혀 낙담할 일이 아닙니다. 처음에는 대부분 그렇거든요.

혼자서 이 설명을 되새김질하는 시간이 꼭 필요합니다. 그림 1과 8강의 그림 2의 차이를 잘 살펴보세요. 이때 광속 불변의 원리가 어떤 역할을 하는지 생각해 보시기 바랍니다. 어느 순간 느낌이 옵니다. '아, 그거구나!' 우주의 비밀 한 가지를 알아 버린 것 같은 흥분에 휩싸이죠. 그때가 바로 물리학의 매력에 처음 빠져드는 순간입니다.

나름대로 충분히 생각했지만 여전히 모르겠다면, 일단 건너뛰어도 좋습니다. 다음부터 설명할 내용은 좀 더 구체적이어서 훨씬 이해가 잘될 겁니다. 그걸 보고 나중에 이곳으로 다시 돌아와 살펴보세요.

10강

시계와 자, 그리고 좌표계

시간이란 무엇인가? 이것은 아마 과학에서 가장 어려운 미해결 문제일 겁니다. 우리는 아직도 시간의 정체를 잘 모릅니다. 일상 경험을 통해 시간의 속성을 어렴풋이 짐작할 따름입니다. 시간 자체의 정체를 완벽히 알지는 못한다 해도, 다양한 방식으로 어떤 성질이 있는지 살펴볼 수는 있습니다. 이런 작업을 통해 언젠가 시간의 정체를 완전히 밝힐 날이 오겠지요. 상대론은 이런 과정에서 시간의 이해에 질적으로 가장 큰 도약을 이룬 혁명적인 이론입니다.

이 책을 시작하면서 가장 먼저 살펴본 주제가 일상에서 경험하는 시간과 공간의 특성이었습니다. I장 1강입니다. 이제 그 내용과 지금까지 우리가 알아낸 것을 잠시 비교하며 정리해 보겠습니다. 1강을 요약하면 다음과 같습니다.

우리의 일상 경험에 따르면, 시간과 공간은 완벽하게 구분되어 아무 관계가 없습니다. 누구에게나 시간은 똑같은 속도로 흘러가며 하나의 시간을 공유하죠. 누구에게나 길이의 기준도 같아서 어떤 두 지점 사이의 거리가 관점에 따라 바뀌지 않습니다. 결국 공간의 모든 점마다 눈에 보이지 않는 작은 시계와 자가 있다고 상상할 수 있다고 했지요. 그림 1처럼 말입니다.

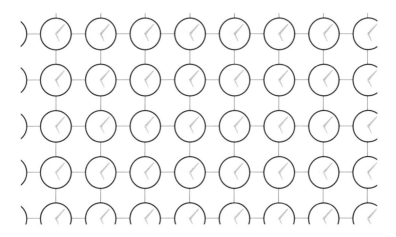

그림 1_ 일상적으로 경험하는 시간과 공간. 모든 관점에서 시간과 길이의 기준이 같으므로, 우주의 모든 곳에 가상적으로 누구나 공유하는 매우 작은 시계와 자가 붙어 있다고 생각할 수 있다.

　누구나 같은 기준으로 시간과 길이를 재기 때문에, 이 시계와 자가 누구의 것이라는 말을 할 필요가 없습니다. 모든 사람, 모든 관점에 공통이니까요. 그래서 절대적 동시라는 것도 가능했습니다. 특정 사건이 일어난 시각이나 사건들이 일어난 선후 관계가 누가 봐도 변하지 않고 똑같기 때문입니다. 1강 마지막에 저는 이렇게 썼습니다. **특수상대론에 따르면 이것은 허상**이라고요.

　우리는 왜 이것이 허상인지 이제 답할 수 있습니다. 9강에서 살펴보았듯이 절대적 동시란 존재하지 않습니다. 관점에 따라서 어떤 사건이 먼저 일어났는지도 달라질 수 있습니다. 공간의 모든 곳에 시계를 걸어 놓고 아무나 그 시계로 시간을 재어서는 안 되는 거죠. **누**

구나 동의할 수 있는 절대적 시계란 없습니다. 각자 자신의 관점에서 시간을 재야 하고, 그렇게 잰 시간은 다른 관점에는 그대로 쓸 수 없습니다. 오직 자신의 시계로 잰 시간만을 믿을 수 있습니다.

생각을 완전히 바꿔야 합니다. 각각의 관점마다 올바른 시간과 길이를 재는 시계와 자가 따로 있습니다. 예를 들어, 기훈의 관점에서 어떤 특정 사건이 일어난 시간과 위치를 알고 싶으면, 기훈의 관점에서 올바른 시간을 알려 주는 시계가 우주의 모든 점에 깔려 있다고 상상합니다. 또한, 우주의 모든 곳에 기훈의 관점에서 길이를 재는 자가 있다고 상상합니다. 그리고 그 시계와 자로 그 사건의 시각과 위치를 측정합니다.

여기서, 사소하지만 자칫하면 오해할 수 있는 내용을 짚고 넘어가는 게 좋겠습니다. 기훈에게서 멀리 떨어져 일어나는 사건은 그 정보가 기훈에게 도착하려면 시간이 많이 걸릴 겁니다. 예를 들어, 눈으로 그 사건을 보려면 빛이 눈에 도달할 때까지 시간이 걸리니까요. 같은 시각에 기훈의 바로 옆에서 일어난 사건보다 기훈이 늦게 알아차리겠지요. 그럼 기훈은 멀리서 일어난 사건이 더 늦게 일어난 사건이라고 생각해야 할까요? 물론 그렇지 않겠죠. 기훈이 언제 알게 되느냐와 무관하게, 어떤 사건이 일어난 시각은 정해져 있습니다. **그 시각과 위치 정보를 그곳에 있는 시계와 자로 측정하여 일단 기록해 두었다가 나중에 기훈에게 보내 주면 됩니다.** 그러면 설령 기훈이 그 정보를 늦게 받는다 해도, 그 사건이 기훈의 관점에서 언제 어디에서 일어났는지 쉽게 알아낼 수 있습니다. 즉, 누군가

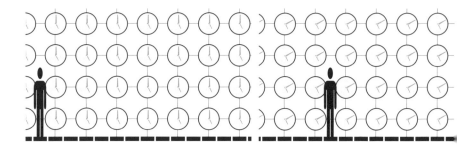

그림 2_ 기훈의 관점에서 정확한 시간과 길이를 재는 시계와 자가 우주 모든 곳에 있다고 상상한다. 이들은 오직 기훈의 관점에서만 정확할 뿐이다. 만약 기훈이 움직이면, 이들도 기훈과 같이 움직인다. 즉, 기훈의 관점에서 이들은 항상 정지해 있다. (주의: 그림에서 시간이 변하는 모습은 정확하지 않다.)

의 관점으로 사건을 기술하는 것은 꼭 그 사람 눈에 보인 그대로 나타낸다는 뜻이 아닙니다. 정보가 도착한 시간 등을 고려해야 하니까요. 그래서 미리 우주의 모든 곳에 시계와 자가 있다고 상상하는 겁니다. 사건이 일어나면 그 자리에서 즉시 그 정보를 알아내야 하니까요.

　물론 우주의 모든 곳에 정말 진짜 시계와 자를 설치할 필요는 없습니다. 상상만 그렇게 하자는 거죠. 기훈이 마음만 먹으면 원하는 곳에 시계와 자를 가져다 놓고 자신의 기준으로 시간과 길이를 잴 수 있으니, 애초부터 그런 것이 어느 곳에든 있다고 상상해도 상관 없습니다.

　이제 기훈의 관점에서 제대로 작동하는 시계와 자가 우주의 모든 곳에 있는 모습을 상상해 봅시다. 기훈이 원점에 있다고 상상하면

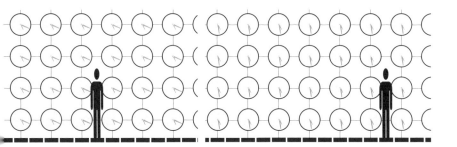

더 실감이 날 수도 있겠습니다. **만약 기훈이 움직이고 있다면 우주 전체에 깔린 무한히 많은 이들 시계와 자도 기훈과 함께 움직입니다.** 즉, 기훈의 관점에서 이들은 항상 정지해 있습니다. 그림 2처럼 말이죠. (주의: 이 움직이는 모습은 정확하지 않습니다. 나중에 설명할 예정이지만, 특수상대론에 따르면 움직이는 방향으로 길이가 줄어들고 시간도 위치에 따라 달라집니다.)

언뜻 생각하면, 그림 2는 그림 1과 다를 바가 없어 보입니다. 딱 한 가지 중대한 차이만 빼고 말이죠. **이 시계와 자는 오로지 기훈의 관점에서만 맞는 것입니다.** 다시 강조하지만, 이들 시계와 자는 기훈 이외에 다른 관점에서는 옳은 시간이나 길이를 알려 주지 못합니다.

그럼 다른 사람들은 어떻게 하냐고요? 지영도 지영 나름대로 재는 시간과 길이가 있습니다. 그럼 기훈과 마찬가지로, 지영의 관점에서도 시간과 길이를 재어 주는 시계와 자가 우주 모든 곳에 깔려 있다고 상상하면 됩니다. 이들은 기훈의 시계와 자와는 완전히 다른 것들입니다. 지영이 움직이면, 이들은 지영의 움직임을 따라 같이 움직입니다. 이미 앞에서 살펴보았듯이, 특수상대론에 따르면 기훈의 시계와 지영의 시계가 반드시 같은 시각을 가리키진 않습니다. 나중에 보겠지만 길이도 달라집니다. 구체적으로 어떻게 달라지는지 알아내는 것이 바로 특수상대론을 배워 가는 과정입니다.

이처럼 어떤 한 관점이 있다는 것은, 우주의 모든 곳에 그 관점에 따라 시간과 길이를 재는 무한히 많은 시계와 자가 있다는 것을 의미합니다. 이렇게 어떤 한 관점의 시계와 자를 모두 모아 놓은 세트를 물리학에서는 '**좌표계**coordinate system' 혹은 '**기준틀**reference frame'이라고 합니다. 특정 사건이 일어난 시각과 위치를 '좌표'라고 부르고요. 수학 시간에 배운 기억이 있을 겁니다. 2차원 평면이라면 어떤 한 점의 좌표를 (x, y)와 같은 '순서쌍'으로 나타내죠.

예를 들어 '기훈의 관점'이라고 표현했던 것을 이제는 좀 더 엄밀하게 '기훈이 원점에서 정지해 있는 좌표계' 혹은 그냥 '기훈의 좌표계'라고 할 수 있겠습니다. 7강을 읽었다면 기억나실 겁니다. 관성계를 설명하면서 편의상 '관점'을 '계'와 비슷한 용어로 사용하고 있다고 했었죠? 그것이 바로 이런 의미였습니다.

그림 3은 물리학 전공 교과서에 흔히 나오는 그림입니다. 그림 1이나 그림 2에 비하면 훨씬 간단하죠? 추상적이라고도 할 수 있겠죠. 무한히 많은 자는 x, y, z 좌표축으로 간단히 나타냈고, 시계는 표시되어 있지 않습니다. S나 S′은 해당 좌표계의 이름입니다. 예를 들면 '기훈의 좌표계' 혹은 '지영의 좌표계' 같은 거죠. 그림은 S′ 좌표계가 S 좌표계에 대해 상대적으로 v의 속도로 x축으로 움직이고 있는 상황을 나타냅니다. S의 시계와 자는 S′의 시계와 자와 같지 않기 때

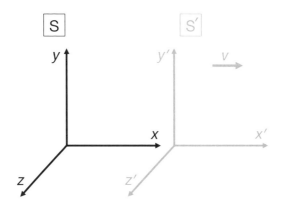

그림 3_ 물리학 전공 교과서에 흔히 나오는 그림. 무한히 많은 자는 좌표축으로 간단히 나타냈고 시계는 표시되어 있지 않다. S와 S′은 ('기훈의 좌표계'처럼) 좌표계의 이름이다. 그림은 S′ 좌표계가 S 좌표계에 대해 상대적으로 v의 속도로 x축으로 움직이고 있는 것을 나타낸다.

문에 둘을 구별하기 위해서 x'처럼 오른쪽 위에 프라임 기호(′)를 붙였습니다.

만약 이 글을 수학적으로만 설명한다면, 중고등학교 수학 시간에 배우는 좌표계를 상기시키며 한 줄로 설명하고 넘어갈 수 있었을 겁니다. 하지만 그렇게 수식 한 줄로 이 내용을 넘어가면 그 뒤에 숨은 의미를 모르는 사람들에겐 아무 느낌도 없을 겁니다. 지겨웠던 수학의 기억을 떠올리며 그냥 포기하는 분도 있었겠지요. 굳이 이렇게 장황한 설명을 한 이유를 이해하시리라 믿습니다.

10강을 끝내면서 한 가지만 덧붙이겠습니다.

위와 같이 생각하다 보면 각자의 관점에서 시간을 정확하게 재는 것이 매우 중요하다는 사실을 알 수 있습니다. 완벽한 시계가 필요하겠지요. **어떻게 하면 완벽한 시계를 만들 수 있을까요? 누구나 믿고 사용할 수 있는, 절대로 틀리지 않는 시계.** 다음 주제입니다.

11강

빛으로 시간을 재는 법

단 한 문장으로 지금까지 설명한 내용의 핵심을 정리한다면? 많은 얘기를 했지만, 돌이켜보면 딱 한 가지 사실이 남는 것 같습니다.

> ★ 광속 불변의 원리를 받아들이는 순간, 우리는 사람마다 시간이 다르게 흘러간다는 사실을 인정해야만 한다.

지금까지 저는 이 사실을 최대한 거부감 없이 자연스럽게 받아들이도록 다양한 사고 실험과 논리를 통해 여러분에게 일종의 '세뇌' 작업을 해 온 거라고도 할 수 있습니다. 물론 진짜 세뇌는 아닙니다. 본래 '세뇌'는 전혀 사실이 아니고 근거도 없는 것을 믿게 만드는 건데, 특수상대론은 정반대거든요. 사실이 아닌 것을 믿는 사람들이 생각을 올바르게 바꿀 수 있도록 근거를 제시해 온 거니까요.

제가 만약 저 문장 하나만을 써 놓고 "이게 특수상대론이야."라고 했다면 아무런 설득력도 없었을 겁니다. 하지만 여기까지 읽은 독자라면 아직 마음으로 완전히 받아들이진 못했을지라도 어렴풋하게나마 저런 결론이 어떻게 나오게 되었는지 약간의 느낌은 갖게 되었으리라고 짐작합니다. 아인슈타인이, 혹은 물리학자들이 그냥 저렇게 되면 재미있을 것 같아서 마음대로 지어낸 것이 아니라, 우리

세상을 연구하다 보니 어쩔 수 없이 저런 결론에 도달할 수밖에 없었던 거죠.

저 핵심 문장을 보고 있으면 자연히 "어떻게? 얼마나?"라는 의문이 떠오릅니다. 그냥 시간이 달라진다고만 하지 말고 얼마나 느려지는지 혹은 빨라지는지 확실한 얘기를 할 수 있어야 합니다. 그냥 말로만 달라진다고 하면, 그건 마치 아주 옛날 무슨 무슨 사상이나 종교 혹은 신비주의 따위와 별반 다르지 않아 보입니다. 과학은 그런 게 아닙니다. 믿을 자유, 안 믿을 자유가 있는 게 아니라, 그런 자유와 무관하게 우리가 살고 있는 세상에서 어떤 일이 벌어질지 구체적인 숫자를 제시해 줍니다.

앞으로는 바로 여기에 초점을 맞추고자 합니다. **정확히 어떤 상황에서 시간이 얼마나 느려지는지, 혹은 빨라지는지 구체적인 숫자를 제시하겠습니다.** 특수상대론이 저 머나먼 가상의 세계를 무대로 한 공상과학소설이 아니라, 우리가 매일매일 발붙이고 살아가는 현실 세계의 이야기라는 것을 보여 드리겠습니다.

그러기 위해서는 시간을 정확히 측정하고 정확히 계산할 수 있어야 합니다. **우리는 한 치의 오차도 없는 완벽한 시계가 필요합니다. 누구나 동의할 수 있는, 절대로 틀리지 않는 시계.** 어떻게 하면 만들 수 있을까요? 광속 불변의 원리를 이용하면 됩니다! 앞에서 이미 잠시 언급한 바 있습니다. **빛의 속도는 절대로 변하지 않으므로, 거리를 시간으로 환산할 수 있다고요.**

빛의 속도는 **정확히** 299792.458km/s입니다. (왜 하필 이런 이상한 숫자인지는 과학적으로 전혀 중요하지 않다고 했었죠? 그냥 어떤 정해진 값이라는 사실만 중요합니다.) 즉, 어떤 빛이든 정확히 299792.458킬로미터를 움직였다면, 그 사이에 정확히 1초가 흐른 겁니다. 어떤 두 시점 사이에 시간이 얼마나 흘렀는지 알고 싶다고요? 그럼 시작 시점에서 빛을 쏩니다. 끝나는 시점까지 빛이 움직인 거리를 잽니다. 두 시점 사이에 시간이 얼마나 흘렀을지 곧바로 알 수 있겠죠? 빛이 움직인 거리를 299792.458킬로미터로 나누면 되니까요.

수십만 킬로미터를 어떻게 정확히 재느냐고 걱정할 수 있습니다. 그러면 299792.458킬로미터의 절반인 149869.229킬로미터 앞

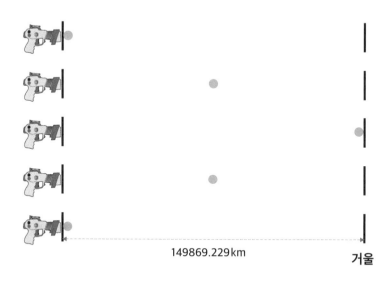

149869.229km

거울

그림 1_ 정확히 149869.229킬로미터 앞에 거울을 놓고 빛을 쏘면 그 빛이 반사되어 돌아왔을 때 1초가 흐른다.

에 거울을 가져다 두면 됩니다. 빛이 가다가 거울에 반사되어 제자리로 돌아오면 정확히 1초가 흘렀겠죠. 그림 1처럼 말입니다.

여전히 그 먼 거리에 거울을 놓기 어려워 보이면 1.49869229미터 앞에 거울을 놓으면 됩니다. 그러면 반사되어 제자리로 돌아왔을 때 정확히 1억 분의 1초가 흐른 겁니다. 빛의 출발 지점에도 거울이 있다면 빛이 거울 사이에서 무한히 왕복운동을 하겠죠. 몇 번 왕복했는지만 세면 흘러간 시간을 알 수 있습니다. 훌륭한 시계가 되었습니다!

그림 2는 이렇게 만든 빛시계입니다. 아래쪽에는 아날로그시계처럼 눈금이 돌아가게 했습니다. 이건 빛이 한 번 왕복할 때마다 눈금한 칸이 가도록 만들었다고 생각하면 됩니다. 아니면, 빛시계 밑에 우리가 보통 쓰는 시계를 붙여 놓았다고 생각해도 됩니다. 태엽으로 돌아가는 손목시계든, 우리가 늘 쓰는 디지털시계든, 아니면 원자시계든 아무 상관 없습니다. 그런 시계를 무한히 정밀하게 만들었다고 상상하면 됩니다. 그것을 빛시계 밑에 장착하면 빛이 한 번 왕복할 때마다 아래 시계의 눈금이 1억 분의 1초씩 움직이겠지요. 빛이 바닥에 닿을 때 정확히 말이죠. 여기에 혹시 의심스러운 부분이 있나요? 다음 편을 보다가 뭔가 속는 느낌이 들어 여기로 다시 돌아올지도 모르니 주의 깊게 이 부분을 살펴보시기 바랍니다. 상대론에서는 전혀 이상해 보이지 않는 부분에 생각지도 못한 함정(?)이 도사리고 있습니다.

혹시 1.49869229미터라는 거리를 어떻게 정확히 재는지 궁금

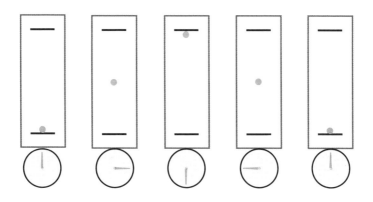

그림 2 _ 빛시계. 빛이 한 번 왕복하면 1초(혹은 1억분의 1초)가 흐른다.

한가요? 그건 우리가 알 바 아닙니다. 실제로 이런 시계를 현실에서 만들려는 게 아닙니다. **원리적으로 가능하기만 하면 됩니다. 이 '빛 시계'로 우리는 사고 실험을 할 예정입니다. 이게 이론물리학의 멋 진 점이죠.** 연구실 책상에서 우주 전체의 운명을 건 실험을 할 수도 있습니다. 물론 머릿속에서만. 에르퀼 푸아로나 엘러리 퀸 같은 안 락의자 탐정이 머릿속으로 사건을 해결하듯이 말이죠.

사실 우리는 사고 실험만 할 터이니, 굳이 1억 분의 1초라고 할 필요도 없습니다. 귀찮기만 할 뿐입니다. 앞으로는 그냥 빛이 한 번 왕복하면 1초라고 부르기로 하겠습니다. 거울이 15만 킬로미터 위 에 있는 거대한 시계를 상상하거나, 1초가 실제는 1억 분의 1초를 의미한다고 받아들이면 됩니다.

한 걸음 더 나아가서, 1.49869229미터를 정확히 잴 필요도 없습 니다. 그냥 어떤 적당한 길이를 사람들이 합의하여 정확히 정해 놓고, 그 길이를 빛이 한 번 왕복하면 어떤 시간 단위 1만큼이 흘렀다고 하면 되는 거죠. 즉, 한 번 왕복하는 데 걸리는 시간이 정말 우리가 평소에 사용하는 바로 그 1초와 같지 않아도 된다는 뜻입니다. 그 시간을 그냥 '1똑딱'이라고 해 볼까요? 이것이 1초일 수도 있고 1억 분의 1초일 수도 있고 1234567분의 1초일 수도 있겠지요. 중요한 것은 이 1똑딱이 누구나 동의할 수 있는 시간 단위라는 사실입니다. 왜냐면 빛의 속도는 언제나 누구에게나 같으니까요! 이렇게 만든 빛시계는 절대로 오작동할 수 없는 완벽한 시계라는 것에 동의하시죠?

이 빛시계를 모든 사람들에게 나눠 줍니다. 그리고 각자 자신의 빛시계와 함께 움직이며 자신의 시간을 잽니다. 각자 자신의 시계로 잰 시간을 그 사람의 '고유시간'이라고 합니다. 각자의 고유시간을 비교하면 서로 시간이 얼마나 달라지는지 알 수 있겠죠. 그리고 그 결과를 누구나 인정할 겁니다. 특수상대론의 기본 가정, 즉 광속 불변의 원리를 받아들이는 한 말이죠.

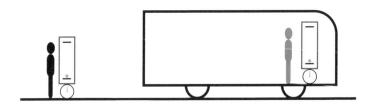

그림 3_ 누구나 빛시계로 시간을 재면, 그 결과는 오차가 전혀 없고 서로 비교할 수 있다.

이제 우리는 이 빛시계를 가지고 관점에 따라 시간이 흘러가는 속도가 얼마나 달라지는지 알아보려고 합니다. **완벽한 시계를 가지고 있으니, 앞으로는 말뿐이 아니라 구체적인 숫자를 계산할 수 있습니다.**

12강

시간 팽창, 그 필연적 이유

12강은 특수상대론을 대표하는 내용입니다. 그림 한 장만 이해하면 됩니다.

이 한 장의 그림!

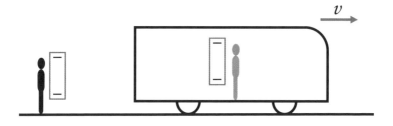

그림 1. 기훈은 정지해 있고 지영은 버스를 타고 움직인다. 각자 빛시계를 가지고 자신의 관점에서 흐른 시간을 잰다.

이 그림을 얼마나 깊이 이해하느냐에 따라 특수상대론을 이해하는 정도가 달라집니다. 조금 과장을 하자면, 이 그림 한 장 때문에 상대론에 매료되어 인생의 진로를 바꾼 사람이 셀 수 없이 많았습니다. 누군가에겐 천사의 속삭임이었고, 누군가에겐 악마의 유혹이었을지도 모르지만 말이지요.

이제 우리는 빛시계를 가지고 있습니다. 각자 자신의 관점에서 정확한 시간을 재고 다른 사람과 비교할 수도 있습니다.

그림 1의 상황을 생각합시다. 기훈은 움직이는 버스를 봅니다. 버스에는 지영이 타고 있습니다. 창문 너머로 지영의 빛시계가 보입니다. 자신의 빛시계와 지영의 빛시계를 비교하면, 이제 드디어 기훈의 시간과 지영의 시간이 얼마나 다르게 흘러가는지 알 수 있습니다. (기억을 되살려 볼까요? 앞 11강 첫 부분에 딱 한 문장으로 지금까지 설명한 내용을 요약했었지요. **광속 불변의 원리를 받아들이는 순간, 우리는 사람마다 시간이 다르게 흘러간다는 사실을 인정해야만 한다**고 말이지요. 다른 가능성은 없습니다.)

기훈의 관점에서 생각해 봅시다. 빛시계에서 빛이 아래에서 출발하여 위로 똑바로 올라갑니다. 그동안 버스는 앞으로 약간 움직입니다. 그 안에 있는 지영과 지영의 빛시계도 같이 움직이죠. **물론 그 빛시계 안에 있는 빛도 함께 움직입니다.** 빛은 빛시계의 위쪽에 있는 거울에 반사되어 아래로 내려오는 왕복운동을 해야 합니다. 그런데 거울이 움직이죠. **그러니 빛도 거울 방향으로 비스듬하게 기울어져 올라가야만 합니다.** 즉, 버스 안에서 지영이 볼 때는 빛이 위로 똑바로 올라가지만, 기훈이 볼 때는 빛이 움직이는 방향이 바뀌어 비스듬하게 올라가는 것으로 보인다는 뜻입니다. 그림 2처럼요.

이 설명이 당연하게 느껴지면 참으로 다행입니다. 실은 I장 3강에서 이미 설명한 내용인데 눈치채셨나요? 만약 이상하거나 생소하게 느껴지면 그 부분을 다시 살펴보세요. 3강에서 저는 이렇게 썼습니다. "앞으로 특수상대론의 가장 핵심적인 결과를 설명할 때, 이 사실을 매우 중요하게 사용할 예정입니다." 지금이 바로 그때입니다!

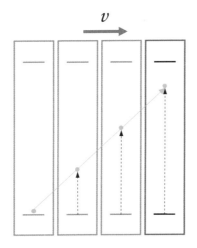

두 개의 빛시계, 두 개의 빛이 있습니다. 기훈에게 두 빛은 각각
얼마의 속도로 움직일까요? 물론 두 빛은 모두 '빛의 속도' 즉,
299792.458km/s로 움직입니다. 광속 불변의 원리가 다른 게 아
니죠. 앞으로는 빛의 속도를 자주 사용할 예정이므로 복잡한 숫자를
다 쓰는 대신 그냥 c라고 쓰겠습니다. 즉, c는 299792.458km/s를
뜻합니다.

기훈의 빛시계에서 빛이 아래에서 출발하여 위쪽 거울에 닿을 때
까지 시간이 T만큼 흘렀다고 합시다. 그러면 아래에서 거울까지의
길이가 바로 cT라는 얘기지요. 속도와 시간을 곱하면 거리가 나오
니까요. 예를 들어 11강에서 설명했듯이 빛이 위로 올라갔다가 제
자리로 돌아왔을 때가 1초라면 T는 그것의 절반인 0.5초일 겁니다.
이때 거울은 밑에서부터 거의 15만 킬로미터 위에 있겠고요. 이런 상상이 너무 비현실적이면, 그냥 거울이 적당히 위에 있고 T는 0.5초가 아니라 그보다 훨씬 짧은 어떤 시간이라고 생각하면 됩니다.

기훈의 빛시계에서 출발한 빛이 cT만큼 움직였다면, 지영의 빛시계에서 출발한 빛도 cT만큼 움직였겠죠. 누구의 관점에서요? (지영이 아니라) 기훈의 관점에서! 당연한 얘기죠? 헷갈릴까 봐 다시 강조하면, 지금 우리는 철저하게 기훈의 관점에서 세상을 보는 중입니다. 기훈의 빛시계에서 나온 빛이든, 지영의 빛시계에서 나온 빛이든 기훈의 관점에서는 모두 cT만큼 움직인 겁니다. 맞죠?

그런데 바로 이 순간, 지영의 빛시계에서 출발한 빛은 위쪽 거울에 닿았을 리가 없습니다. 빛이 처음 출발한 위치에서 거울까지의 거리가 더 멀어졌으니까요. 그 빛은 아직 거울에 닿지 못하고 허공 어딘가에 있습니다. 출발점에서 cT만큼 떨어진 곳에요. 그림 3에 출발 순간과 시간 T가 지난 뒤의 모습을 나타냈습니다.

이때 지영의 빛시계로는 시간이 얼마나 흘렀을까요? 그 시간을 T'이라 합시다. **이 대목이 핵심입니다. T'은 T보다 작아야만 합니다.** 빛이 거울까지 완전히 도달해야 T거든요. 즉, 기훈에게 세상 전체가 T만큼의 시간이 흘렀는데, 버스 안에 있는 지영의 빛시계는 T보다 작은 T'을 가리키고 있다는 얘기입니다.

이런 설명을 처음 접하면 매우 혼란스럽습니다. 뭐가 진짜 시간이라는 건지, T는 뭐고 T'은 뭔지 뒤죽박죽이죠. 지극히 정상적인 반응입니다. 익숙해질 때까지 약간의 시간과 '세뇌'가 필요합니다. 여기에 다시 정리해 봅시다.

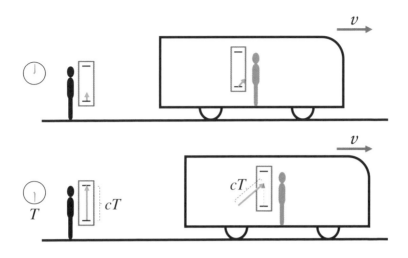

그림 3_ (위)빛이 빛시계에서 출발한 순간. (아래)기훈의 시간으로 T만큼 지났을 때. 이때 두 빛은 모두 cT만큼 이동했다. 기훈의 빛시계에서 나온 빛은 거울에 닿았지만 지영의 빛시계에서 나온 빛은 아직 거울에 닿지 못했다.

기훈의 관점에서 시간 T가 흘렀습니다. 이것을 좀 더 쉽게 이해하려면, 우리 우주 전체를 영화로 촬영했다고 상상하면 됩니다. 매 순간 정지 화면이 있고 이것들을 이어 붙이면 우주 전체의 동영상이 됩니다. 그 수많은 정지 화면 중에는 빛이 막 출발한 순간의 정지화면도 있고 시간 T에서의 정지 화면도 있습니다. 말 그대로 우주 전체가 T만큼 흐른 상태인 거죠. **버스도, 버스 내부도, 지영도, 지영의 빛시계도(!) 포함하여 바로 그 순간 모두 시간 T가 흘렀습니다. '기훈의 관점'에서는요.** 다만 이때 지영의 빛시계가 T'을 가리키고

있더라는 겁니다. 이런 현상을 **시간 팽창**time dilation 혹은 **시간 지연**이라고 합니다.

오해할까 봐 다시 반복하면, 기훈의 관점에서 버스 내부가 T'의 시간이 흐르는 건 아닙니다. 누군가의 시간이라는 건 그냥 **세상 전체**가 얼마만큼의 시간이 흐르는 것이고, 그렇게 시간이 흐르면 세상의 모습이 이렇게 저렇게 바뀌는 거죠. 즉, 기훈에게는 버스 내부를 포함하여 세상 전체가 시간이 T만큼 흘렀는데, 버스 내부에 있는 빛시계는 이상하게도(?) T'을 가리키고 있는 거죠. 기훈이 상대론을 잘 모른다면 지영의 시계는 고장 났다고 생각할 수도 있겠지요.

T'은 T보다 얼마나 작을까요? 빛시계로 잰 시간이 천천히 흘렀다는 게 도대체 무슨 말일까요? 다음에는 시간 팽창에 관해 한 걸음 더 깊이 알아보겠습니다. 13강에는 중학교 수학에서 배우는 피타고라스의 정리가 잠깐 등장합니다. 갑자기 수식이 나오면 적응이 안 되는 분도 있을 수 있으니, 살짝 마음의 준비를 해 두시기 바랍니다.

13강

시간 팽창 공식

움직이는 시계는 얼마나 느려질까요? 그동안 느려진다고만 했지 과
연 얼마나 느려지는지는 설명하지 않았습니다. 이제 여기에서 알아
보려고 합니다. 필요한 준비는 모두 마쳤습니다. 드디어 특수상대론
의 진면목을 살펴볼 수 있게 된 거죠. 직각삼각형 하나만 잘 그리면
됩니다. 12강에서 보았던 바로 이 그림입니다.

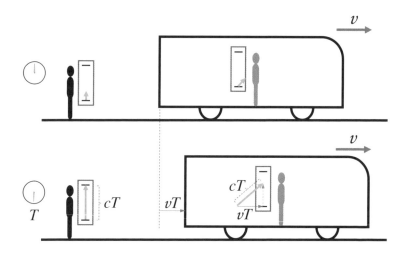

그림 1_ (위)빛이 빛시계에서 출발한 순간. (아래)정지한 기훈의 시간으로 T만큼
지났을 때. 이때 버스는 vT만큼 이동했고, 두 빛은 모두 cT만큼 이동했다. 기훈의
빛시계에서 나온 빛은 거울에 닿았지만 버스 안에 있는 지영의 빛시계에서 나온
빛은 아직 거울에 닿지 못했다.

정지한 기훈의 빛시계에서 빛이 위쪽 거울에 닿았습니다. 그동안 흘러간 시간을 T라고 합시다. 이건 빛시계 바닥에서 거울까지의 길이가 cT라는 것과 같은 얘기입니다. (빛의 속도 299792.458km/s를 간단히 줄여서 c라고 쓰기로 했었죠?) 속도와 시간을 곱하면 거리가 나오니까요. 기훈의 빛시계에서도, 지영의 빛시계에서도 빛은 cT만큼 움직입니다. 빛의 속도는 항상 c니까요. 그 사이에 버스는 처음 위치에서 얼마나 움직였을까요? 버스의 속도를 v라 하면 물론 vT만큼 움직였겠죠. 여기까지는 의심스러운 점이 없죠?

그림 2는 그림 1에서 삼각형 부분만 확대하여 다시 그리고 길이를 나타낸 것입니다. 점선 화살표는 아직 길이를 모르기 때문에 일단 L로 표시했습니다. 버스는 수평으로 움직이고 버스 안에서는 빛시계의 빛이 수직으로 올라가므로 밑변 화살표와 점선 화살표가 직각을 이루고 있는 게 분명합니다. 즉, 이 삼각형은 직각삼각형입니다.

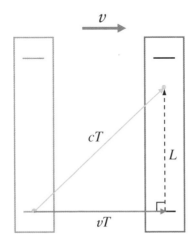

그림 2_ 직각삼각형이므로 피타고라스의 정리를 써서 L을 알아낼 수 있다.

이런 직각삼각형에서 각 변의 길이 사이에는 바로 **피타고라스의 정리**가 성립합니다. 즉, 직각을 이루는 두 변의 길이를 제곱하여 더하면, 가장 긴 빗변의 길이를 제곱한 것과 같습니다. 수식으로 쓰면 다음과 같습니다.

$$(vT)^2 + L^2 = (cT)^2$$

혹시 기억이 나지 않거나 배운 적이 없어도 괜찮습니다. 그냥 이 식이 피타고라스 정리의 전부거든요. (I장 3강에서 이미 간단한 예를 살펴본 적이 있습니다.) 이 식을 이용하면 다음과 같이 L을 구할 수 있습니다.

$$L^2 = (cT)^2 - (vT)^2 = c^2 T^2 \left(1 - \frac{v^2}{c^2}\right)$$

$$\therefore L = cT\sqrt{1 - \frac{v^2}{c^2}}$$

다른 한편으로, 그림 2에 잘 나와 있듯이 **점선 화살표는 (정지해 있는 기훈이 아니라) 버스에 타고 있는 지영의 관점에서 본 빛의 경로이기도 합니다.** 버스와 함께 움직이면서 그 안의 빛시계를 보면, 빛이 바닥에서 거울을 향해 수직으로 위로 움직입니다. **이 빛도 물론 지영의 관점에서 빛의 속도 c로 움직이겠지요.** 그럼 시간이 얼마나 흐른 것으로 나타날까요? 길이 L을 c로 나누면 됩니다. 즉, 지영의 관점에서 흐른 시간을 T'이라 하면, T'은 다음과 같습니다.

$$T' = L/c$$

그런데 바로 위에서 L을 알아냈지요? 결국 지영에게 흐른 시간 T'을 기훈에게 흐른 시간 T로 나타낼 수 있네요.

$$T' = T\sqrt{1 - \frac{v^2}{c^2}}$$

드디어 지영의 시계가 기훈의 시계에 비해 얼마나 느린지 알려 주는 완벽한 공식을 발견했습니다! 이 식을 보면 T'이 T보다 항상 작은 게 명백합니다. 루트 안의 수가 1보다 작으니까요. 물론 당연히 이런 결과가 나와야 합니다. 그림 2의 삼각형에서 L이 cT보다 작은 것이 눈에도 바로 보이니까요. 혹시 오랜만에 수식을 봐서 머리가 어질어질한 분은 한 가지만 기억하면 됩니다. 중학교 수학으로 두어 줄 계산하여 마지막 식을 얻었다고요.

그런데 이 식을 얻어서 어쨌다는 거냐고요? 이 식의 의미가 뭐냐고요? 앞으로 차근차근 알아볼 예정입니다. 물리학의 이론 연구는 대체로 다음과 같은 방식으로 진행됩니다. 우선 이론을 만드는 데 필요한 '적절한' 가정을 합니다. 물론 무엇이 '적절한' 가정인지 알아내는 것이 핵심이긴 하지만요. 앞서 알아보았던 특수상대론의 기본 가정 두 가지가 바로 이겁니다. 그다음에는 그 가정을 바탕으로 다양한 상상과 논리를 동원하여 어떤 일이 일어날 수 있을지 추론해 봅니다. 마치 우리가 빛시계를 만들고 버스에 태워 움직여 보듯이요. 필요하다면 수학도 동원하여 추론을 최대한 정량화합니다. 막연히 그럴 것이라는 수준이 아니라 실험으로 맞다, 틀리다를 명확히 판정할 수 있도록 말이지요. 바로 위에서 했듯이요. 이렇게 식을 얻었다고 하여 끝이 아닙니다. **물리적 의미가 뭔지 해석을 해야지요.** 수식을 이리 뜯어보고 저리 뜯어보며 혹시 엉뚱한 결과가 나오지는 않았는지 검증도 합니다. 이런 과정이 다양하고 정교할수록 그 이론의 물리적 특성을 더 잘 이해하게 되겠지요. 때로는 당연한 결과만 나오지만, 때로는 예측하지 못한 새롭고 놀라운 사실을 깨달을 수도 있습니다. 어떤 때는 도저히 받아들일 수 없는 결과가 나와서, 아깝지만 눈물을 머금고 이론을 통째로 폐기해야 하는 사태도 일어날 수 있습니다.

위에서 구한 **시간 팽창식은 특수상대론의 기본 가정 두 가지에서 필연적으로 따라나오는 결과**입니다. 마치 1+2는 3이듯이 말이죠. 이제 이 식의 의미를 다각도로 알아보려고 합니다.

쉬운 예부터 생각해 보죠. 우리가 일상생활에서 흔히 경험하는 속도를 생각해 봅시다. 속도 v에 시속 100킬로미터를 넣으면 어떨까요? 한 시간은 3600초이므로 초속으로 환산하면 27.8m/s입니다. 따라서 $\frac{v}{c}$는 대략 다음과 같습니다.

$$\frac{v}{c} \simeq \frac{27.8}{299792458} \simeq 0.0000000927$$

즉, 시속 100킬로미터는 빛의 속도의 1000만 분의 1 정도입니다. 이것을 제곱한 다음 1에서 빼고 다시 루트를 계산하면 결과는 이렇습니다.

$$\frac{T'}{T} \simeq 0.999999999999996$$

T'이 T보다 작으니 지영의 시간이 느려지긴 했지만, 거의 차이가 없군요. 예를 들어, 정지해 있는 기훈의 시간으로 1초가 흘렀을 때 지영의 시계로는 0.999999999999996초가 흐릅니다. 겨우 1000조 분의 4초가 느려질 뿐입니다. 이렇다면 인간의 수명 정도인 100년이 흘러도 10만 분의 1초밖에 차이가 안 납니다. 이런 차이는 일상에서 우리가 전혀 느끼지 못하겠네요. 그런데, 사실 생각해 보면 이게 당연한 겁니다. 우리는 평소에 움직인다고 해서 시간이 늦게 가는 현상을 전혀 경험하지 못하고 살아가니까요. 만약 계산 결과에 큰 차이가 났다면 오히려 이상한 거죠. 만약 그랬다면 이론이 틀린 겁니다. 실제로 벌어지는 일과 다르니까요.

그럼 속도가 어느 정도가 되어야 시간이 느려지는 현상을 감지할 수 있을까요? 시간이 느려진다는 터무니없는 주장은 이론 속에서나 가능하고, 실제로는 아직 발견되지도 않은 허무맹랑한 얘기가 아닐까요? 아니, 빛시계라는 이상한 걸 생각해서 이런 사달이 난 게 아닐까요? 시간을 제대로 재고 있는 건 맞나요?

움직이면 진짜 시간이 느리게 흐른다

우리는 이제 특수상대론의 가장 핵심적인 결과를 수학적으로 완벽한 형태로 알고 있습니다.

$$T' = T\sqrt{1 - \frac{v^2}{c^2}}$$

이 식 한 개를 얻기 위해 지금까지 꽤 많은 설명이 필요했습니다. 앞으로도 이 식의 의미를 제대로 이해하기 위해서는 좀 더 얘기를 펼쳐야 합니다. 그림 1에서 보듯이, 이 식은 정지해 있는 기훈의 관점에서 속도 v로 움직이는 버스 안의 시간을 보았을 때 두 시간을 비교한 것입니다. T는 정지해 있는 기훈의 시간이고, T'은 움직이는 버스에서 지영이 잰 시간, 즉 지영의 고유시간입니다. c는 빛의 속도이며, 구체적으로는 299792.458km/s입니다. 루트 안의 수가 1보다 작으므로 T'이 항상 T보다 작습니다. 다시 말해, 지영이 스스로 잰 고유시간이 기훈의 시간보다 언제나 더 천천히 흘러갑니다.

이 식을 얻기까지의 과정을 다시 살펴봅시다. 정지한 사람이 볼 때 움직이는 버스 안의 빛시계는 버스와 같이 움직이므로, 그 빛시계에서 출발한 빛도 위로 똑바로 올라가지 않고 비스듬하게 기울어집니다. 그림 1처럼 말이죠. 여기에 광속 불변의 원리를 적용하면, 이 빛시계는 필연적으로 정지해 있는 빛시계보다 시간이 늦게 흘러

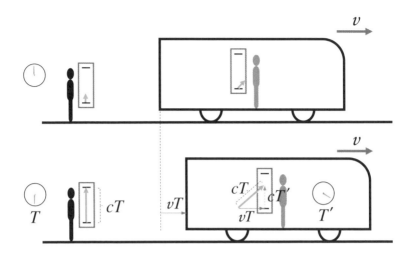

그림 1_ 기훈의 빛시계로 시간 *T*가 흐르는 동안 지영의 빛시계로는 *T*보다 작은 *T*'만큼의 시간이 흐른다.

갈 수밖에 없습니다. 즉, 정지한 빛시계의 빛이 위쪽 거울에 닿았을 때, 움직이는 빛시계의 빛은 거울에 도달하지 못한 상태라는 얘기입니다. 그래서 시간이 느려진다는 결론이 나오죠.

그런데 **이렇게 빛시계로 잰 시간이 진짜 우리가 알고 있는 시간이 맞을까요?** 이 질문, 혹은 막연한 의문에 얼마나 설득력 있는 답변을 찾아내느냐에 따라 저마다 상대론을 몸으로 느끼는 정도가 달라집니다. 이건 개인에 따라 민감한 부분이 달라서 어떤 논리가 결정적인 역할을 할지 아무도 모릅니다. 이런 생각, 저런 상상을 하다가 어느 순간 마음에 '정말 그럴 것 같다.' 하는 느낌이 오고, 또 어느 순간 마음에 절대로 사라지지 않는 느낌표가 찍힙니다. '아! 그렇구나!' 그때 갑자기 시야가 밝아지고, 몸이 가벼워지며, 마치 삼엄한 감시를 뚫고 우주 저 깊이 꼭꼭 숨어 있는 비밀 한 가지를 살짝 들춰 보고 들키기 전에 탈출에 성공했을 때의 기분을 느낄 수 있습니다. 사실은 그동안 숱하게 많은 사람이 같은 깨달음을 얻었을 게 분명하지만, 그 순간만큼은 마치 오직 자기 자신만이 그 비밀을 알고 있다고 착각할 정도죠. 머릿속에서 그 깨달음의 과정을 되풀이하며 한동안 가벼운 흥분 상태에서 소위 '법열'의 즐거움을 누릴 수 있습니다. 바로 이 짧은 깨달음의 순간을 위해 물리학자는 99%의 시간을 괴로워하는 건지도 모릅니다.

본론으로 돌아옵시다. **"빛시계로 잰 시간이 진짜 시간이 맞아요?"** 우리는 평소에 시간을 어떻게 아나요? 휴대전화에 표시된 시간을 보고 압니다. 또는 손목에 차고 다니는 손목시계, 벽에 걸어 놓은 벽시계, 탁상시계, TV나 라디오에서 알려 주는 시간을 보고 알죠. 배가 고프면 알려 주는 배꼽시계도 있습니다. 해가 뜨고, 해가 지고, 밤이 지나고, 다시 해가 뜨면 새로 하루가 시작되죠. 우리와 늘 함께하는 이 시간과 빛시계로 잰 시간이 정말 같을까요? 빛시계로 잰 시간이 느려지면, 휴대전화의 시간도 느려지고 배꼽시계도 느려지고 날짜도 느리게 바뀔까요? 혹시 움직이는 시계의 시간이 느려지는 것은 빛시계로 시간을 재었기 때문이고, 만약 다른 시계를 사용한다면 아무 문제가 없지 않을까요? 그냥 빛만 위로 늦게 올라갈 뿐, '우리와 같이 울고 웃으며 삶을 함께하는 그 시간'은 그냥 정상적으로 흘러가는 것 아닐까요?

빛시계를 그림 2에 다시 나타냈습니다. 편의상 왕복할 때 걸리는 시간을 1초라고 합시다. 빛시계 아래에는 아날로그 시계도 있는데 아무거나 상관없습니다. 정확한 시계면 됩니다. 휴대전화여도 되고 손목시계여도 되고 원자시계여도 됩니다. 빛시계의 빛이 거울을 치고 내려오는 동안 아래에 있는 시곗바늘도 1초가 지나가죠. 다시 빛이 위로 올라갔다 내려오는 동안, 다시 1초가 갑니다.

지영이 이 시계를 바라봅니다. 지영은 빛이 바닥에 닿을 때마다 한 번씩 손뼉을 칩니다. 지영의 심장도 그때마다 한 번씩 쿵쾅하고 뜁니다. **빛이 바닥에 닿는 순간과 시곗바늘이 1초가 지나는 순간, 지영의 두 손이 맞닿는 순간, 지영의 심장이 뛰는 순간은 늘 일치합니다.** 1초 후에도, 100초 후에도, 1년 후에도 말이죠. 빛시계의 시간의 흐름과 함께 지영은 나이를 먹고 늙어 갑니다. 지영은 시계와 함께 버스에 타고 있습니다. 지영의 관점에서 버스는 정지해 있죠.

땅에 서 있는 기훈이 볼 때는, 버스가 움직이고 있습니다. 빛시계

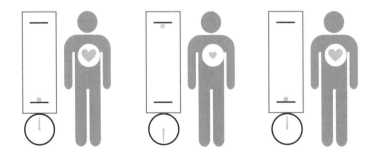

그림 2. 빛시계와 보통 시계의 1초, 그리고 지영의 심장이 뛰는 순간은 늘 일치한다.

의 빛은 비스듬히 올라갑니다. 그만큼 빛시계의 시간이 천천히 흐르죠. 그 아래 있는 아날로그 시계는 어떨까요? 빛이 거울을 치고 아래로 내려와 바닥에 닿을 때, 시곗바늘이 1초가 흐른 것으로 보일까요? 아니면 1초를 지나쳐 더 많이 간 걸로 보일까요? 지영의 심장은 정확히 한 번 쿵쾅거렸을까요? 아니면 이미 한 번 뛰고, 그다음 주기를 시작했을까요? 빛시계의 시간만 늦게 흐르고, 아날로그 시계와 지영의 손뼉과 지영의 심장은 기훈의 시간과 함께할까요?

그럴 수는 없겠지요. **다른 모든 것은 기훈의 시간을 따라 변하면서 빛시계의 빛만 늦게 왕복운동을 할 수는 없겠지요. 만약 그렇다면, 모든 게 같이 일어나는 지영의 관점은 허상이며, 기훈의 관점이 우월하다는 뜻이니까요. 이것은 특수상대론의 첫째 가정, 즉 모든 관성계는 동등하다는 원리에 정면으로 위배되는 일입니다.** 지영의 관점도 기훈의 관점과 똑같이 옳아야 합니다.

이 설명으로도 여전히 설득되지 않는 분이 있겠지요. 마지막 논리를 제시하겠습니다. 지영의 진짜 시간은 기훈과 마찬가지로 흐르며, 빛시계로 잰 시간만 느리게 흐른다고 가정해 봅시다. 이렇게 가정하고 모순을 이끌어 내려 합니다. 조금 과격한 상상이 필요합니다.

먼저 지영의 관점입니다. 지영이 빛시계를 바라봅니다. 빛이 거울로 올라갔다가 내려옵니다. 바닥에 닿는 순간, 지영의 심장도 한 번 쿵쾅 뜁니다. 심장이 한 번 뛴 걸 확인하자마자, 지영은 갑자기 빛시계를 망치로 부숴 버립니다! 바닥에서 반사된 뒤 위쪽으로 방향을 바꾼 빛은, 위쪽 거울이 사라져 버렸으니 버스 천장까지 가겠지요.

이젠 기훈의 관점입니다. 기훈이 움직이는 버스를 봅니다. 지영의 빛시계에서 빛이 비스듬하게 올라갑니다. 기훈은, 자신의 빛시계로 빛이 한 번 왕복하는 동안, 지영의 빛시계에서는 빛이 바닥에 채 도달하지 못한다는 사실을 확인합니다. 하지만, 지영의 심장은 기훈의 시간을 따라 이미 한 번 '쿵쾅' 하고 뛰었습니다. (지영의 빛시계를 제외하고 다른 모든 것은 기훈의 시간을 따라 정상적으로 흘러간다고 가정했으니까요. 이 가정에 따르면, 지영의 심장은 이미 뛰었습니다.) 그러자 갑자기 지영이 망치로 빛시계를 부숴 버립니다. 그런데 이게 어떤 순간인가요? 기훈의 관점에서는 이때가 지영의 빛시계에서 빛이 바닥에 닿기 전이었습니다. 지영은 자신의 빛시계를 부숴 버렸고, 이제 빛은 닿을 바닥이 사라져 버렸습니다. **기훈의 관점에서는 빛이 빛시계의 바닥에 닿는 사건은 절대로 실현될 수가 없습니다. 바닥이 아예 없으니까요!**

빛시계가 부서지기 전에 빛은 빛시계의 바닥에 닿았을까요, 닿지 않았을까요? 둘 다 참일 수는 없습니다. 모순이죠. 이 모순을 피하려면, 기훈의 관점에서도 지영의 심장이 한 번 뛰는 순간과 지영의 빛시계에서 빛이 바닥에 닿는 순간이 일치해야만 합니다. 즉, **단순히 빛시계로 잰 시간뿐 아니라, 지영의 심장이 뛰는 속도도 느려져야 합니다. 지영이 손뼉을 치는 속도도 느려져야죠. 움직이는 세계의 진짜 시간이 천천히 흘러가는 겁니다.**

빛시계로 잰 시간도, 휴대전화의 시간도, 지영의 심장도, 지영을 구성하고 있는 세포 하나하나도, 지영이 나이를 먹는 속도도, 생각하는 속도도, 모든 것이 느려집니다. 기훈의 관점에서는. 우리가 특수상대론의 두 가지 가정을 받아들이는 한, 절대로 이 결론을 피할 수 없습니다. 이건 공상과학이 아니라, 실제 우리가 발을 붙이고 살아가고 있는 이 세상에서, 지금 이 순간에도 전 세계 어디에서나 벌어지고 있는 실제 사건입니다. '나'를 포함해서 말이지요.

종종 피부의 노화를 늦추어 준다는 화장품 광고를 봅니다. 몸 관리를 잘하면 나이가 들어서도 젊음을 유지할 수 있겠죠. 하지만 이건 진짜 나이를 덜 먹는 게 아닙니다. 아무리 운동을 열심히 하고 화장품을 발라도 흘러간 시간이 달라진다고 주장하진 않습니다. 특수상대론에서 시간이 느리게 간다는 건, 이런 눈속임이 아니라 '진짜'입니다.

움직이면, 안 움직이는 것보다 진짜 시간이 덜 흐릅니다.

시간은 얼마나 느려질 수 있는가

움직이면 시간이 늦게 흐른다는 결론은 피할 수 없습니다. 특수상대론을 대표하는 가장 극적인 효과죠. 누구든 특수상대론의 끝자락이라도 살짝이나마 잡아 보려 한다면, 언젠가 한 번쯤은 반드시 결론에 이르는 과정을 본인의 머리와 가슴으로 깊이 음미해야 합니다. 이 책은 그 과정을 도와주는 것일 뿐, 깨달음을 얻을 때의 마지막 고비는 온전히 본인이 극복해야 합니다. 책 한 권 읽었다고 하여 수십 년간 살면서 몸과 마음에 단단히 각인된 고정관념이 곧바로 사라지진 않습니다. 시간이 필요합니다.

고정관념을 깨고 새로운 사실을 이해하는 첫걸음은 익숙해지는 겁니다. 가끔 상상해 보세요. 움직이는 버스의 내부를 창밖에서 들여다봅니다. 버스 안에서는, 마치 동영상을 저배속으로 천천히 틀어 놓은 듯 모든 것이 느리게 움직입니다. 시계도 느릿느릿, 사람도 느릿느릿, 빛시계의 빛만 제 속도로 비스듬하게 움직입니다. 상상하고 사색하다 보면, 처음에는 아득히 먼 곳에서 일어나는 일인 듯 막연하고 뿌옇던 느낌이 서서히 사라집니다. 익숙해지는 거죠. 그렇게 상대론이 마음에 스며들면서 논리가 선명해집니다.

12강~14강에서 시간 팽창의 기본 논리와 수학적 증명, 그리고 그것의 의미를 차례대로 알아보았습니다. 이번에는 몇몇 속도에 대해 시간이 구체적으로 얼마나 느려지는지 살펴보겠습니다. 이제 우리에게 익숙한 시간 팽창 공식입니다.

$$T' = T\sqrt{1 - \frac{v^2}{c^2}}$$

T는 정지해 있는 사람이 잰 시간, T'은 움직이는 물체의 고유시간, v는 움직이는 물체의 속도입니다. c는 물론 빛의 속도죠. 루트 안의 수가 항상 1보다 작으므로 T', 즉 움직이는 물체의 고유시간이 천천히 흘러갑니다. 앞의 13강에서는 움직이는 속도 v가 시속 100 킬로미터일 때를 계산해 봤더니 시간이 겨우 1000조 분의 4만큼 느려지는 걸 알았습니다. 우리가 알아챌 수 없는 차이이고, 이렇게 나오는 게 당연합니다. 시간이 느려지는 건 일상생활에서 전혀 경험하지 못하는 현상이니까요. v가 더 커지면 어떻게 될까요?

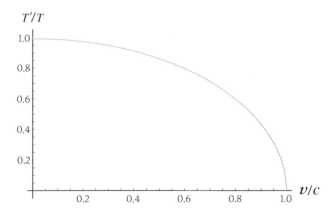

그림 1 속도에 따라 시간이 흘러가는 정도가 다르다. 느린 속도에서는 정지해 있을 때와 거의 차이가 없지만, v가 빛의 속도에 가까워지면 급격하게 시간이 느려진다.

그림 1에 속도에 따라 시간이 얼마나 느려지는지 그래프로 그렸습니다. 가로축은 물체의 속도 v를 빛의 속도 c로 나눈 값입니다. 세로축은 정지한 시계에 비해 움직이는 시계의 시간이 흘러가는 비율입니다. v가 작을 때는 1근처의 값을 유지하다가 c에 근접하면서 0으로 급격하게 떨어집니다. 웬만큼 속도가 크지 않으면 시간이 별로 느려지지 않는다는 걸 알 수 있습니다. 얼마나 빨라야 할까요?

우리가 일상에서 경험할 수 있는 속도 중에서 가장 빠른 속도는 아마도 소리의 속도일 겁니다. 보통 초속 340미터라고 하죠. 빠른 속도긴 하지만 빛과 비교하면 100만 분의 1 남짓에 불과합니다. 실제로 산에서 고함을 치면 메아리가 조금 늦게 들린다든지, 넓은 운동장에서 축구를 할 때 멀리서 누군가 공을 차면 "뻥" 소리가 약간 나중에 들리는 등의 경험을 통해, 우리는 소리의 속도가 유한하다는 걸 어렵지 않게 알아차릴 수 있습니다. 초속 몇백 미터 정도의 속도까지는 우리가 느낌을 가지고 있다는 뜻이죠. v에 340m/s를 대입하고 T'을 구해 보면 다음과 같습니다.

$$T'/T \simeq 0.9999999999994$$

즉, 10조 분의 6 정도가 느려집니다. 이것 역시 인간의 감각으로는 알 수 없는 차이네요.

눈으로 볼 수 있는 크기의 물체 중에서 지금까지 인간이 만들어 낸 가장 빠른 속도는 우주선을 쏘아 올릴 때의 속도일 겁니다. 대략 초속 10킬로미터죠. 그런데 이런 빠르기도 빛의 속도에 비하면 기어가는 수준입니다. 광속의 3만 분의 1, 즉 0.003%에 불과하니까요. 시간은 100억 분의 5가 느려지네요. 정지한 사람의 1초가 우주선에 탄 사람의 0.9999999995초라는 뜻입니다.

1초에 10킬로미터를 가는 빠른 속도로도 이런 차이밖에 안 난다면, 현재로서는 시간이 느려지는 현상을 인간의 감각으로 직접 확인할 수는 없겠습니다. 그렇다면, 정말 시간이 느려지는지 어떤지 영영 알아낼 방법이 없을까요? 그건 아닙니다. 매우 정밀한 시계가 많이 개발되어 있으니까요. 2023년 현재 인간이 만든 가장 정밀한 시계는 대략 1초에 1해 분의 1초($=10^{-20}$초)만큼 오차가 발생한다고 합니다(그림 2). 달리 표현하면 4조 년에 1초의 오차가 생기는 겁니다.

그림 2. 2023년 현재 가장 정밀한 시계. 4조 년에 1초의 오차가 발생한다. 우주의 나이가 138억 년이므로 우주 탄생 직후 시계를 가동했어도 지금까지 0.003초 정도의 오차밖에 발생하지 않는다. 출처: Jacobson/NIST(미국국립표준기술연구소)

이런 시계를 이용하면 우리가 일상에서 접하는 속도에 대해서도 시간이 느려지는 현상을 충분히 검증할 수 있겠지요.

그림 1을 보면, 시간이 절반으로 느려질 때 필요한 속도는 광속의 90%에 육박해야 하는 걸 알 수 있습니다. 계산기로 계산해 보면 87%가 나옵니다. 이런 엄청난 속도로 움직이는 물질은 찾기 어려워 보이죠. 하지만 자연에서는 인간의 감각을 넘어서는 빠른 속도가 많이 발견됩니다. 예를 들어 세상 만물을 구성하는 원자 안에서 전자는 0.01c, 즉 광속의 1% 정도의 속도로 움직입니다. 크다고 할 순 없지만 무시할 수는 없는 속도죠. 실제로 원자 안에서는 실험에서 검증 가능한 상대론적 효과가 발생합니다.

빛의 속도에 거의 근접하게 움직이는 물질도 많습니다. 우주에서 자연적으로 만들어진 물질도 있고 사람이 만들기도 합니다. 전 세계 여러 나라에는 소위 입자 가속기라고 하는 실험 장치가 있는데, 전자나 양성자같이 원자보다도 작은 입자를 거의 빛의 속도로 가속합니다.

예를 들어 우리나라에도 포항공대에 입자 가속기가 있습니다. 여기서는 전자를 빛의 속도의 99.9999999%까지 가속하죠. 이 경우에 시간이 얼마나 느려지는지 계산하면 다음과 같습니다.

$$T'/T \simeq 0.00005$$

즉, 정지한 사람의 시계로 1초가 흐르는 동안 움직이는 전자는 겨우 2만 분의 1초가 흐릅니다.

그림 3_ 포항 방사광가속기. 그림에서 직선으로 길게 뻗어 있는 것이 가장 에너지가 큰 PAL-XFEL이라는 가속기인데 길이가 1.1킬로미터에 달한다. 여기서는 전자를 10기가전자볼트(GeV)의 에너지까지 가속한다. 속도로는 광속의 99.9999999%에 해당한다. 출처: https://pal.postech.ac.kr/

극단적으로 v가 정확히 빛의 속도 c이면 어떻게 될까요? 이때는 $v/c=1$이니 위에 있는 시간 팽창 공식에서 루트 안이 정확히 0이 되어 버립니다. 그럼 $T'=0$이겠네요. 따라서 정확히 빛의 속도로 움직이는 어떤 물질이 있다면, 그 물질의 내부의 시간이 흐르지 않고 영원히 정지한 것처럼 보입니다. 빛이 바로 이런 경우죠. 빛은 말 그대로 빛의 속도로 우주를 돌아다니는데, 세상이 100억 년이 흘러도 빛에게는 한순간일 뿐입니다.

VI장에서 자세히 설명하겠지만, **보통 물질은 빛의 속도의 99.99999999…%로 움직일 수는 있어도 정확히 빛의 속도로 움직이지는 못합니다.** 빛은 소위 '정지 질량'이 정확히 0인데, 이런 물질만 빛의 속도로 움직일 수 있거든요. 그리고 이런 물질은 무조건 빛의 속도로만 움직여야 합니다. 더 느리게 움직이는 게 불가능하죠. 그러고 보니 이게 바로 특수상대론의 기본 가정인 광속 불변의 원리와 잘 맞아떨어지는 얘기네요. 혹시 물속에서는 빛의 속도가 느려진다는 사실을 알고 있는 분은 의문을 품을 수도 있기 때문에 덧붙이자면, 이것은 텅 빈 공간, 즉 진공에서 움직일 때만 해당하는 얘기입니다.

이론적으로는 이렇게 시간이 느려지고 심지어는 거의 정지할 수도 있다는 걸 알았지만, 이런 일이 정말 실제로 일어날까요? 어떻게 검증할까요? 16강에서 알아보겠습니다.

16강

시간 팽창 효과의 검증: 뮤온 붕괴

과학자에게 자연은 모든 기쁨과 슬픔의 원천입니다. 자연 현상을 설명하기 위해 과학자는 이론을 만듭니다. 때로는 잡다한 현상을 얼기설기 엮어서 엉성한 이론을 만들기도 하고, 때로는 핵심을 꿰뚫는 원리를 바탕으로 논리적 필연의 벽돌을 쌓아 올려 거대한 이론의 성채를 만들기도 합니다.

자연은 때로 냉혹합니다. 모든 이론 작업의 끝에는 검증이 기다리고 있습니다. 이론의 완성도와 무관하게, 이론의 완성에 들인 노력의 양과 무관하게, 자연 현상을 잘 설명하면 성공이고 설명하지 못하면 틀린 겁니다. 특수상대론도 이런 검증을 피해 갈 수 없습니다.

지금까지 특수상대론의 두 가지 기본 가정에서 출발하여, 왜 관점에 따라 동시가 달라지고 시간이 흐르는 속도가 달라지는지 알아보았습니다. 놀랍고 흥미로운 결론이긴 하지만 이런 현상이 실제 세계에서 검증되지 않는다면, 특수상대론이 제아무리 심오하더라도 그냥 틀린 이론일 뿐입니다.

여기서는 가장 간단한 한 가지 사례를 통해 시간 팽창 효과가 실제 실험에서 어떻게 검증되었는지 살펴보겠습니다. 다음에 다른 사례도 소개할 예정입니다. 앞서 설명했듯이 움직이는 물체의 속도 v 가 웬만큼 빨라서는 시간 팽창 효과를 경험하기 어렵습니다. 일상에서 경험할 수 있는 가장 빠른 속도인 소리의 속도조차도 빛의 속도와 비교하면 100만 분의 1 정도에 불과하니까요. 뭔가 아주 빨리 움직이는 물체가 필요합니다.

우리 우주를 구성하는 가장 근본적인 물질 중에 '뮤온muon'이라는 입자가 있습니다. 우리에게 친숙한 입자인 전자와 매우 유사한 성질을 가지고 있는데, 차이가 있다면 전자보다 200배 정도 무겁다는 겁니다. 혹시 '전자'라는 말을 많이 들어 보긴 했지만 뭔지 모르는 분을 위해 간단히 설명하자면, 우리 주변의 모든 물질은 원자로 구성되어 있습니다. 원자는 가운데에 원자핵이 있고 그 주변에 전자가 있지요. 즉, 전자는 '나 자신'을 포함하여 세상 모든 물질에 어마어마하게 많이 들어 있습니다.

뮤온은 우리 주변의 물질에는 존재하지 않습니다. 왜냐면 어떤 이유로 생겨났다고 하더라도 순식간에 전자로 바뀌면서 사라져 버리거든요(바뀌는 과정에서 소위 '중성미자neutrino'라는 입자도 함께 생겨나지만 여기서는 중요하지 않습니다). 이것을 **뮤온의 '붕괴decay'**라고 합니다. 뮤온이 붕괴하는 데까지 걸리는 평균 고유시간은 대략 2마이크로초(μs), 즉 100만 분의 2초입니다. 말 그대로 눈 깜짝할 사이보다 더 짧은 시간 동안 살다가 죽어 버리는 거죠.

뮤온은 보통 지상에서 10킬로미터 이상의 높은 고도에서 생성됩니다. 우주 공간에는 여러 천체에서 생성된 아주 높은 에너지의 입자(주로 양성자)가 많이 떠돌아다니는데, 그중 일부는 지구에도 날아옵니다. 이들이 대략 10킬로미터 상공에서 지구 대기와 충돌하면 여러 반응이 일어나는데, 이때 뮤온도 만들어지죠.

이렇게 만들어진 뮤온은 땅으로도 꽤 많이 내려옵니다. 10킬로미터 상공에서 땅까지 오는 동안 붕괴하지 않고 살아서 말이죠. 그런데 조금만 생각해 보면 이게 이상한 일이라는 걸 알 수 있습니다. **평균 수명이 100만 분의 2초에 불과한데 어떻게 '살아서' 10킬로미터나 움직일 수 있을까요?** 뮤온이 빛의 속도로 움직인다고 해도 30만 킬로미터에 100만 분의 2를 곱하면, 0.6킬로미터, 즉 600미터에 불과합니다. 10킬로미터가 아니라 600미터만 지나면 대부분 전자로 붕괴하고 땅에서는 발견되지 않아야 하는 거죠. 이런 일이 가능하려면 뮤온의 수명이 충분히 길어져야 합니다. 10킬로미터를 여

그림1_ 우주 공간에서 지구로 날아온 높은 에너지의 입자(주로 양성자)는 지구 대기와 충돌하여 수많은 다른 입자들을 만들어 낸다. 그중에는 '뮤온'이라는 입자도 있는데 10킬로미터 이상의 상공에서 생성되어 일부는 땅에도 도달한다.

행하는 동안 붕괴하지 않도록 말입니다.

물론 우리는 답을 알고 있습니다. 바로 시간 팽창 효과죠!

10킬로미터 이상의 상공에서 뮤온은 매우 큰 에너지를 가지고 생성됩니다. 평균적으로 광속의 99.98%로 움직이죠. 시간 팽창 효과가 매우 크겠지요. 앞에서 구한 시간 팽창 공식에 대입하면, 뮤온의 고유시간은 땅에 정지해 있는 시계에 비해 겨우 50분의 1 정도의 아주 느린 속도로 흘러간다는 결론이 나옵니다. 거꾸로 얘기하면, **뮤온의 고유시간으로 100만 분의 2초는 땅의 시간으로는 만 분의 1초로 뺑튀기(!)가 된다는 뜻입니다.** 만 분의 1초에 초속 30만 킬로미터를 곱하면, 뮤온은 붕괴하기 전에 30킬로미터를 움직일 수 있다는 계산이 나옵니다. 즉, 이렇게 빨리 움직이는 뮤온은 도중에 붕괴하지 않고 땅에 도착할 수 있는 거죠.

생성된 모든 뮤온이 광속의 99.98% 이상의 속도로 움직이진 않습니다. 더 느린 뮤온도 있습니다. 또한, 평균 수명이 100만 분의 2초라고 해도 그보다 더 일찍 붕괴하는 뮤온도 많습니다. 평균 수명보다 일찍 죽는 사람도 있듯이요. 이런 뮤온은 땅에 도달하지 못하고 도중에 전자로 붕괴하겠지요. 거꾸로 말하면, 높은 곳일수록 뮤온이 더 많다는 뜻입니다.

뮤온은 땅으로 얼마나 많이 내려올까요? 뮤온은 사람 손톱 정도의 넓이인 1제곱센티미터를 1분에 한 개꼴로 지나갑니다. 계산을 쉽게 하기 위해 위에서 본 사람 한 명의 면적을 대략 1제곱미터라고 하면, 한 사람에게는 뮤온이 1분에 만 개씩 쏟아지겠네요. 하루에

1000만 개, 1년이면 대략 50억 개입니다. 이들은 우리 몸을 그냥 지나치기도 하지만, 때로는 우리 몸에 영향을 미치기도 합니다. 이런 걸 방사선이라고 하죠. 즉, 우리에게 뮤온은 **자연 방사선**의 일종입니다. 우리는 못 느끼지만 지금도 우리 몸을 뚫고 지나가고 있습니다. 특수상대론의 시간 팽창 효과가 이런 곳에도 숨어 있었네요!

여기서는 실험 데이터를 제시하지 않고 설명했지만, 실제 실험은 물론 매우 엄밀하게 정량적으로 진행됩니다. 시간 팽창 공식이 정말 맞는지 구체적 수치로 검증하죠. 1941년에 로시Bruno Rossi와 홀D. B. Hall이라는 물리학자가 처음 실험을 수행한 이후, 지금까지 셀 수 없이 많은 실험이 있었습니다. 요새는 대학교 물리학과 수업에서 이런 실험을 하기도 합니다.

그림 2에 링크한 자료는 1962년에 MIT에서 실험하는 과정을 보여 주는 동영상입니다. 30분이 넘고 영어이므로 다 볼 필요는 없고, 띄엄띄엄 건너뛰면서 감상해 보시기 바랍니다. 시간 팽창 공식이나 시계 그림이 곳곳에 등장하는 것을 보면 반가우실 수도 있습니다. 처음에는 높은 산에서 한 시간 동안 뮤온의 개수를 세고, 다음에는 낮은 평지에서 뮤온의 개수를 세어 비교하는데, 산에서보다 평지에서 뮤온이 약간 적게 검출되긴 하지만 여전히 상당히 많이 검출되더라는 것이 실험 내용입니다. 물론 그건 시간 팽창 때문이고요. 동영상에는 뮤온이 뮤-메존μ-meson이라는 이름으로 나옵니다. 과거에는 뮤온을 뮤-메존으로 불렀는데, 물리학이 발전함에 따라 이름을 체계적으로 정비하면서 뮤온으로 이름을 바꿨습니다.

https://www.youtube.com/
watch?v=5wH2UbjGKiw

그림 2 뮤온을 이용한
시간 팽창 효과 검증
실험(1962).

이상 16강에서는 거의 빛의 속도로 움직이는 물체의 시간 팽창 효과를 어떻게 검증했는지 살펴보았습니다. 이어지는 17강에서는 일상에서 경험할 수 있는 수준의 느린 속도일 때 어떻게 검증하는지 알아보겠습니다. 그 끝에는 예상치 못한 놀라움이 기다리고 있습니다.

17강

서쪽으로 간 비행기의 시간이 빨라진 까닭은

〈달마가 동쪽으로 간 까닭은〉이라는 영화가 있습니다. K-영화가 지금처럼 전 세계에 알려지기 전인 1989년에 서구에서 열린 국제 영화제에서 첫 대상을 받은 작품으로 유명하죠. 17강 제목은 그 영화 제목을 패러디한 건데요, 서쪽으로 간 비행기와 특수상대론이 무슨 관계가 있을까요? 더구나 시간이 빨라졌다니요? 지금까지, 움직이면 시간이 느려진다고 했는데 이게 무슨 말일까요?

앞의 글에서는 뮤온이라는 입자를 이용해 시간 팽창 효과를 어떻게 검증했는지 알아보았습니다. 뮤온은 10킬로미터 이상의 상공에서 생성되어 거의 빛의 속도로 움직이기 때문에 시간 팽창 효과가 매우 크게 나타났다고 했습니다. 이 실험은 물론 특수상대론의 예측을 매우 성공적으로 검증한 훌륭한 실험입니다. 하지만 이것으로 충분할까 하는 의혹을 떨칠 수가 없습니다. 눈에 보이지도 않고, 있는지 없는지조차 불분명한 뮤온이라는 이상한 입자가 눈 깜짝할 사이보다 더 짧은 시간 동안 살다가 사라진다니, 너무 비현실적으로 느껴지는 이야기니까요. 이상한 세상에서 이상한 일이 일어나는 게 우리와 무슨 관계가 있겠어요? 시간이 정말 느려졌는지, 아니면 다른 무슨 이유가 있어서 수명이 늘어났는지 모를 일입니다.

호기심 많은 인간이라면 정말 시간이 느려지는 걸 눈으로 보고

싶은 게 당연합니다. 하지만 이미 설명했듯이 인간이 일상에서 접하는 정도의 속도로는 시간 팽창 효과가 매우 작아서 몸으로 느끼기가 사실상 불가능합니다. 그렇다고 완전히 불가능한 건 아닙니다. 아주 정밀한 시계가 있다면 말이죠.

1971년에 미국에서는 실제로 비행기와 원자시계를 이용하여 시간 팽창 효과를 검증했습니다. 네 대의 원자시계를 비행기에 싣고 한 번은 동쪽으로 한 바퀴를 돌아 제자리에 돌아왔습니다. 그다음에는 그 원자시계를 다시 비행기에 싣고 서쪽으로 한 바퀴를 돌았죠. 원자시계를 네 대나 실은 건 오차를 줄이기 위해서였고요.

비행기는 그냥 보통의 여객기였고, 하펠Joseph C. Hafele이라는 물리학자와 키팅Richard Keating이라는 천문학자가 원자시계를 가지고 탔습니다. 동쪽으로 갈 때는 때때로 비행기를 갈아타며 열두 도시를

그림 1_ 1971년 실험에 실제로 사용한 세슘 원자시계 중 한 대.

들렸고, 서쪽으로 갈 때는 열세 도시를 들렀습니다. 동쪽 여행은
65.4시간, 서쪽 여행은 80.3시간 걸렸는데, 순수한 비행시간만 따
지면 동쪽으로 간 비행기는 41.2시간, 서쪽으로 간 비행기는 48.6
시간을 비행했지요. 이 실험을 하기 위해 8000달러(약 1000만 원)의
연구비를 받았는데, 이 중에서 7600달러는 항공료로 썼다고 합니
다. 과학자 두 명과 미스터 클락(Mr. Clock)을 위한 좌석 비용으로 말
이죠. 실제 실험 사진은 아래 링크에서 보실 수 있습니다.

　동쪽과 서쪽으로 비행을 각각 마친 뒤에는 그냥 정지해 있던 원
자시계와 시간을 비교했습니다. 비행기 여행을 하고 돌아온 원자시
계는 정지해 있던 원자시계와 다른 시간을 가리키고 있었습니다!
움직이면 정말 시간이 다른 속도로 흐른다는 사실을 생생하게 확인

그림 2_ 비행기와 원자시계를 이용한 시간 팽창 효과 검증 실험.
http://www.leapsecond.com/museum/HK50/

한 거죠.

느려졌을까요? 얼마나 느려졌을까요?

아래 표는 정지한 원자시계와의 차이를 나타낸 것입니다. 오른쪽의 '예측값'은 상대론을 사용하여 이론적으로 예측한 값입니다. 표에서 음수는 정지한 시계의 시간에 비해 움직인 시계의 시간이 더 느려졌다는 뜻이고, 양수는 더 빨라졌다는 뜻입니다. 또한 ± 부호 뒤에 있는 숫자는 오차를 나타냅니다. 예를 들어 서쪽 관측값 273± 7은 평균이 273이고 오차가 7이므로 대략 266에서 280 사이의 값이 관측된 것으로 생각하면 됩니다.

비행기의 여행 방향	관측값	예측값
동쪽	-59 ± 10 ns	-40 ± 23 ns
서쪽	273 ± 7 ns	275 ± 21 ns

표에서 ns는 나노초, 즉 10억 분의 1초를 나타냅니다. 지구를 한 바퀴 돌았더니 대략 100나노초, 즉 1000만 분의 1초 내외의 차이가 발생하네요. 앞서 시간 팽창 공식으로 계산한 것처럼 차이가 매우 작습니다. 일단 이 표에서 실제 관측값과 예측값이 오차의 범위 내에서 일치한다는 사실을 알 수 있습니다.

그런데 재미있게도 어떤 쪽으로 갔느냐에 따라 부호가 다릅니다. 동쪽으로 간 비행기는 예상대로 시간이 느려졌습니다. 하지만 서쪽으로 간 비행기는 정지해 있는 시계에 비해 시간이 오히려 더 빨리 흘러갔습니다. 시간 차이가 양수니까요. 이상하죠? **왜 동쪽과 서쪽**

이 다를까요? 왜 서쪽으로 돈 비행기는 시간이 느려지기는커녕 더 빨라졌을까요? 이걸 올바르게 이해하려면 꽤 긴 설명이 필요합니다. 자세한 설명은 18강에서 하기로 하고, 여기서는 일단 관측값이 상대론으로 예측한 것과 일치한다는 사실만 받아들입시다. 즉, 상대론이 우리가 평소에 접하는 소리나 비행기 속도 정도에서도 검증을 통과했다는 얘기입니다.

비행기로 검증한 이 실험은 이미 50년도 더 된 옛날이야기입니다. 그 뒤 이것보다 훨씬 정밀한 실험이 많이 수행되었죠. 비행기보다 훨씬 빠른 인공위성을 가지고도 셀 수 없이 많은 검증이 이루어졌고, 지금도 이루어지고 있습니다. **이러한 검증에는 이 책을 읽고 있는 여러분도 거의 모두 참여하고 있습니다! 바로 이 순간에도 말이죠!**

18강을 시작하기 전에 동쪽과 서쪽이 다른 이유를 일단 힌트만 드린다면, 지구 자전 때문입니다. 지구 자전이 무슨 관계가 있을지 다음 편을 읽기 전에 한번 생각해 보세요. 6강(누가 정지해 있고 누가 움직이는가?)과 7강(관성계와 특수상대론의 두 가지 가정)을 기억하신다면 어렵지 않게 이유를 추측할 수 있습니다.

18강
지구 자전 및 중력과 시간의 흐름

시간 팽창 이야기가 이제 막바지를 향하고 있습니다. 앞의 글에서는 직접 비행기를 타고 움직이며 흘러간 시간을 측정했더니 정말 땅에 있을 때와는 다르다는 사실을 확인했습니다. 그런데 추가로 흥미로운 점을 발견했지요. 서쪽으로 간 비행기와 동쪽으로 간 비행기의 시간이 다르게 흘러간 겁니다. 왜 이런 일이 벌어졌을까요?

그건 바로 지구 자전 때문입니다. 땅에 그냥 서 있는 것이 사실은 정지해 있는 게 아니라는 얘기지요. 6강에서 설명했듯이, 절대적 정지 상태란 존재하지 않습니다. 누가 움직이고 누가 정지해 있는지는 완전히 상대적이죠. 그럼 무엇을 기준으로 해야 할까요?

특수상대론의 기본 가정으로 다시 돌아가서 생각해 봅시다. 두 가지 기본 가정이 성립하기 위한 전제 조건이 있었습니다. 관성계라는 조건이지요. 7강에서 설명했듯이, 관성계는 관성의 법칙이 성립하는 관점입니다. 관성계에서 보지 않으면, 외부에서 아무 힘이 작용하지 않더라도 물체의 속도가 갑자기 변하는 이상한 일이 일어날 수 있습니다.

지구는 하루에 한 바퀴씩 자전합니다. 더 정확히 말하자면, 자전 때문에 하루라는 시간 단위가 있는 거죠. 땅에 정지해 있는 사람도 지구 자전축을 따라 빙글빙글 돌고 있습니다. **이렇게 빙글빙글 원운**

그림 1 지구는 하루에 한 번씩 자전한다. 따라서 땅에 정지해 있는 사람도 지구 자전축을 따라 원운동을 하고 있다.

동을 하면 관성계에 있는 것이 아닙니다. 움직이는 방향이 계속 바뀌니까요. 마치 버스가 굽은 길을 가거나 방향을 바꿀 때처럼 말이죠. 버스에서 자리를 잡고 앉아 있으면 특별히 의식하지 않는 한 버스의 방향이 바뀌어도 잘 모를 수 있습니다. 의자가 몸을 잘 지지해 주니까요. 하지만 서서 갈 때는 다르죠. 비틀거리는 건 보통이고 자칫하면 옆 사람 발을 밟을 수도 있습니다.

도로에서 버스가 좌회전 혹은 우회전을 하여 방향을 90도 바꿀 때 시간이 얼마나 걸릴까요? 5초면 되겠죠? 그럼 한 바퀴 돌 때는 20초가 걸립니다. 한 시간이면 3600초니 180바퀴를 돌겠네요. 하루면 4320바퀴입니다. 버스와 비교해 지구의 자전이 얼마나 천천히 일어나고 있는지 알 수 있습니다.

각도의 변화로 따지면 매우 느린 회전이고 우리가 몸으로 느끼진 못하지만, 지구 자전으로 인한 효과는 분명히 존재합니다. 마치 버스에서 우리 몸이 옆으로 쏠리는 힘을 느끼듯이 말이죠. 많이 들어 보셨겠지만, 이렇게 회전으로 생겨나는 가짜 힘을 **원심력**이라고 합니다. 실제로 지구 자전으로 생겨난 원심력은 지구의 중력을 약간 줄여 주는 효과가 있습니다. (원심력은 적도에서 가장 큽니다. 혹시 실제 살을 빼는 데는 실패하더라도 저울에 찍히는 몸무게의 숫자라도 조금 줄이고 싶으면 적도로 가세요.)

결론적으로, 땅에서 지구와 함께 돌고 있으면 그 관점에서는 특수상대론을 적용할 수 없습니다. 그럼 어떤 관점에서 봐야 할까요? 관성계를 찾아야 합니다. 특수상대론의 시간 팽창 효과를 올바르게 적용하려면 말이죠. 특수 상대성 원리에 따르면 모든 관성계는 동등하므로, **아무 관성계나 하나를 찾은 다음 그 관점에서 세상을 바라보면 됩니다.** 어떤 관성계를 찾아 계산하든 결과는 같아야만 합니다. 만약 그렇지 않으면 특수상대론의 내부에 심각한 모순이 있다는 뜻이니까요.

예를 들어 기훈이 북극에서 위로 살짝 떠올라 회전하는 지구를 내려다본다고 상상해 봅시다. 지영은 그냥 땅에 서 있다고 하죠. 그러면 기훈의 관점이 지영의 관점보다 더 관성계에 가깝겠지요. 기훈의 관점도 완벽한 관성계는 아닙니다. 지구는 공전도 하니까요. 하지만 공전은 1년에 한 바퀴라서 자전보다 훨씬 느리므로 무시해도 됩니다. 태양계 전체는 다시 은하 주위를 돌지만 한 번 도는 데 무려 2억 6000만 년이 걸리니 더 말할 나위가 없겠지요.

실험에는 항상 오차가 있을 수밖에 없으므로 정말 완벽한 관성계에서 볼 필요는 없습니다. 실험의 정확도 안에서 구별할 수 없는 결

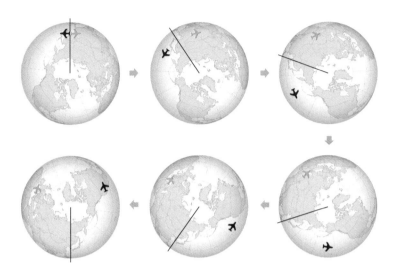

그림 2. 북극 위에서 본 지구의 자전. 서울에서 비행기가 서쪽과 동쪽으로 출발하면 동쪽으로 가는 비행기(검은색)는 지구 자전 방향으로 움직이고 서쪽으로 가는 비행기(파란색)는 자전을 거슬러 움직인다.

과가 나오면 충분하니까요. 결국, 비행기 실험은 지구를 따라가되 자전은 하지 않는 기훈의 관점에서 상대론을 적용하면 충분히 정확한 결과를 얻을 수 있다는 뜻입니다.

기훈이 볼 때 지구는 반시계 방향으로 돌고 있습니다. 위도가 서울이라면 대략 시속 1300킬로미터의 속도입니다. 동쪽으로 출발한 비행기는 지구 자전과 같은 방향, 즉 반시계 방향으로 지구 표면을 따라 돕니다. 속도가 더해지겠네요. 1971년에 이 실험을 할 때 비행기의 속도는 대략 시속 800킬로미터였습니다. 그럼 기훈의 관점에서 동쪽으로 가는 비행기는 시속 2100킬로미터 정도의 속도로 움직이는 거죠. 서쪽으로 출발한 비행기는 지구 자전을 거슬러 가므로 겨우 시속 500킬로미터에 불과합니다. 그리고 기훈이 볼 때는 회전 방향도 동쪽 비행기와 같은 반시계 방향입니다.

정리하자면, 거의 관성계에 있는 기훈의 관점에서 볼 때 동쪽 비행기가 가장 빨리 움직이고, 서쪽 비행기는 가장 느리게 움직입니다. 땅에 그냥 서 있는 지영도 사실은 시속 1300킬로미터의 빠른 속도로 움직입니다.

이제 답이 나왔습니다. 기훈의 관점에서 시간의 흐름이 느린 순서대로 나열하면 '동쪽 비행기/지영/서쪽 비행기/기훈'이겠네요! 속도가 빠를수록 시간이 느려지니까요. 따라서 **땅에 정지해 있는 지영의 시간을 기준으로 하면, 동쪽 비행기는 지영보다 시간이 더 느려지고 서쪽 비행기는 더 빨라져야 합니다.** 이렇게 우리는 1971년 비행기 실험의 결과를 잘 이해했습니다.

다만, 아직 설명하지 않은 한 가지 사실이 남아 있습니다. 시간이 느려지는 건 속도 때문만은 아닙니다. 다른 원인이 한 가지 더 있습니다. 중력이 있는 곳에서는 시간이 느리게 흐릅니다. 중력이 클수록 느려지는 효과가 더 크죠. 이건 일반상대론에 나오는 얘기인데 여기에서 자세히 설명하기는 어렵습니다. 아쉽지만 원리는 생략하고 결과만 언급하겠습니다.

비행기든 땅에 정지해 있는 지영이든 모두 지구 중력을 받습니다. 지구 중력이 작용하지 않는 우주 공간보다 이미 시간이 느려져 있는 상태겠지요. 지구 중력은 지표면이 가장 강합니다. 땅에서 위

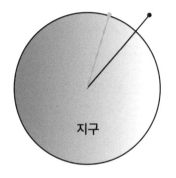

지구

로 올라갈수록 약해지죠. 비행기는 지상에서 대략 10킬로미터 상공을 비행합니다. 지표면에 있는 지영보다 약간 약한 중력을 받을 겁니다. 즉, 중력에 의해 시간이 느려지는 효과만 본다면, 지표면이 가장 많이 느려집니다. 동쪽 비행기나 서쪽 비행기는 덜 느려지지요. 따라서 지표면보다 상대적으로 시간이 빨리 흐르는 효과가 있습니다. 비행기 실험 결과를 해석할 때는 이런 일반상대론의 중력 효과까지 모두 고려해야 합니다. 복잡하죠?

　지금까지 설명한 것을 모두 표로 정리하겠습니다. 이 표에는 속도 효과(움직이면 시간이 느려진다)와 중력 효과(중력이 있으면 시간이 느려진다)를 구분하여 이론적으로 계산한 값을 나타내었습니다. 두 효과를 합한 것이 이론의 최종 예측값이고 17강에서도 보여 드린 것입니다. 표의 수치는 지표면에 정지한 원자시계와의 차이인데, 양수는 지표면보다 시간이 빨리 흐른 것을 나타내고 음수는 천천히 흐른 것을 나타냅니다. ns는 나노초(10억 분의 1초)를 의미합니다.

비행기의 여행 방향		동쪽	서쪽
예측값	속도 효과	-184±18 ns	+96±10 ns
	중력 효과	+144±14 ns	+179±18 ns
	합계	-40±23 ns	+275±21 ns
관측값		-59±10 ns	+273±7 ns

표에서 보듯이 일반상대론은 두 비행기에 비슷한 효과(144ns와 179ns)를 줍니다. 두 비행기의 고도가 거의 같으니까요. 다만, 서쪽 비행기의 시간이 약간 더 빨라진 것은 비행시간이 길었기 때문입니다. 결국 **비행기 실험은 특수상대론뿐 아니라 이 책에서는 설명하지 않은 일반상대론까지 같이 검증했다고 할 수 있겠습니다.**

위의 표를 잘 보고 있으면 한 가지 생각이 떠오릅니다. 속도 효과와 중력 효과의 크기가 거의 비슷합니다. 동쪽 비행기의 경우 속도 효과와 중력 효과가 반대지만, 속도 효과가 약간 커서 지표면에 정지해 있는 시계보다 시간이 살짝 느리게 간 거지요. 그렇다면 동쪽으로 가더라도 비행기의 속도나 높이를 조절하면 시간이 더 빠르게 가게 할 수도 있고 느리게 가게 할 수도 있지 않을까요? 비행기보다 더 높이 나는 것으로 뭐가 있을까요?

그렇습니다. 인공위성! **하늘 저 높이 날아다니는 인공위성은 뜻밖에도 상대론을 통하여 땅에서 살아가는 우리 모두와 연결됩니다.**

19강에서 알아보겠습니다.

GPS의 원리와 광속 불변

스마트폰에서 지도 앱을 열면 '나'의 위치가 나타납니다. 운전할 때는 내비게이션 앱을 열면 가는 길을 알려 주죠. 버스 정류장에서는 다음 버스가 언제 도착할지 실시간으로 표시됩니다. **스마트폰이나 내비게이션 장치는 어떻게 우리 위치를 알아낼까요?** 물론 어디선가 신호가 오기 때문이겠죠. 어디서 올까요? 그 신호는 어떻게 각각 다른 사람에게 그 사람만의 위치를 알려 줄까요? 설마 국제적인 정보 조직이 모든 사람의 일거수일투족을 24시간 감시하고 있는 것은 아니겠지요?

지구 주변에는 수많은 인공위성이 돌고 있습니다. 그중에는 위치 추적 전용 인공위성도 있죠. 미국에서는 1970년대부터 이들 위성을 쏘아 올리기 시작했습니다. 현재는 미국 이외에도 유럽, 러시아, 중국 등에서 각자 독자적으로 위성을 운영하고 있습니다. 나라마다 다른 이름이 붙어 있는데, **미국에서 운영하는 시스템을 GPS(Global Positioning System)라고 합니다.** 일반적으로는 위성을 이용하여 위치를 알아내는 이런 시스템을 위성항법시스템(GNSS, Global Navigation Satellite System)이라고 하지요.

미국의 GPS 인공위성은 현재 31대가 있습니다. 약 2만 킬로미터 상공에서 하루에 두 바퀴씩 지구를 돌고 있죠. 지구 반지름의 세 배

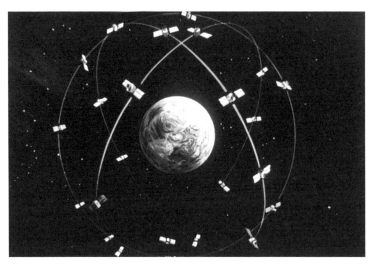

그림 1_ 지구를 돌고 있는 GPS 위성. 지구상의 어떤 특정 위치에서 하늘을 보아도 항상 네 개 이상의 위성이 보이도록 운영되고 있다.

가 넘는 고도입니다. **이 높은 곳에서 모든 GPS 위성이 하는 일은 딱 한 가지입니다. 수명이 다하는 날까지 매 순간 자신의 위치와 시각 을 지구 모든 곳에 끊임없이 전파로 뿌리는 거죠.** "나는 위성 X인데, 내 시계로 현재 시각 t에 우주 공간 p 지점에 있다."와 같이 말입 니다.

　위성이 31개나 되는 것은, 위성을 지구 주위에 고르게 분포시켜 서 지구 어느 곳에서든 하늘에 GPS 위성이 항상 네 개 이상은 보이 도록 하기 위해서입니다. 실제로는 네 개보다 많은 위성이 보입니 다. GPS 위성은 본래 24개만 있으면 충분하도록 궤도를 설계했는 데, 현재는 일곱 개가 여분으로 더 돌고 있습니다. 고장에도 대비할 수 있고 정밀도도 높일 수 있으니까요. 게다가 다른 나라의 위성도 있으므로, 이들을 모두 포함하면 지구 어디에서든 하늘에는 항상 열 개가 훨씬 넘는 위성이 떠 있습니다.

스마트폰에는 GPS 위성에서 보낸 신호를 받는 수신기가 들어 있습니다. 이 수신기도 그냥 GPS라고 부릅니다. 요새 스마트폰에 들어 있는 수신기는 미국 이외에 다른 나라의 위성까지 포함하여 하늘에 보이는 수십 개의 모든 위성 신호를 다 받습니다. 위성마다 시시각각 계속 자신의 위치와 시각을 업데이트하여 뿌리므로 수신기에서도 이들을 받아 실시간으로 분석합니다. 원리상으로는 네 개면 충분하지만, 하늘에 GPS 위성이 많이 보일수록 좋습니다. 이런저런 다양한 이유로 발생하는 오차를 줄일 수 있으니까요.

정말 지금 하늘에 GPS 위성이 날아다니고 있는지 궁금한 분들은 GPS 앱을 검색하여 설치한 뒤 실행해 보세요. 하늘이 넓게 잘 보이는 곳에서 실행할수록 좋습니다. 처음 실행하면 위성 신호를 받느라고 시간이 약간 걸리지만, 조금 지나면 현재 하늘 어디에 위성이 있는지 표시해 줍니다. 그리고 약간의 시간이 더 지나면 갑자기 어느 순간 자신의 정확한 위치가 화면에 '짠!' 하고 나타납니다.

그림 2는 제 스마트폰에서 GPS 상태를 나타내 주는 앱을 실행한 모습입니다. 이 글을 쓰며 집의 창가에서 실행했는데, 43개의 위성이 하늘에 떠 있고, 그중에서 14개 위성의 신호를 받아 제 방의 위치를 11.6미터의 오차 안에서 정했네요. 집이 아파트로 둘러싸인 2층이어서 신호를 많이 못 받았고 오차가 많이 날 수 있는 환경이지

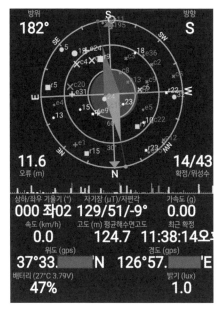

방위
182°
S
SW
S
11.6
오류 (m)
14/43
확정/위성수
N
상하/좌우 기울기 (°)   자기장 (μT)/자편각   가속도 (g)
000 좌02 129/51/-9°   0.00
속도 (km/h)   고도 (m) 평균해수면고도   최근 확정
0.0   124.7   11:38:14오
위도 (gps)   경도 (gps)
37°33.   'N 126°57.   'E
배터리 (27°C 3.79V)   밝기 (lux)
47%   1.0

그림 2 스마트폰에서 GPS 앱을 실행한 모습. 하늘 어디에 어떤 인공위성이 떠 있는지, 어떤 위성에서 신호를 받았는지 알 수 있다. 스마트폰의 정확한 위치는 위도와 경도로 표시된다.

만 꽤 정확하게 위치가 정해졌습니다. (이 정보가 공개되면 제가 어디 살고 있는지 알려지게 되므로 위도와 경도의 정확한 위치는 지웠습니다.)

스마트폰의 GPS 수신기는 각 위성의 위치와 시각 신호만 받는데, 어떻게 자신의 위치를 알아낼까요? 사실, 원리는 매우 간단합니다. 이를 이해하기 위해 우리나라 지도를 잠깐 살펴봅시다.

서울시청에서 부산시청까지의 직선거리는 325킬로미터입니다. 그런데, 어딘지는 모르지만 A라는 곳은 서울시청에서 268킬로미터 떨어져 있고 부산시청에서는 203킬로미터 떨어져 있다고 합시다. A의 위치를 알 수 있을까요? 일단 서울시청에서 268킬로미터 떨어진 곳을 모두 찾아야겠네요. 서울시청을 중심으로 하여 반지름이

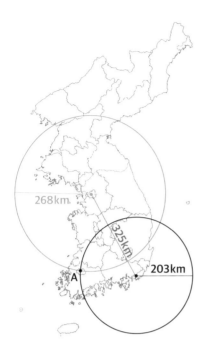

268km.

325km

203km

A

그림 3_ 서울시청에서 268킬로미터, 부산시청에서 203킬로미터 떨어진 곳 A를 결정하는 방법.

268킬로미터인 원을 그리면 그 원 둘레에 있는 모든 점이 후보지입니다. 그림 3의 파란 원입니다. 다음에는 부산시청을 중심으로 반지름이 203킬로미터인 원(그림 3의 검은색 원)을 그립니다. 그 원 둘레의 모든 점이 역시 후보지겠지요. 결국 A는 두 원이 만나는 점 두 곳 중 한 곳이겠네요. 만약 A가 바다가 아니라 땅 위의 어떤 점이라면, 그림 3에서 왼쪽 아래의 지점이 A입니다.

이처럼 우리가 이미 위치를 정확히 알고 있는 두 지점(서울시청과 부산시청)이 있다면 거기서 떨어진 거리만을 가지고 지도에서 A 지점이 어디인지 결정할 수 있습니다(물론 여기서는 둘 중의 하나로 결정되지만, 방향이라든지 다른 사소한 정보를 더하면 유일한 지점이 정해집니다).

이게 가능한 것은, 지도상에서 위치를 결정할 때는 기본적으로 수평, 수직의 정보 두 개만 있으면 되기 때문입니다. 그래서 '두 지점'에서의 거리가 필요했던 거죠.

지금까지는 지표면에서의 위치만 생각했지만, 높은 산이나 비행기처럼 높이도 달라질 수 있습니다. 높이까지 정하려면 세 개의 정보, 즉 정해진 세 지점에서 떨어진 거리 세 개가 필요하겠지요. 서울시청, 부산시청 같은 기준 위치 세 곳과 거기서 떨어진 거리를 어떤 식으로든 알아내야 합니다.

서울시청, 부산시청 같은 기준 역할을 바로 GPS 위성이 해줍니다. 물론 위성은 시시각각 계속 움직입니다. 서울이나 부산처럼 고정되어 있지 않죠. 하지만 시간에 따라 위성이 어디에 있는지만 정확히 알고 있다면 괜찮겠지요. 그 순간에 위성에서 특정 지점까지 얼마나 떨어져 있는지 알면 되니까요. 위의 예에서 268킬로미터와 203킬로미터처럼 말이죠. 매 순간 위치가 변하는 위성까지 얼마나 떨어져 있는지는 어떻게 알 수 있을까요? **바로 여기에서 빛의 속도가 등장합니다.**

다시 쉬운 예를 생각해 봅시다. 기훈이 자동차를 타고 시속 100킬로미터로 운전하여 지영이 있는 곳에 도착했더니 정오가 되었습니다. 지영이 기훈에게 물었습니다. "언제 출발했어?" 기훈이 답합니다. "오전 9시." 기훈은 얼마나 떨어진 곳에서 온 걸까요? 물론 300킬로미터죠! 세 시간 걸렸으니까요.

기훈은 하늘에 있는 GPS 위성에서 보낸 신호를 받았습니다. 오전

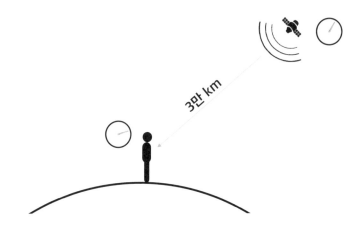

그림 4. GPS 위성에서 보낸 시간 신호와 그 신호를 받은 시간과의 차이를 통해 위성에서 떨어진 거리를 알 수 있다.

9시 12분 13초에 보낸 신호였습니다. 땅에서 그 신호를 받은 시각은 오전 9시 12분 13.1초. 기훈은 위성에서 얼마나 떨어졌나요? 물론 3만 킬로미터죠. 0.1초 차이니까요. 그리고 **빛의 속도는 누구에게나 초속 30만 킬로미터니까요!** (물론 정확하게는 299792.458km/s입니다.)

이렇게 신호를 보낸 시각과 받는 시각의 차이를 이용하여 거리를 알아내려면 매우 정밀한 시계가 필요하겠지요. 빛의 속도가 워낙 커서 시간 차이를 조금만 잘못 측정해도 엉뚱한 거리가 나오니까요. 그런데 우리가 보통 사용하는 시계는 그리 정밀하지 못하므로 위성에서 보내는 신호를 이용하여 정확한 시간 차이까지 구해야 합니다. 결국 우리는 특정 지점의 위치를 알아내기 위해 최소한 네 개의

GPS 위성이 필요합니다. 위성이 뿌리는 네 개의 독립적인 정보를 이용하여 시간 정보 한 가지와 위치 정보 세 가지를 알아내는 거죠.

이제 GPS의 원리를 모두 알았습니다. GPS 위성은 매 순간 자신의 위치와 시간을 지구 모든 곳에 뿌립니다. 이 정보가 네 개만 있으면, 시간 차이를 거리로 환산하여 우리가 그 순간 지구의 어느 곳에 있는지 알아낼 수 있습니다. 빛의 속도는 누구에게나 똑같으니까요!

GPS에서 시간 정보를 거리로 변환하는 데는 이렇게 특수상대론의 광속 불변의 원리가 기본적으로 들어 있습니다. 만약 인류가 광속 불변의 원리를 모르고 있다면, 아무리 거리 정보 네 개로 위치를 계산하는 방법을 안다고 해도 절대로 인공위성에서 보내온 정보를 이용해 올바른 위치를 찾아낼 수 없습니다. 인공위성이나 지구가 어떻게 움직이는지에 따라 빛의 속도가 달라진다고 잘못 생각할 테니까요. 그러면 인공위성에서 자신의 위치까지 떨어진 거리가 엉망으로 계산되겠지요. 거리가 틀리면, 제대로 위치를 결정할 수 없을 게 분명합니다. 아마 내가 우주 어딘가를 떠돌고 있다는 황당한 결과가 나올 수도 있을 겁니다. 결국 GPS는 광속 불변의 원리라는 상대론의 기본 가정을 기초로 하고 있음을 알 수 있습니다.

GPS에서 상대론이 중요한 이유는 더 있습니다. 바로 시간 팽창 효과인데요, 20강에서 알아보겠습니다.

20강
GPS와 시간 팽창

작은 차이가 큰 차이를 만든다는 말이 있습니다. 입시에서는 1점 차이로 당락이 바뀌고, 스포츠에서는 1점 차이로 승패가 갈립니다. 우리나라 20대 대통령 선거에서는 0.7% 차이로 정권이 바뀌었죠. 일상에서도 널리 사용되는 '나비효과'는 본래 나비 한 마리의 날갯짓이 지구 반대쪽에서는 거대한 폭풍을 몰고 올 수도 있다는 뜻의 물리학 용어입니다.

지금까지 알아본 상대론의 시간 팽창 효과도 작은 차이가 큰 차이를 만든다는 말을 실감할 수 있는 사례인 것 같습니다. 인간이 만들어 낸 속도로는 시간 차이를 몸으로 직접 느끼는 게 사실상 불가능하지만, 이 작은 차이가 우리의 일상을 바꿔 놓았기 때문입니다.

17강과 18강에서 살펴보았듯이 하늘을 나는 비행기에서는 시간의 흐름이 땅에서와 다릅니다. 일상생활에서 전혀 체감할 수 없을 정도로 매우 작은 차이이긴 합니다. 시간의 흐름이 1000만 분의 1 정도 빨라지거나 느려지는 정도였으니까요. 하지만 **이 작은 차이가 GPS에서는 시스템 진체를 사용할 수 있느냐 없느냐를 가르는 큰 차이를 만들어 냅니다.** 그 이유는 GPS의 핵심 원리를 살펴보면 쉽게 이해할 수 있습니다.

GPS의 핵심 원리는 다음 두 단계로 요약할 수 있습니다.

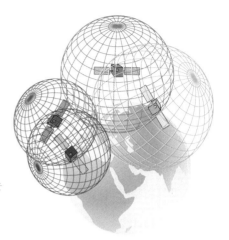

그림 1_ GPS로 나의 위치를
알아낼 때 사용되는 유일한 정보는
나와 GPS 위성 사이의 거리이다.

첫째, 현재 하늘에 보이는 모든 GPS 위성과 '나' 사이의 거리를
실시간으로 정합니다.

둘째, 거리 정보를 종합하여 '나'의 위치를 확정합니다.

이 과정에서 필요한 유일한 정보는 위성에서 보낸 신호가 나에게
도달할 때까지 걸린 시간입니다. 이 시간만 실시간으로 정확하게 알
아낸다면 곧바로 나의 위치가 확정됩니다. 시간에 빛의 속도를 곱하
여 위성까지의 거리로 환산한 다음, 거의 기계적 계산을 하기만 하
면 되니까요. **얼마나 정확하게 도달 시간을 알아내느냐가 GPS 시
스템의 성패를 결정합니다.**

GPS가 쓸모 있으려면 지상에서 나의 위치를 최소한 15미터 정도
의 오차 안에서는 정할 수 있어야 합니다. 어느 도로에 있는지는 식
별할 수 있어야 운전이나 길 찾기에 활용할 수 있으니까요. 15미터
는 빛의 속도로 0.0000005초, 즉 50나노초가 걸립니다. 15미터보

다 더 정확하게 위치를 정하려면, 시간을 최소한 50나노초보다는 더 정확하게 측정해야겠죠.

18강에서 보았듯이 지상에서 10킬로미터 상공을 시속 800킬로미터 정도의 속도로 움직인 비행기는 이틀간 지구를 한 바퀴 돌면서 50나노초에서 300나노초 정도 시간이 더 느려지거나 빨라졌습니다. GPS 위성은 비행기보다 훨씬 고도가 높은 곳에서 훨씬 빠르게 움직이므로 상대론의 시간 팽창 효과가 더 크겠지요. 이 효과를 보정해야만 GPS가 제대로 작동할 겁니다.

미국에서 운용하는 GPS 위성은 약 2만 200킬로미터 상공에서 하루 두 번씩 지구를 돕니다. 지구 중심부터 생각하면 (지구 반지름 6400킬로미터를 더해) 반지름이 2만 6600킬로미터인 원을 12시간 만에 도는 거죠. 원둘레는 반지름에 2π를 곱하여 16만 7000킬로미터이고, 이것을 12시간으로 나누면 시속 1만 4000킬로미터의 속도가 나옵니다. 초속으로는 3.87킬로미터네요. 이것을 전에 얻었던 시간 팽창 공식에 대입하면 하루에 7마이크로초, 즉 100만 분의 7초가 느려진다는 계산이 나옵니다.

한편, 위성의 고도가 높을수록 지구 중심에서 멀리 떨어지므로 중력이 약해지죠. 그러면 시간이 빨라집니다. 18강에서 언급한 일반상대론의 중력 효과 때문이죠. 이에 대해서는 자세한 설명을 하지 않았기 때문에 결과만 얘기하겠습니다. 2만 200킬로미터 상공에서는 지상에서보다 하루에 45마이크로초씩 시간이 빨리 흐릅니다. 속도 효과보다 더 크네요.

그림 2에는 인공위성의 고도에 따라 시간의 흐름이 어떻게 달라지는지 나타냈습니다. 그림의 가로축은 해발 고도이고 세로축은 지상 시간과의 차이입니다. 가장 아래쪽에 있는 곡선은 속도에 따른 시간 팽창 효과를 나타내는데, 전에 얻었던 시간 팽창 공식에 속도를 대입하여 그렸습니다. 가장 위쪽의 검은색 곡선은 중력 효과를 나타냅니다. 가운데의 파란색 곡선은 두 효과를 종합한 결과입니다. 예를 들어 가로축 2만 부근의 파란색 곡선에 GPS라고 점이 찍혀 있

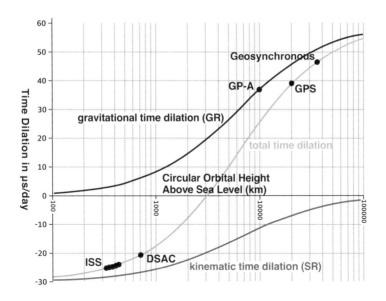

그림 2_ 인공위성은 속도 효과로 시간이 느려지고 중력 효과로 시간이 빨라진다. GPS 위성은 약 2만 킬로미터 고도에서 움직이므로 중력 효과가 더 크다. 반면에 상대적으로 낮은 궤도(약 400킬로미터 고도)를 돌고 있는 우주정거장(ISS)은 속도 효과가 더 커서 지상보다 시간이 느리다.

는데, 그곳의 세로축 값이 38마이크로초입니다. 45에서 7을 빼면 38이니까요.

결국 속도 효과와 중력 효과를 종합하면 GPS 위성에서는 지상에서보다 시간이 오히려 빨리 흐릅니다. 하루에 38마이크로초씩 말이죠. 그래서 GPS 위성에 설치하는 원자시계는 일부러 이만큼 틀리도록 조절합니다. 또한, GPS 위성의 궤도는 정확히 원이 아니고 약간 타원입니다. 지구 중심에서 거리가 멀어졌다 가까워졌다 하는 거죠. 이에 따라 위성의 속도가 조금씩 달라지고 위성에 작용하는 지구 중력도 달라집니다. 상대론에 의한 시간 차이도 38마이크로초에서 약간씩 더 달라지겠지요. 만약 이런 상대론의 효과를 무시하면 GPS로 계산한 위치는 2분 만에 엉망이 되고 오차가 점점 커져서 하루에 10킬로미터씩 오차가 쌓입니다. 아무 쓸모가 없어지는 거죠. 지금까지 인류가 시간 팽창 효과를 모르고 있었다면, 왜 이런 차이가 나는지 모른 채 머리만 긁적이고 있었을 겁니다.

다른 나라에서 쏘아 올린 위성은 고도와 속도가 다릅니다. 예를 들어 유럽에서 개발한 위성항법시스템인 갈릴레오는 미국의 GPS에 비해 위성의 속도가 더 느리고 고도는 더 높습니다. 속도 효과는 작아지고 중력 효과가 더 커지겠지요. 그에 따라 시간이 더 많이 빨라지므로 위성 안의 시계를 더 많이 보정해야 합니다. 이처럼 전체 시스템의 상황에 맞게 상대론을 정확하게 적용해야만 위치를 제대로 파악할 수 있습니다. 그림 2에 GPS보다 고도가 높아질수록 시간이 더 빨리 흐르는 것이 잘 나타나 있습니다.

GPS는 위성을 이용하여 지상에서의 위치를 매우 정밀하게 알아내는 시스템이기 때문에, 상대론적 효과 이외에도 오차를 일으키는 요인이 매우 많습니다. 온갖 사소한 것까지 모두 고려해야 목적했던 정밀도를 달성할 수 있죠. 예를 들면, 지구가 정확히 구가 아니라는 사실이나 시시각각으로 바뀌는 우주 환경과 지구 대기의 상태 같은 것도 오차를 발생시킬 수 있습니다. 이런 효과를 하나하나 정밀하게 분석하여 수십 년간 꾸준히 정밀도를 높일 수 있었던 거죠. 현재 군사용으로 사용하는 GPS는 오차가 1센티미터에 불과한 것으로 알려져 있습니다.

본래 GPS는 미국 국방부에서 군사용으로 개발한 것으로 민간에는 뒤늦게 개방되었습니다. 우리나라 비행기의 비극이 중요한 계기가 되었죠. 1983년 9월 1일 대한항공 007편 여객기는 269명의 승객을 태우고 뉴욕에서 서울로 오던 중 소련 전투기의 무자비한 공격을 받아 격추되었습니다. 실수로 정상 항로를 이탈하여 소련 영공

그림 3_ 격추되기 3년 전 찍은 대한항공 007기. ©Udo Haafke, GNU free license

으로 들어간 것이 사건의 시작이었죠. 격추 직전까지도 조종사들은 항로 이탈을 모르고 있었습니다. 이 사건으로 당시 미국 레이건 대통령이 GPS를 민간에 개방했습니다. 이때 개방된 민간용 GPS의 오차는 100미터 정도였는데 적국의 오용을 막으려고 일부러 시간 오차를 크게 만들었기 때문입니다. 이후 냉전 체제가 무너지면서 2000년에 클린턴 대통령이 이러한 인위적 시간 오차를 없앴고, 드디어 우리의 모든 일상에 GPS가 사용되기 시작했습니다.

정리하겠습니다.

상대론을 이해하든 못 하든, 상대론을 좋아하든 싫어하든, 지도 앱에서 자신의 위치를 확인할 때마다 본인의 의사와 무관하게 우리는 상대론의 검증에 동참하고 있는 겁니다. 광속 불변의 원리와 시간 팽창 효과를 말이죠. 하루에도 수십 번씩, 지구 전체로 보면 하루에도 수천억 번씩 혹은 그 이상, 땅의 모든 곳에서, 하늘의 인공위성과 함께.

시간의 흐름이 달라질 수도 있다는 게 믿기지 않으면, 지금 바로 지도 앱을 열고 본인의 위치를 확인하세요. 그리고 한 번쯤은 무고하게 희생된 승객의 명복을 빌고, 한 번쯤은 오늘날 이렇게 편리한 생활을 가능하게 한 아인슈타인에게 감사를 표하는 것도 의미 있는 일이겠지요.

빛시계의 길이 변화

시간 팽창 효과를 유도할 때 설명하지 않고 넘어간 내용이 있습니다. 빛시계의 길이가 움직일 때나 정지해 있을 때나 변하지 않고 그대로 L이라고 놓은 건데요, 사실은 이게 그렇게 당연한 얘기가 아닙니다. 시간은 느려지는데 길이는 안 변하고 그대로라는 게 오히려 이상하죠.

사실은 길이도 변합니다. 다만, 아무 길이나 다 변하는 건 아닙니다. 움직이는 방향으로는 길이가 약간 줄어들고 수직 방향으로는 변하지 않습니다. 이런 길이 수축 효과는 V장 26강과 27강에서 각각 알아볼 예정입니다. 여기서는 빛시계를 수직으로 세워 사용했으므로 길이가 정지해 있을 때와 같습니다. 그래서 본문의 설명에는 문제가 없습니다.

빛시계를 눕혀서 사용할 수는 없는가

시간 팽창 효과를 유도할 때 빛시계를 세워서 사용했습니다. 그 결과로 움직이는 버스 안의 빛시계에서 빛이 대각선으로 움직이게 되었죠. 시간이 느리게 간다는 결론을 얻을 때 이 사실이 결정적인 역할을 했습니다. 빛시계를 세우지 않고 눕히면 어떻게 될까요? 그러면 빛이 대각선으로 움직이지 않으니 뭔가 다른 결과가 나올 수도 있겠다는 의문이 생깁니다.

답을 말하자면, 빛시계를 반드시 세워서 사용해야 할 필요는 없습니다. 다만 수직으로 세워 놓고 사용했을 때 원하는 결과를 가장 쉽게 얻을 수 있기 때문에 그렇게 할 뿐입니다. 물리학자들이 예전에 이미 이렇게도 해 보고 저렇게도 해 봐서 어떤 방법이 가장 효율적인지 다 알고 있는 거죠. 우리는 그걸 그대로 이용하고 있고요.

바로 앞에서 빛시계를 눕히면 길이가 줄어든다고 했죠? 그래서 눕혀서 사용하면 세웠을 때보다 상황이 훨씬 복잡해집니다. 빛시계를 눕힌 상황은 시간 팽창이 아니라 길이 수축을 증명할 때 사용할 수 있습니다. 다만, 이 책에서는 눕힌 빛시계를 사용하지 않고 더 쉬운 방법으로 길이 수축을 설명할 예정입니다.

사고 실험과 물리적 통찰

빛시계를 이용한 사고 실험을 통해 우리는 시간 팽창이라는 결론을 얻었습니다. 시간 팽창은 과거의 시간 개념을 뒤엎는 놀라운 결과입니다. 어찌 보면 아주 하찮은 사고 실험 하나의 결과를 우주 전체에 확대 적용하는 게 과연 합당한 일일까요? 논리는 수긍하더라도 정말 어떤 경우에나 다 성립한다고 받아들여도 될까요?

이건 당연히 품을 수 있는 의문이고, 반드시 생각해 봐야 마땅한 주제입니다. 이런 확대 적용의 바탕에 암묵적으로 깔린 전제는 특수상대론이 논리적으로 내부 모순이 없는 좋은 이론이라는 겁니다. 어떤 과정을 거쳐 특정 결론을 얻든 그것이 특수상대론의 틀 안에서 비약 없이 타당한 추론을 거친 것이라면, 그와 다른 과정을 거치더라도 같은 결론에 도달할 거라는 거죠. 마치 10과 14를 더해 24를 얻든, 13+25-14를 하여 24를 얻든, 아니면 다른 계산으로 24를 얻든 수학의 덧셈, 뺄셈이 잘 정의된 연산이면 마찬가지 결과가 나오듯이 말이죠.

이 책에서는 수식을 거의 사용하지 않고 특수상대론을 다루고 있지만, 사실 빛시계 같은 사고 실험을 굳이 거치지 않아도 V장의 〔토론〕에서 설명할 로런츠 변환Lorentz transformation을 이용하면 순수하게 수학적으로 시간 팽창 같은 결론을 유도할 수 있습니다. 높은 수준의 교과서일수록 이런 내용을 주로 다루죠. 특수상대론이 모순이 없는 이론이라는 건 이미 잘 알려져 있으므로, 어느 쪽 방법을 사용하든 같은 결과가 나오는 건 처음부터 보장되어 있었던 겁니다.

어느 쪽 방법이 더 우월하다고 할 수는 없습니다. 대체로 물리학자는 우선 적절한 사고 실험을 고안하거나 핵심만을 남긴 상황을 설정하여, 물리적으로 어떤 일이 일어나고 있는지 직관적으로 이해하려고 노력합니다. 이를 통해 수학 계산을 거의 하지 않고도 답을 미리 알아내죠. 이렇게 답을 미리 안 상황에서 수식을 사용하여 일반적인 증명을 시도하는 것이 이론물리학의 이상적인 연구 방법입니다. 증명의 중간 과정이 때로는 매우 복잡하고 험난할 수도 있습니다. 하지만 답을 알고 있으므로 도중에 복잡한 계산이 틀리더라도 틀린 곳을 고쳐 가며 올바른 결론에 도달할 수 있죠. 물론 어떤(사실은 거의 대부분) 경우에는 사고 실험이 잘못되어 영영 구제 불능의 나락으로 떨어질 때도 있습니다. 물리학자는 이런 때 가장 큰 스트레스를 받습니다.

훌륭한 물리학자일수록 이런 실수가 적습니다. 핵심을 꿰뚫는 상황을 설정하고 사고 실험을 고안하죠. 이런 물리학자를 물리적 직관과 통찰이 뛰어난 물리학자라고 합니다. 아인슈타인이 바로 그런 대표적인 물리학자입니다.

휠러J. A. Wheeler, 1911~2008라는 유명한 물리학자가 있습니다. 지금 우리가 알고 있는 블랙홀에 '블랙홀'이라는 이름을 붙여 주기도 한, 상대론의 권위자입니다. 이분이 '제1 도덕 원리first moral principle'라고 명명한 원칙이 있습니다.

답을 알기 전에는 절대로 계산을 시작하지 말라.

IV

시간 여행

21강

쌍둥이 역설: 서기 3000년의 어느 날

기훈과 지영은 2980년 1월 1일 0시에 쌍둥이로 태어났습니다. 둘은 쌍둥이였지만 성격도, 취미도, 하는 일도 달랐지요. 기훈은 게을러서 움직이는 걸 싫어했어요. 게을러도 물리학은 좋아할 수 있습니다. 기훈은 물리학과를 조기졸업하고 이론물리학자가 되었습니다. 지영은 새로운 세계를 탐험하기 좋아했고 운동을 즐겼습니다. 밤하늘의 별을 보며 우주의 신비에 취하기도 했지요. 지영은 최연소 우주 비행사가 되었습니다.

서기 3000년. 인류는 마침내 $0.99c$, 즉 광속의 99% 속도로 움직이는 우주선을 만들었습니다. 태양계를 벗어나 광활한 우주를 향한 인류의 대장정이 시작된 겁니다.

첫 목적지는 프록시마센타우리라는 별입니다. 지구에서 4.25광년 떨어져 있죠. 빛의 속도로 가면 4.25년이 걸리는 거리라는 뜻입니다. 태양에서 지구까지의 27만 배 거리이고, 우리에게 익숙한 길이 단위로는 무려 40조 킬로미터입니다. 정말 머나먼 거리지만, 사실 프록시마센타우리는 태양을 제외하면 지구에서 가장 가까운 별입니다. 프록시마센타우리는 태양보다 훨씬 작습니다. 주변 행성에 생명체가 존재할 수 있을지 아직 결론이 나오지 않은 상태죠.

　　서기 3000년에 개발한 우주선의 첫 임무는 프록시마센타우리 근처에 사람이 살 수 있는 행성이 있는지 살펴보는 것입니다. 지영은 이 임무의 적임자였습니다. 우주선이 떠나는 날, 기훈과 지영은 꼭 다시 만나기로 약속하며 작별 인사를 했습니다.

　　이론물리학자인 기훈은 우주선이 언제 돌아올지 잘 알고 있습니다. 4.25광년 거리를 $0.99c$의 속도로 왕복하면 8.59년이 흐르겠지요. 3008년입니다. 그때 기훈의 나이는 28살이겠네요.

　　지영은 인류를 대표하여 첫 우주 탐사를 떠났습니다. 우주선은 순식간에 $0.99c$의 속도에 도달하여 프록시마센타우리에 도착했습니다. 지영은 잠시 살펴본 뒤 확실한 결론을 얻었습니다. 여러 어려움이 있긴 하지만, 서기 3000년의 발달된 과학으로 프록시마센타우리의 주변 행성에 인간이 거주할 수 있는 환경을 만드는 건 문제가 없었습니다.

지영은 곧바로 지구로 향했습니다. 이제 게으른 기훈을 설득하는 일만 남은 겁니다. 같이 프록시마센타우리로 이주하여 태양계 밖에서 인류의 문명을 이어 가자고, 기지를 건설하려면 많은 사람이 힘을 모아야 하는데 그중에는 이론물리학자도 꼭 필요하다고 말이죠.

기훈은 우주선이 돌아오는 동안 지구에서 학생들에게 상대론을 강의했습니다. 자신의 쌍둥이 남매인 지영이 곧 지구에 돌아오면 시간 팽창 효과에 의해 자신과 지영의 나이가 달라져 있을 테니, 상대론의 증거를 눈으로 생생하게 확인하라고 설명했습니다. 그러곤 시간 팽창 공식을 써서 지영이 돌아오는 3008년에 지영이 몇 살일지 계산해 줬습니다. 앞에서 구했던 시간 팽창 공식을 다시 써 볼까요?

$$T' = T\sqrt{1 - \frac{v^2}{c^2}}$$

여기에서 $v=0.99c$와 $T=8.59$년을 대입하면 $T'=1.33$년이 나옵니다. 즉, 우주선이 지구로 돌아오는 3008년에 지영의 나이는 21살에 불과한 겁니다. 기훈은 지영보다 7살이나 나이를 더 먹은 상태가 되는 거죠.

기훈의 설명이 끝나기가 무섭게 강의실 뒤에서 큰 소리가 들려왔습니다.

"그건 선생님의 일방적인 주장 아닌가요?"

학생들은 일제히 뒤를 돌아보았습니다. 뜻밖에도 수업 내내 졸기만 하던 일남이었습니다. 일남은 잔뜩 상기된 얼굴로 속사포처럼 질문을 이어 갔습니다.

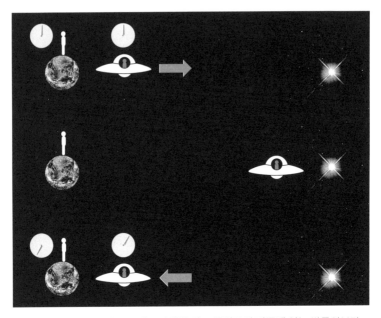

그림 2_ 광속의 99% 속도로 우주여행을 하고 돌아오면 지구에 있는 쌍둥이보다 나이를 덜 먹는다.

"왜 선생님의 관점에서만 생각하세요? 지영의 관점에서 보면, 지영은 가만히 있고 오히려 선생님이 움직이고 있는데요. 그러면 지영의 나이가 28살이고 선생님의 나이가 21살이 되어야 하는 것 아닌가요? 그림 3처럼 말이지요. 누구의 관점에서 생각하든 동등하다는 것이 특수상대론의 첫째 가정이라고 배웠습니다만."

학생들이 웅성거리기 시작했습니다. 저런 일남의 모습을 처음 보았기 때문이지요. 일남은 졸면서도 수업의 핵심을 놓치지 않고 있었습니다.

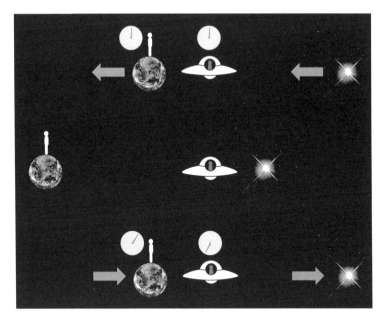

그림 3 _ 우주선의 관점에서 보면 지구가 움직이므로 지구의 시간이 늦게 흘러야 하는데, 모순 아닌가?

　기훈의 설명이 옳을까요, 아니면 일남의 반론이 옳을까요? 누가 나이를 더 먹었을까요? 관점에 따라 다른 결론이 나오다니 이상합니다. 특수상대론 자체에 이론적 결함이 있어서 이런 모순이 발생한 건 아닐까요? 기훈은 살짝 미소를 지으며 설명을 시작했습니다. 학생들의 시선이 기훈을 향했습니다.

　"훌륭한 질문입니다. 1100여 년 전, 우리의 위대한 선조 아인슈타인이 특수상대론을 처음 발표했을 때도 같은 의문이 있었습니다. 당시 학자들은 이것을 **쌍둥이 역설**이라고 불렀지요."

기훈은 설명을 이어 갔습니다.

"우주선이 지구에 돌아오면, 저와 지영은 서로 만나겠지요. 그리고 누가 나이를 덜 먹고, 누가 나이를 더 먹었는지 확인할 겁니다. 마침내 달라져 버린 쌍둥이의 운명을 실감하면서 말이죠."

그렇습니다. **둘 다의 관점이 모두 옳을 수는 없습니다.** 서로 마주보고 손을 만져 보고 얼굴도 만져 보면, 누가 21살이고 누가 28살인지 금방 알 수 있습니다. 어느 한쪽으로 결론이 나야만 합니다.

"저와 지영의 관점은 전혀 동등하지 않습니다. **문제의 핵심은 누가 관성계에 있느냐입니다.** 특수상대론은 관성계에서만 적용된다고 했죠?"

관성계! 학생들은 잊고 있었던 특수상대론의 기본 가정을 되새기며 기훈의 다음 설명을 기다렸습니다.

"지영이 0.99c의 일정한 속도로 프록시마센타우리로 가는 동안은 저와 지영의 관점이 동등합니다. 지영이 정지해 있고 제가 움직인다고 생각해도 됩니다. 둘 다 관성계에 있습니다."

누군가가 작은 목소리로 이의를 제기했습니다.

"하지만 지구는 자전과 공전을 하고 있으니 지표면에 정지해 있는 사람은 관성계가 아니라고 배웠는데요."

기훈이 씽긋 웃었습니다.

"맞아요. 엄밀하게는 관성계가 아니죠! 하지만 GPS의 원리를 설명할 때 언급했듯이, 그로 인해 달라지는 시간의 흐름은 하루에 1000만 분의 1초 정도에 불과합니다. 지금은 근사적으로 관성계라고 생각해도 무방해요. 7년의 시간 차이를 보는 거니까요."

질문한 학생이 고개를 끄덕였습니다. 기훈이 목소리를 높이며 힘주어 말했습니다.

"문제는 바로 그다음입니다. 지영은 지구로 돌아올 예정입니다. 그러려면 우주선의 방향을 바꿔야만 해요. 속도가 바뀌는 거죠. 마치 버스가 급정거 후 후진하거나, 혹은 유턴을 할 때처럼 말이죠. 이때 버스 안에 타고 있던 승객은 몸이 이리저리 쏠리고 짐이 와르르 쏟아지기도 하죠? 관성의 법칙이 성립하지 않습니다. 즉, 관성계가 아닌 거죠."

이제 결론에 이르렀습니다.

"지영이 본래의 위치, 즉 지구로 돌아오려면 반드시 이렇게 우주선의 방향을 바꾸는 과정이 필요합니다. 따라서 지영의 관점에서는 왕복운동의 전 구간에 걸쳐 특수상대론을 적용할 수는 없습니다. 그러면 틀린 결론이 나오는 거죠. 지구에 있는 저의 관점에서만 특수상대론이 유효합니다."

기훈은 쓸쓸한 표정으로 덧붙였습니다.

"우리가 만나면, 저는 지영보다 7살이나 늙었을 거예요. 지영이 같이 우주여행을 떠나자고 했지만 제가 거절했지요. 저는 게을러서 여행을 싫어하거든요. 제가 선택한 운명이니 누구를 탓하겠어요."

자신보다 젊은 쌍둥이를 만날 때 어떤 느낌이 들지 학생들이 잠시 상상하는 동안, 기훈은 이렇게 말하며 수업을 끝냈습니다.

"이 수업을 통해 여러분은 시간 여행의 원리를 배웠습니다!"

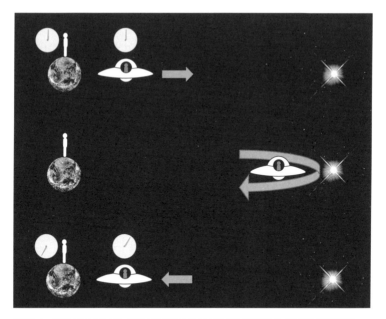

그림 4_ 우주선이 지구로 돌아오려면 반드시 방향을 바꿔야만 하므로 우주선의 관점은 관성계가 아니다. 따라서 우주선의 관점에서는 특수상대론을 적용할 수 없다.

밑도 끝도 없이 갑자기 시간 여행이라니요? 학생들이 약속이나 한 듯 일제히 외쳤습니다.

"시간 여행이라고요? 한마디도 못 들었는데요!?"

기훈은 잠깐 멈칫하더니, 알 듯 모를 듯 묘한 표정을 지으며 곧바로 강의실을 떠났습니다.

22강
미래로 시간 여행을 하는 방법

서기 3000년, 기훈의 첫 상대론 수업 후 일주일이 지났습니다. 학생들은 지난 시간 마지막에 기훈이 툭 던지고 떠난 수수께끼 같은 말을 기억하고 있습니다.

"이 수업을 통해 여러분은 시간 여행의 원리를 배웠습니다!"

'시간 여행이라니? 수업 내내 시간 여행이라는 말도 꺼내지 않았으면서 언제 가르쳐 줬다는 걸까?' 기훈이 강의실에 들어오자 학생들은 호기심이 가득한 눈빛으로 기훈을 주시했습니다. 기훈이 약간 미안한 표정을 지으며 수업을 시작했습니다.

"시간 여행이라는 말로 여러분을 너무 들뜨게 한 것 같네요. **사실 새롭거나 신기한 내용을 추가할 건 아무것도 없습니다. 다만 새로운 시각과 깨달음이 있을 뿐이지요.**"

기훈은 쌍둥이 역설을 다시 정리해 줬습니다.

"저와 지영은 쌍둥이입니다. 당연히 나이가 같죠… 아니, 같았었죠, 지영이 우주여행을 떠나기 전까지는. 지영은 광속의 99%의 속도로 4.25광년 떨어진 프록시마센타우리까지 갔다가 돌아올 예정입니다. 돌아올 때 지구의 시간으로 8년이 약간 넘는 시간이 흐릅니다. 여기까지는 잘 알고 있는 내용이죠?"

학생들이 고개를 끄덕였습니다.

"하지만 시간 팽창 효과 때문에 지영의 시간으로는 1년 남짓밖에 흐르지 않죠? 그래서 지영이 지구로 돌아오는 3008년에 저는 28살이지만 지영은 21살입니다. 맞죠?"

학생들은 슬슬 짜증이 나기 시작했습니다.

'우릴 바보로 아나? 왜 이 얘기를 다시 하는 거지?'

"지영이 지구를 떠났을 때 여러분은 몇 살이었나요? 15살이었죠? 지영이 돌아올 때 몇 살이 되어 있을까요?"

일남이 더 참지 못하고 폭발했습니다.

"선생님, 이제 그만하세요! 저번 시간에 잘못 얘기하신 거죠? 헛소리 한번 했다고 깨끗이 인정하고 넘어가시면 안 될까요?"

기훈이 단호한 표정으로 강의실 뒷자리에 앉아 있는 일남과 눈을 맞추며 물었습니다.

"15 더하기 8은 23 맞죠?"

대답할 시간도 주지 않은 채, 기훈은 계속 말을 이어 나갔습니다.

"저뿐만 아니라 여러분도 지영보다 나이가 더 많아진다는 얘기죠. 그뿐인가요? 우리 학교 건물도 지영이 도착하면 8년이 지나서 좀 낡았겠죠? 우리 학교는 지영이 돌아오기 직전에 건물을 하나 더 지을 예정입니다. 지영이 우리 학교에 오면 못 보던 건물을 하나 보겠죠?"

그러고는 이렇게 말을 흐렸습니다.

"지영과 제가 어렸을 때부터 집에서 늘 같이 생활하던 강아지 백구는 이제 나이가 들어 세상을 떠날 시간이 머지않은 것 같습니다. 지영이 돌아왔을 때 백구는 아마 이 세상에 없을⋯."

일남이 뒷자리에서 벌떡 일어났습니다.

"지영이군요! 지영이 미래로 시간 여행을 했군요!"

학생들을 둘러보며 일남의 말이 빨라졌습니다.

"지금까지 우리는 우리 생각만 했어. 지영의 시간이 늦게 흐른다고만 말이야. 지구에서 8년이 흐를 때 지영의 시계는 1년밖에 안 지났다고 말이지. **관점을 바꿔 봐. 지영이 지구에 돌아오면 무엇을 보게 될까? 지영은 1년 동안만 여행을 하고 지구에 돌아왔지.** 그런데

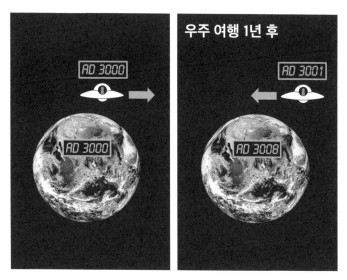

그림 1_ 우주여행을 한 지영의 관점에서 본 세상. 지영은 1년만 여행을 했는데, 지구에 돌아와 보니 세상은 8년의 시간이 흘러 있었다. 8년 후의 미래로 시간 여행을 한 것이다.

지구 전체가, 아니 우주 전체가 8년의 시간이 흐른 거야. 지영은 8년 후의 미래로 와 버린 거지. 이게 바로 시간 여행이지 뭐야!?”

기훈이 일남을 보고 고개를 끄덕이며 설명을 이어 나갔습니다.

“훌륭합니다! 아직 확신이 서지 않는 학생은 이런 극단적인 상황을 생각해 보세요. 이번에 지영이 타고 간 우주선은 광속의 99%로 움직입니다. 그런데 지금 인류는 광속의 99.9999999%로 움직이는 우주선 개발에 착수했습니다. 만약 성공하면, 그 우주선의 하루는 지구의 61년에 해당합니다. 지영이 하루만 그 우주선을 타고 돌아오면 세상 전체가 61년이 지나 있는 거예요. 지영은 61년 후의 미래 세계로 시간 여행을 하는 겁니다. **타임머신이 별 게 아니에요. 그 우주선이 바로 미래로 가는 타임머신입니다.**”

열정적으로 설명하던 기훈의 얼굴이 갑자기 심각해졌습니다.

“정말 그렇게 된다면, 그때는 저는 할아버지가 되어 있겠지요. 손녀뻘 되는 20대의 쌍둥이 남매라니… 어쩌면 죽고 없을 수도 있겠네요.”

학생 중 누군가가 질문했습니다.

“그 말씀대로라면, **엄밀히 말해 몸을 슬쩍 움직이기만 해도 다 시간 여행이겠네요?** 조금이라도 시간 팽창이 일어나니까요.”

“맞아요!”

기훈의 얼굴이 밝아졌습니다.

“더 정확히 말하면 이렇습니다. **어떤 관성계를 기준으로, 여행을 하고 본래 위치에 돌아오면 본인의 의사와 무관하게 ‘자동으로’ 시**

간 여행도 하게 됩니다. 미래로 말이죠! 꼭 우주여행일 필요도 없어요. 얼마 후의 미래로 가는지는 시간 팽창 공식으로 계산할 수 있습니다."

이어서 기훈은 특수상대론이 완성된 지 벌써 1000년도 더 지났는데, 왜 아직 시간 여행이 별로 알려지지 않았는지 설명했습니다. 그동안은 일상에서 시간 팽창을 실감할 정도로 빠른 속도를 경험할 수 없었기 때문이었던 거죠. 하지만, 서기 3000년에 드디어 광속의 99%로 움직이는 우주선을 개발하고 지영이 첫 비행에 성공함으로써, 드디어 사람들이 실감할 수 있는 시간 여행의 문이 활짝 열린 겁니다.

"미래로의 시간 여행이 대중화되는 것은 시간문제일 뿐입니다. 이제 판도라의 상자가 열렸어요."

23강
시간 여행의 실제

시간 여행의 한계는 어디까지일까요? 타임머신은 어떻게 만들까요? 실제 시간 여행에 성공한 사례가 있을까요?

21강과 22강에서 살펴본 서기 3000년의 가상 사건을 통해 다음 사실을 알 수 있었습니다.

★ 여행을 하고 돌아오면 시간 팽창 효과로 나이를 덜 먹는다.
★ 여행한 사람의 관점에서 보면 미래로 시간 여행을 한 것이다.

그림 1은 광속의 99.9999999%로 움직이는 우주선을 타고 하루 동안 우주여행을 하고 돌아오면 61년 후의 미래로 시간 여행을 한다는 사실을 나타낸 것입니다. 사람들은 보통 시간 여행이 공상과학소설에서나 볼 수 있는 황당무계한 주제라고 생각하지만, 전혀 그렇지 않습니다. 바로 지금, 이 순간에도 우주 어디에서나 항상 일어나고 있습니다. 미래로의 시간 여행은 시간 팽창과 사실상 같은 말입니다. **시간의 흐름을 인간이 막을 수 없듯이, 미래로의 시간 여행도 우리의 의지와 무관하게 우리 몸의 움직임에 따라 자동으로 일어납니다.** 우리가 못 느끼고 있을 뿐이죠.

우리의 몸조차도 각 부분마다 제각각 다른 시간 여행을 합니다.

그림 1 광속의 99.9999999%로 하루만 여행하고 돌아와도 61년 후의 미래에 도착한다.

여러분이 손가락 한 개를 움직이면 그 순간 그 손가락만 미래로 시간 여행을 합니다. 눈을 깜박이면 눈꺼풀만, 머리카락이 흩날리면 그 머리카락만 몸의 다른 부분보다 나이를 덜 먹습니다. 우리의 심장은 태어나서부터 죽을 때까지 쉬지 않고 뜁니다. 꾸준히 시간 여행을 하고 있겠지요. 더 나아가 우리 몸은 10^{28}개, 즉 억의 억의 조 개가 넘는 원자로 구성되어 있습니다. 이 모든 원자는 각각 자신만의 고유한 시간 흐름을 경험합니다.

애초에 **절대적 기준 역할을 하는 시간이란 우주에 존재하지 않습니다. 무한히 많은 서로 다른 시간의 흐름이 있고, 이 모든 흐름이 동등합니다.** 아직은 우리가 일상에서 실감하지 못하고 있지만, 이것이 상대론으로 알아낸 과학적 사실입니다. 먼 훗날 광속에 가깝게 움직이는 우주선 개발에 성공한다면, 수십억 년 진화의 역사를 거치면서 생명체가 일상 경험을 통해 터득했던 상식을 넘어서는 새로운 사건을 체험할 수 있겠지요.

타임머신은 따로 만들 필요가 없을까요?

보통 영화나 소설에 보면 타임머신이 신비한 장치로 나옵니다. 아직 현대 과학으로도 알아내지 못한 마법의 과학 원리가 필요한 듯이 말이죠. 하지만, 지금까지 살펴보았듯이 미래로 가는 타임머신은 아무런 새로운 비법이 필요 없습니다. **움직이는 모든 물체는 타임머신이기도 합니다. 다만, 실제로 시간 여행을 체감할 정도가 되려면 광속에 가까운 속도로 움직여야 하겠죠.** 이런 의미에서 인류가 체감할 수 있는 타임머신은 아직 없다고 할 수 있겠습니다.

GPS의 원리를 설명한 편(III장의 19강, 20강)에서 보았듯이 시간 팽창은 두 가지가 있습니다. 속도에 의한 시간 팽창과 중력에 의한 시간 팽창. 속도에 의한 시간 팽창은 지금까지 이 책에서 계속 살펴보았습니다. 중력 시간 팽창은 일반상대론의 효과인데, 중력이 강한 곳의 시간이 느리게 간다고 했었지요. 그러므로 우주선의 속도를 매우 빠르게 하는 방법 이외에, **블랙홀처럼 중력이 매우 강한 천체 근처를 다녀오는 것도 미래로 시간 여행을 하는 효과가 있습니다.** 태양계 가까이에는 블랙홀이 없으므로 우주 멀리까지 가야 합니다. 우주선 안에서 죽기 전에 멀리까지 가려면 빠른 우주선이 필요하겠네요. 결국 둘 중에 어느 시간 팽창 효과를 이용하건 광속에 가까운 속도로 움직이는 우주선이 필요한 건 마찬가지입니다. 이게 바로 미래로 가는 타임머신의 실체입니다.

움직이기만 하면 미래로 시간 여행을 한다고 했습니다. 빠르게 움직일수록, 오래 움직일수록 더 미래로 가죠. 인류 역사상 가장 빠르게, 그리고 오래 움직인 사람은 누구일까요? 아마도 우주여행을 가장 오래 한 우주 비행사겠지요. 비록 광속에 비할 바는 아니지만, 우주선은 지금까지 인류가 만든 가장 빠른 탈것이니까요.

2023년 현재 가장 오래 우주여행을 한 분은 러시아의 겐나디 파달카Gennady Padalka입니다. 겐나디 파달카는 879일 동안 우주여행을 했습니다. 초속 7.6킬로미터의 속도로 지구를 1만 3500번 회전했지요. 시간 팽창 공식에 이 속도를 대입하면, 전체 우주여행 동안 0.02초만큼 시간 팽창을 한 것으로 계산됩니다. 즉, **겐나디 파달카는 0.02초만큼 미래로 시간 여행을 한 거죠. 이것이 인류 역사상 가장 먼 미래로 시간 여행을 한 기록입니다.** GPS의 원리(20강)에서 설명했듯이, 우주정거장에서는 중력이 지표면보다 약하기 때문에 지표면보다 시간이 약간 빠르게 흐르죠. 하지만 GPS에서와 달리 이 효과는 0.003초 정도밖에 되지 않습니다. 그림 3에 이것이 잘 나와 있습니다.

이 책을 읽는 여러분도 0.02초까진 아니지만 계속 시간 여행을 하고 있습니다. **조금이라도 더 먼 미래로 가고 싶다고요? 몸을 계속 움직이세요. 책을 읽는 동안에도 쉬지 마세요.** 허리도 흔들고 다리도 흔드세요. 춤을 많이 추면 분명 도움이 됩니다. 여행도 많이 다니

그림 2 겐나디 파달카. 러시아의
우주 비행사. 인류 역사상 가장 오랜
우주여행 기록 보유자. 879일 동안
우주에 있었다. 가장 먼 미래로 시간
여행을 한 사람이기도 하다. 0.02초
동안 미래로 시간 여행을 했다.
출처: NASA

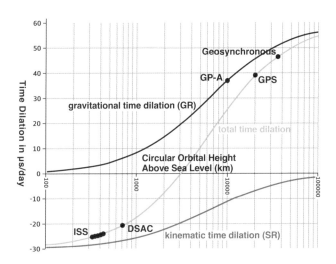

그림 3. 겐나디 파달카가 주로 있었던 우주정거장(ISS)에서는 빠른 속도로 인한
시간 팽창 효과(세일 이래 곡선)가 중력효과(검은색 선)보다 훨씬 크다. 두 효과를
합친 파란색 선에서 보듯이 우주정거장에서는 지표면에 비해 시간이 하루에
25마이크로초 정도 느리다. 이것을 879일로 환산하면 0.02초이다.
겐나디 파달카의 관점에서는 지표면에 있는 다른 사람들에 비해 이만큼 미래로
시간 여행을 한 것이다. ⓒProkaryotic Caspase Homolog, CC BY-SA 4.0

세요. 특히 비행기 여행. 혹시라도 세계 일주 여행을 꿈꾸고 있다면 서쪽으로 돌지 말고 동쪽으로 도세요. 그래야 지구 자전 속도가 더 해져 시간 팽창이 일어납니다. 비록 우리가 체감할 수 있는 만큼은 아니지만, 과학적으로 100% 완벽하게 검증된 방법입니다. 다른 사람보다 1억 분의 1초라도 더 오래 살고 싶다면, 늘 움직여야 합니다. 그러고 보니 운동을 열심히 하면 몸이 건강해질 뿐 아니라 시간까지 천천히 흐른다는 얘기네요. 생물학적으로나 물리학적으로나 역시 운동이 오래 사는 비결입니다.

이제 누구나 궁금해하는 질문이 하나 남았습니다. 지금까지는 오직 미래로 가는 시간 여행만 알아보았는데, 과거로 가는 시간 여행은 어떨까요?

24강
과거로의 시간 여행은 가능한가

과거와 미래, 시간 여행에는 두 방향이 있습니다. 23강에서 설명했 듯이 미래로의 시간 여행은 과학 원리상으로는 아무 문제가 없습니 다. 심지어 지금도 **누구나 미래로 시간 여행을 하고 있다**고 했지요. 우리가 체감하진 못하지만 말이죠. 과거로 가는 건 어떨까요?

과거로의 시간 여행은 문제가 많습니다. 물리학자들이 흔히 드는 예는 할아버지 역설입니다. 과거로 시간 여행을 하여 '나'의 할아버 지가 어린 시절로 갑니다. 그리고 할아버지를 죽여 버리는 거죠. 그 럼 아버지가 태어나지 못했겠지요. 아버지가 없으면 '나'도 없습니 다. 할아버지를 죽인 '나'도 없어야겠네요. 내가 없으면 할아버지를 죽일 사람도 없고, 그럼 아버지가 태어나고 '나'도 존재하죠. 그럼 다시 할아버지를…. 전형적인 역설이네요.

물론 끔찍한 상상입니다. 손주가 할아버지를 죽이다니요. 일어나 서는 안 될 일입니다. 그냥 상상만 해 보는 거죠. 상상으로는 더 끔 찍한 일도 가능합니다. 할아버지가 아니라 어린 아버지나 어머니, 혹은 이린 시절의 '나'를 죽일 수도 있지요. 할아버지 역설의 요체는 **과거로의 시간 여행이 가능하면 인과율이 깨어진다**는 겁니다. 원인 (할아버지)이 없는데 결과(나)만 있는 거죠. 모순이 없으려면 이런 일 이 일어나서는 안 되겠지요. 물론 어떤 특정 이론에서 이런 일이 가능한지 불가능한지는 구체적으로 따져 봐야 합니다.

　특수상대론에서는 빛보다 빨리 움직이면 과거로의 시간 여행이 가능하다는 사실을 증명할 수 있습니다. (이것은 V장 37강에서 설명합니다. 여기서는 일단 이 사실을 받아들이기로 합시다.) **하지만, 빛보다 빨리 움직이는 게 불가능합니다.** VI장에서 더 자세히 알아보겠지만, 보통의 물질은 움직이는 속도가 아무리 빨라져도 빛을 넘어설 수 없습니다. 정확히 광속으로 움직이는 것도 안 됩니다. $0.999...9c$는 가능합니다. 이 속도에 $0.000...1c$를 추가하는 건 누워서 떡 먹기처럼 쉬울 것 같은데, 이 마지막이 절대로 안 됩니다. 무한대의 에너지가 필요하거든요. 우주에 있는 모든 에너지를 다 동원해도 전자 한 개의 속도조차 $0.000...1c$를 증가시키지 못합니다.

　이 사실은 시간 팽창 공식을 통해서도 어느 정도 짐작할 수 있습니다. 기억을 되살려 보겠습니다. 관성계에 있는 관찰자가 측정한 시간을 T, 속도 v로 움직이는 사람의 고유시간을 T'이라 하면, 두 시간은 다음과 같은 관계가 있습니다.

$$T' = T\sqrt{1 - v^2/c^2}$$

　속도 v가 0에서 점점 커질수록 T'이 작아집니다. 이제는 우리에게 매우 익숙한 시간 팽창 현상이죠. v가 c에 매우 가까워지면 T'은 거의 0이 됩니다. 즉, 시간이 거의 멈춘다는 뜻이죠. v가 정확히 c가 되는 순간, 정말 시간은 완전히 정지합니다. 100억 년, 1000억 년이 지나고 혹시 우주가 망하더라도 시간이 그대로인 거죠. 반면에 움직이는 사람의 관점에서는 시간이 정상적으로 흘러가야 합니다. 관점에 따라 시간이 정상적으로 흘러가기도 하고 완전히 정지하기도 하는 건 뭔가 이상하죠? 행여라도 v가 c보다 큰 경우를 생각해 보면 더 이상합니다. 루트 안이 0보다 작아져서 허수가 나와 버리니까요. 시간이 허수라니 정말 말이 안 됩니다.

빛, 혹은 더 일반적으로 질량이 없는 물질만 정확히 광속으로 움직일 수 있고, 사실 이런 물질은 진공에서 광속 이외에 다른 속도로는 아예 움직일 수가 없습니다. 속도가 고정되어 있다는 얘기죠.

2011년에 잠시 세계를 떠들썩하게 했던 실험 결과가 발표된 적이 있었습니다. 스위스에 있는 CERN의 입자가속기에서 이탈리아로 중성미자라는 입자의 빔을 쏘아 보냈는데 빛보다 속도가 약간 빨랐다는 내용이었지요. 만약 이게 사실이라면 상대론이 근본부터 송두리째 흔들리는 엄청난 사건입니다. 과거로의 시간 여행도 가능하게 되고요.

이 실험에는 전 세계에서 100명이 훨씬 넘는 정상급 물리학자들이 참여했습니다. 이들도 광속보다 빠른 입자의 존재가 무엇을 의미하는지 잘 알고 있었을 게 분명합니다. 그런데도 결과를 발표했으니 그냥 틀렸다고 무시할 수는 없겠지요. 실험의 오류 가능성이나 파급 효과를 진지하게 고려해 봤을 테니까요. 상대론이 아무리 위대한 이론이라 해도 정말 실험과 맞지 않는다면 버려야 하는 게 과학입니다. 아무리 이상한 실험 결과라도 오류를 발견할 수 없다면 발표해서 학계의 의견을 들어 봐야 합니다.

결과 발표 후 학계에서는 물론 회의적인 반응이 압도적이었습니다. 실험 어딘가가 잘못된 게 분명하다는 거죠. 하지만, 그냥 무시할 수는 없고 무엇이 잘못인지 분명히 밝혀야만 합니다. 실험팀은 다시 실험 전반을 검토했습니다. 전보다 훨씬 더 철저하게. 다섯 달 뒤 결과가 나왔습니다. 실험에 아주 초보적인 실수가 있었다고 합니다. GPS 수신기를 광케이블로 컴퓨터에 연결했는데, 광케이블 중 한 개의 끝이 컴퓨터에 약간 느슨하게 연결되어 있었다네요. 그림 1처럼 말이지요. 워낙 정밀한 실험이니 이런 사소한 것도 문제가 되었던 거지요. 복잡하기 이를 데 없는 실험 장비 속에서 약간 끝이 덜 돌아간 케이블 한 개를 찾는 건, 그리고 그게 원인이었다고 밝혀내는 건

그림 1_ 중성미자의 속도가 빛보다 빠르게 측정된 것은 실험 오류로 밝혀졌다. 컴퓨터에 연결한 광케이블 한 개를 완전히 조이지 않은 것이 가장 큰 원인이었다. 왼쪽 아래 사진은 오류 발견 전. 오른쪽 아래 사진은 케이블을 완전히 조여 오류를 없앴을 때. ©G.Sirri/ INFN Bologna

모래사장에서 바늘 찾기보다 더 힘든 일이 아니었을까요?

아무튼 이런 소동 끝에 특수상대론은 더 굳건해졌습니다. 아주 사소한 실험 실수까지 찾아줄 정도였으니까요. 결국 **특수상대론의 범위 안에서는 과거로의 시간 여행은 불가능하다는 것이 최종 결론입니다.**

지금까지 여러 번 강조했듯이 특수상대론은 관성계에서만 성립하는 이론입니다. 속도가 마구 바뀐다든지, 강한 중력이 작용하는 상황에서는 특수상대론을 일반화한 일반상대론을 적용해야 합니다. 이럴 때는 과거로의 시간 여행이 가능할까요?

웜홀wormhole을 이용하면 가능할 수도 있다는 주장이 1980년대에 나왔습니다. 이 책에서는 일반상대론이나 웜홀을 전혀 설명하지 않았기 때문에, 이 주장을 자세히 언급하긴 어렵습니다. 대강의 원리만 얘기하자면 이렇습니다. 웜홀은 시공간의 두 곳에 구멍이 나서 이들이 서로 연결된 것입니다. 두 구멍 중 한 구멍을 어떤 방법으로든 빠르게 움직이면, 시간 팽창 효과에 의해 그 구멍만 미래로 시간 여행을 합니다. 즉, 구멍 사이에 시간차가 발생하겠지요. 이때 **미래로 간 구멍으로 들어가 웜홀을 통과하여 다른 쪽 구멍으로 나오면, 상대적으로 과거로 간 셈이 된다는 원리입니다.** 예를 들어, 미래로 간 구멍의 시간은 2200년이고 다른 구멍은 2023년에 머물러 있다면 2200년에 살고 있는 사람이 2023년으로 갈 수 있다는 거죠.

미래 쪽 관점에서 보면 과거로 시간 여행을 한 게 맞긴 하지만, 이건 우리가 보통 생각하는 과거로의 시간 여행은 아닙니다. 예를 들

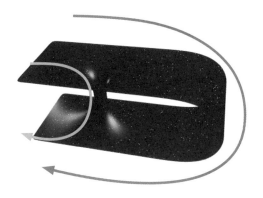

그림 2. 웜홀 상상도. 시공간의 두 곳에 구멍이 나서 파란색 선처럼 연결되어 있다. 이것을 웜홀이라 한다. 그림에서는 웜홀을 통과하면 보통의 경로(회색 선)보다 훨씬 빨리 한쪽 구멍에서 다른 쪽 구멍으로 갈 수 있다. ©Panzi, CC BY-SA 3.0

어 지금 웜홀을 만들었다고 해도 현시점에서 과거로 갈 수는 없거 든요. 웜홀 구멍이 미래에 한 개, 그리고 현재에 한 개가 있으니까 요. 즉, 미래에서 현재 시점으로 올 수는 있지만, 웜홀이 없었던 과 거로는 갈 수 없습니다. **이런 의미에서 웜홀을 이용한 과거로의 시 간 여행은 반쪽짜리일 뿐입니다.**

그런데 이조차도 웜홀을 실제로 만들 수 있어야 가능한 얘기입니 다. 지난 **수십 년 동안의 연구 결과, 타임머신으로 작동하는 웜홀을 만드는 건 불가능하다는 게 거의 밝혀졌습니다.** '거의'라는 표현을 굳이 집어넣은 건, 수학적인 의미에서 100% 완벽하게 증명되진 않 았다는 뜻입니다.

결론적으로, 우리 우주에서 과거로의 시간 여행은 불가능하다고 보면 되겠습니다. 이 밖에 괴델Gödel 우주 등과 같이 소위 시간꼴 폐곡선closed timelike curve이 존재하는 이상한 시공간이 있긴 하지만 실제 우주와는 관련이 없습니다. 조금 아쉬운 결론이죠?

시간 여행의 물리학

시간 여행은 인류의 오랜 꿈이자 상상력의 원천이었습니다. 지금도 수많은 이야기가 시간 여행을 바탕으로 만들어지고 있습니다. 이 책의 본래 목적은 특수상대론을 알기 쉽게 설명하는 겁니다. 하지만 시간 여행은 특수상대론만으로는 완전히 다룰 수 없는 주제이므로, 여기서는 특수상대론을 벗어나서 일반적인 시간 여행의 물리학을 간략히 소개합니다.

시간 여행을 주요 도구로 사용하는 이야기 대부분은 과거로의 시간 여행이 필수입니다. 시간 여행 영화의 고전이라 할 수 있는 〈백

그림 1_ 시간 여행을 다룬 영화 〈백 투 더 퓨처〉를 바탕으로 만든 게임.
©SunOfErat, CC BY 3.0

투 더 퓨처〉 3부작이 전형적인 예죠. 1부와 3부는 주요 무대가 과거입니다. 2부에서는 미래 세계의 사건을 다루긴 하지만, 과거로 가는 시간 여행도 도중에 등장할 수밖에 없습니다. 역사를 바꿔야 하니까요. 앞서 소개한 할아버지의 역설에서 알 수 있듯이, **단순하게 역사를 바꾸는 과거로의 시간 여행은 모순을 피할 수 없습니다.** 영화나 소설에서는 어떤 상상도 가능하므로, 모순이 발생해도 얼마든지 훌륭한 작품을 만들 수 있습니다. 과학은 그럴 수 없습니다.

2018년에 세상을 뜬 물리학자 호킹Stephen Hawking, 1942~2018을 알고 있을 겁니다. 살아 있는 것 자체가 기적이었던 그는 물리학에 **호킹 복사**나 **블랙홀 증발**과 같은 불멸의 업적을 남겼습니다(이에 대한 설명은 생략합니다). 호킹은 시간 여행에 관해서도 연구했는

그림 2. 스티븐 호킹 교수. 출처: Alers/NASA

데, **시간순서 보호 가설**chronology protection conjecture을 제안했습니다. 우주를 올바르게 설명하는 궁극적 물리 이론에는 과거로의 시간 여행을 불가능하게 만드는 특성이 반드시 이론 자체에 있을 거라고 주장했죠. 이 주장이 사실로 밝혀질지 어떨지 지금은 알 수 없습니다. 아직 일반상대론을 양자역학과 결합한 양자 중력 이론이 미완성 상태이기 때문입니다.

러시아의 물리학자 노비코프 I. D. Novikov, 1935~는 약간 다른 제안을 했습니다. 설령 과거로의 시간 여행이 가능하다 해도, 역사를 바꾸지 못하는 시간 여행만 할 수 있도록 물리 법칙이 짜여 있다는 거죠. 이것을 **노비코프의 자기 일관성 원칙**self-consistency principle이라고 합니다. 〈터미네이터〉, 〈12몽키즈〉, 〈인터스텔라〉 같은 영화가 이런 논리를 바탕으로 하고 있습니다. 암울한 미래를 변화시키기 위해 과거로 갔지만, 주인공이 아무리 과거를 바꾸려고 노력해도 결국 그 노력까지 온전히 포함하여 본래의 역사가 형성된다는 줄거리죠.

모순을 피하기 위한 또 다른 아이디어는 **평행우주론과 결합**하는 겁니다. 양자역학은 상대론과 함께 현대물리학을 이루는 두 기둥입니다. 21세기 현대 문명은 온통 양자역학을 기반으로 하고 있다고 해도 큰 과장이 아닐 정도로 우리의 일상에 깊이 들어와 있는 이론이지만, 양자역학은 아직 올바른 해석을 두고 논란이 있습니다. **다세계 해석**은 양자역학의 유력한 해석 중 하나인데, 이에 따르면 우리 우주는 한 개가 아니고 끊임없이 수많은 우주로 분화하고 있습니다.

수많은 우주를 이용하면 과거로 시간 여행을 할 때 발생하는 모순을 피할 여지가 있습니다. 이 아이디어에 따르면, A 우주에서 살던 내가 과거로 가면 A 우주의 과거가 아니라 어떤 다른 우주(B 우주)의 과거로 갑니다. 설령 할아버지를 죽인다 해도 그건 B 우주에서 일어나는 사건이므로 A 우주에는 아무 영향이 없는 거죠. 즉, A 우주에서는 할아버지가 안 죽었으므로 내가 정상적으로 태어납니다. B 우주에서는 할아버지가 죽었으니 나는 안 태어나겠죠. 대신 A 우주에서 이동한 내가 B 우주에서 삶을 이어 갑니다. 〈백 투 더 퓨처〉를 비롯하여 역사가 바뀌는 많은 영화나 소설은 이런 평행우주 아이디어가 기본 바탕에 깔려 있다고 생각하면 비교적 마음 편하게 감상할 수 있습니다. 이건 단순한 허풍만은 아닙니다. 실제로 이런 아이디어를 진지하게 연구하는 물리학자도 소수지만 있습니다.

외국에서는 이따금 '미래에서 온 시간 여행자와의 모임'을 개최하곤 했습니다. 혹시라도 머나먼 미래에서 현시대로 시간 여행을 온 사람이 있다면 누구나 이 모임에 참석하라는 공지와 함께 말이죠. 물론 실제로 모임에 나타난 시간 여행자는 아무도 없었습니다. 호킹을 비롯한 일부 물리학자는 바로 이것이 과거로의 시간 여행이 불가능하다는 실험적 증거라고 하기도 합니다. 미래 어느 시점엔가 타임머신이 만들어졌다면, 미래에서 온 사람들로 현재가 북적여야 한다는 거죠. 그런데 시간 여행자가 아무도 없는 것을 보면 과거로 가는 타임머신은 향후에도 영영 만들지 못한다는 얘기입니다.

지금까지 시간 여행에 관해 설명한 내용은 다음과 같이 요약할

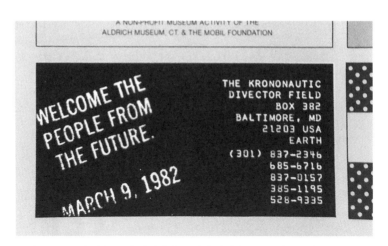

수 있겠습니다.

★ 미래로의 시간 여행은 언제나 가능하고, 실험적으로도 검증되었으며, 우주에 존재하는 모든 물질이 미래로 시간 여행을 하고 있다.

★ 과거로의 시간 여행은 불가능하다는 것이 거의 밝혀졌다. 상대론을 넘어서서 양자역학까지 포함하면 불가능하다고 완전히 못 박을 수는 없지만, 긍정적인 결론을 내리긴 어렵다.

미래로의 시간 여행은 공상이 아니라 현실입니다. 그러나 현재로 돌아올 수 없는 반쪽짜리 시간 여행이죠. 한번 미래로 가면 끝입니다. 먼 훗날 광속에 가깝게 움직이는 우주선을 개발하여, 마치 자가용을 소유하듯이 누구나 미래로 가는 타임머신을 소유하는 날이 올까요? 그때 사람들의 삶은 어떠할까요?

미래는 불확실하죠. 아무것도 아는 게 없습니다. 현재로 돌아올 방법이 없는 상태에서 미래로 가는 건 도박이고 두려운 일입니다. 현실에 크게 실망하거나 모험심이 넘치는 사람만 마치 콜럼버스가 신대륙을 개척하듯이 타임머신을 타고 미지의 미래로 떠나겠지요. 미래는 인류의 모든 문제가 해결된 낙원일 수도 있겠지만, 핵전쟁으로 인류가 멸망한 지옥일 수도 있습니다. 미래에서 지옥을 경험하면 삶의 터전이 있는 현재로 다시 돌아오고 싶겠지만, 불가능합니다.

어떤 사람은 머나먼 우주로 갔다가 5년마다 혹은 10년마다 혹은 100년마다 한 번씩 주기적으로 지구에 돌아와 세상이 어떻게 바뀌었는지 확인할 겁니다. 마음에 들면 정착하고, 그렇지 않으면 다시 더 먼 미래로 시간 여행을 지속하는 거죠. 혹시 타임머신이 만들어진 시대에도 현대의 우리나라처럼 정치적 갈등이 극심하다면, 마음에 들지 않는 정치집단이 정권을 잡았을 때는 미련 없이 5년 후의 미래로 떠날 수도 있겠네요. 그럼 어떤 시대에는 인구가 급격히 감소하고 어떤 시대에는 급격히 증가하는 현상이 일어날 겁니다. 살기 좋은 지역에 모여 살듯이, 살기 좋은 시대에 모여 살 테니까요. 그러다 미래에서 추방당하기라도 하면 본래 출발했던 시대로 돌아갈 수 없으니 영영 우주 미아로 떠돌 수도 있겠습니다.

영국의 록 밴드 퀸Queen의 노래가 한 곡 떠오르네요. 퀸의 기타리

스트인 브라이언 메이Brian May는 본래 천체물리학을 전공했습니다. 박사과정 대학원생이었는데, 퀸이 워낙 유명해지자 학업을 중단하고 음악 활동에 전념했죠. 퀸의 리드 보컬은 프레디 머큐리Freddie Mercury였지만, 브라이언 메이가 직접 작곡하고 노래까지 부른 〈'39〉라는 곡이 있습니다.

〈'39〉의 가사 내용은 다음과 같습니다. 지구가 황폐해져 살기 힘들어지자 우주 탐험가들이 ◯◯39년에 인류가 살아갈 수 있는 새로운 세상을 찾아 우주로 떠납니다. 임무를 완수하고 1년 후 지구로 돌아왔는데, 지구는 또 다른 39년이 되어 있었습니다. 그들의 가족은 이미 오래전에 죽고 없는 지구였죠. 우주선의 1년 동안 지구에서는 최소 100년의 시간이 흘렀다는 얘기입니다. 영화 〈인터스텔라〉하고도 매우 유사한데, 상대론과 시간 팽창 그리고 미래로의 시간 여행을 알고 있어야만 이해할 수 있는 가사입니다. 여러분에겐 이제 매우 익숙한 내용이겠지요? 한번 감상해 보시죠.

Queen - '39 (Official Lyric Video)
https://www.youtube.com/
watch?v=kE8kGMfXaFU

그림 4_ 브라이언 메이.

쌍둥이 역설 비틀어보기

쌍둥이 역설에서 우주여행을 하는 쌍둥이 A가 최대한 목적지까지 등속운동을 하고 순간적으로 방향을 바꿔 역시 등속운동으로 지구에 도착하면, 전체 여정 중에서 딱 한순간만 빼고 계속 등속운동을 하므로 관성계에 있는 것 아니냐는 의문이 들 수 있습니다. 그러나 처음 관성계와 나중 관성계는 다른 관성계입니다. 하나의 일관된 관성계가 아니죠. 이렇게 조각난 관성계에서는 물론 특수상대론을 적용할 수 없습니다. 관성계를 바꾸면 동시성이 달라져 버리니까요. 수학적으로는 순간적으로 방향을 바꾼 그 시점에 무한대의 가속도로 가속한 것과 같습니다.

또 다른 방법으로는 우주여행을 떠날 때와 돌아올 때 각각 다른 사람을 동원하면 어떤가 하는 의문이 있을 수 있습니다. 쌍둥이 A가 목적지에 도착한 순간에 그 목적지에서 다른 사람이 즉시 지구로 떠나는 거죠. 그러면 실제로 가속운동을 한 사람은 없습니다. 그러므로 가는 사람, 돌아오는 사람의 시간을 반반씩 계산하면 어떠냐는 겁니다. 물론 이 경우에도 결과는 달라지지 않습니다. 어떤 한 사람이 실제 가속운동을 했느냐 아니냐의 문제가 아니니까요. (V장에서 다룰 세계선으로 설명하면, 한 사람이 왕복하든 두 사람이 반반씩 여행하든 동일한 세계선이 그려집니다.) 그리고 이 경우에도 여전히 하나의 일관된 관성계가 아닙니다.

공간이 무한히 긴 직선이
아닐 때의 쌍둥이 역설

쌍둥이 역설에서 우주여행을 하고 돌아온 쌍둥이 A가 더 젊다고 했습니다. 우주여행을 하고 원래 위치로 돌아오려면 도중에 반드시 가속운동을 해야 하기 때문이라는 게 그 이유였지요. 가속운동을 하는 쌍둥이 A의 관점에서는 특수상대론이 적용되지 않으니까요. 즉, 정지한 쌍둥이 B의 관점에서 우주여행을 하는 쌍둥이 A에게 시간 팽창 효과를 적용해야 옳은 답이 나옵니다.

그런데 만약 공간이 무한히 뻗어 있지 않다면 어떨까요? 예를 들어 한쪽으로 계속 갔더니 원래 위치로 돌아오는, 길이가 유한한 공간을 생각해 봅시다. (원이 바로 이런 성질을 가지고 있습니다. 다만, 우리에게 익숙한 원은 평면 혹은 공간 안에 놓인 도형이라서 휘어져 있지만, 여기서는 원이 공간 전체일 때입니다. 원의 내부나 외부도 없고 휘어짐이라는 것도 생각할 수 없습니다. 우리의 일상 경험으로는 이런 경우를 상상하기 어렵지만, 수학적으로는 얼마든지 가능합니다.) 이런 공간에서는 가속운동 때문에 특수상대론을 적용할 수 없다는 논리에 문제가 생깁니다. 우주여행을 하는 쌍둥이 A가 제자리로 돌아오기 위해 방향을 바꿀 필요가 없거든요. 그냥 계속 같은 속도로 가다 보면 언젠가는 제자리가 나올 테니까요. 이런 우주라면, 우주여행을 하는 쌍둥이 A의 관점에서도 특수상대론을 적용할 수 있을 것 같습니다. 누가 더 젊을까요? 혹시 이런 우주에서는 특수상대론에 모순이 발생할까요?

이런 우주에서는 절대적 정지와 움직임이 구분됩니다. V장에서 보겠지만, 길이 수축 효과에 의해 움직이는 물체의 길이는 줄어들어 보입니다. 따라서 우주여행을 하는 쌍둥이 A의 관점에서 공간 전체의 길이(원둘레)를 재면 정지한 쌍둥이 B가 재는 길이보다 짧겠지요. 즉, 길이를 서로 비교하여 길게 나온 쪽이 절대적으로 정지해 있는 상태가 됩니다. 서로 만났을 때 정지한 쪽의 나이가 더 많고, 아무 모순도 없습니다.

우리가 살고 있는 우주가 무한히 긴지 아니면 한 방향으로 계속 갔을 때 제자리로 돌아올 수 있는 우주인지는 모릅니다. 만약 우주가 정말 무한하다고 해도 그걸 실제로 확인할 방법은 없겠지요.

과거로의 시간 여행이 불가능하다는 결론은 얼마나 믿을 수 있는가

현재의 물리학에 따르면 과거로의 시간 여행은 사실상 불가능하다는 게 정설이라고 했습니다. 가능성을 탐구하는 소수의 물리학자가 여전히 있기는 하지만 긍정적인 결과가 나오기는 어렵다고 보는 것이 합리적이겠지요.

다른 한편으로는 인간이 아직 우주의 모든 비밀을 다 알고 있는 것도 아닌데 너무 성급한 결론이 아니냐는 반론을 할 수 있습니다. 일반론으로 얘기하면, 인간이 지금까지 알고 있는 지식은 유한하고 모르는 비밀은 아직 무한하므로 미래에 결론이 어떻게 바뀔지 아무도 모릅니다. 따라서 현재 시점의 물리학만으로 미리 가능성을 차단하는 건 물리학자들의 오만이 아닐까요?

과학에는 현재의 정설이 언제든 바뀔 수 있다는 기본 전제가 있습니다. 언제든 더 나은 이론이 나오면 과거의 정설은 더 나은 이론으로 대체됩니다. 뉴턴의 이론이 상대론과 양자역학으로 대체된 것처럼 말이죠. 이런 의미에서 과학의 모든 결론은 불변의 진리가 아니라 잠정적 결론일 뿐입니다. 하지만, 과학의 정설은 그게 진리여서가 아니라, 현시점에서 인류가 찾은 최선의 답변이기 때문에 주목할 가치가 있습니다. 현재 과학의 정설을 바탕으로 모든 의문의 답을 찾아보는 건 그래서 중요합니다. 과거로의 시간 여행이 불가능하다는 것도 마찬가지입니다. 이게 현재 인류가 내릴 수 있는 최선의 결론입니다. 그리고 그 근거는 매우 탄탄합니다.

V

시공간

26강
움직이면 길이가 줄어든다

특수상대론의 핵심 가정은 광속 불변의 원리입니다. 어떤 관성계에서든 빛의 속도는 c로 일정합니다. 이제 하도 많이 들어서 별다른 감흥을 불러일으키지 않는 짧은 문장이지만, 우리가 살아가고 있는 세상의 신비가 이 안에 들어 있습니다.

물론 빛의 속도 c는 초속 299,792.458킬로미터, 약 30만 km/s입니다. 구체적인 숫자 자체는 큰 의미가 없다고 했죠? 순전히 인간이 정한 킬로미터(km)라는 길이 단위와 초(s)라는 시간 단위로 표현하다 보니 우연히 30만에 가까운 숫자가 나왔을 뿐입니다. 여기서 의미 있는 건 숫자 자체가 아니라 그 속도가 **누구에게나 똑같다**는 사실, 그리고 **매우 크다**는 사실입니다. 인간의 일상 경험으로는 무한대라고 생각해도 될 정도로 말이죠.

지금까지 우리는 광속 불변의 원리에서 출발하여 **관점에 따라 사건이 일어난 순서가 바뀔 수 있고, 움직이면 시간이 느려진다**는 것을 알아냈습니다. 여기서 살짝 표현을 바꾸면, 이게 바로 미래로 시간 여행을 하는 원리라고 했죠. 지금 이 순간에도 누구나 저마다 우주에서 유일한 고유시간의 흐름을 따라 미래로 시간 여행을 하고 있습니다. 일상에서 이런 효과를 느끼지 못하는 건 오로지 인간이 경험하는 속도가 빛의 속도보다 매우 작기 때문입니다. 먼 훗날 인류가 빛의 속도에 가깝게 움직이는 이동 수단을 개발한다면, 특수상대론의 이런 효과는 인류의 새로운 일상이 될 수도 있겠지요.

거리를 시간으로 나누면 속도가 됩니다. 버스의 속도는 일정한 시간 동안 버스가 움직인 거리를 재면 구할 수 있지요. 빛의 속도도 물론 일정한 시간 동안 빛이 움직인 거리를 재면 나옵니다. 빛의 속도는 관성계이기만 하다면 누구의 관점에서든 c입니다. 정지한 사람이든 움직이는 사람이든 말이죠. 더 정확히 말하면 정지와 움직임 자체가 절대적 의미가 없는 개념이라고 했습니다. 이게 특수상대론의 첫째 가정인 특수 상대성 원리죠. 여기까지 책을 읽어 오셨다면 이제는 익숙한 얘기일 겁니다.

거리를 시간으로 나누면 속도가 나온다, 빛의 속도는 누구에게나 같다. 바로 여기에 시간 팽창 효과를 결합하면 어떻게 될까요?

정지한 사람이 볼 때 움직이는 사람의 시간은 천천히 흐릅니다. 그런데 움직이는 사람의 관점에서 잰 빛의 속도도 c여야 합니다. 시간이 천천히 흐르면 흘러간 시간이 줄어들죠. 속도가 여전히 c가 나오려면, 거리도 같이 줄어야겠네요. 즉, **움직이는 사람이 잰 거리는 줄어들어야 합니다!**

조금 더 체계적으로 생각해 봅시다. 상대론에서는 누구의 관점에서 보느냐가 설내적으로 중요하므로, 의미를 명확히 해야 합니다. 자칫하면 틀린 결론이 나옵니다.

그림 1처럼 길이가 L인 막대가 정지해 있습니다. 이 길이는 정지해 있는 기훈이 잰 것입니다. 이렇게 정지 상태에서 잰 본래 길이를

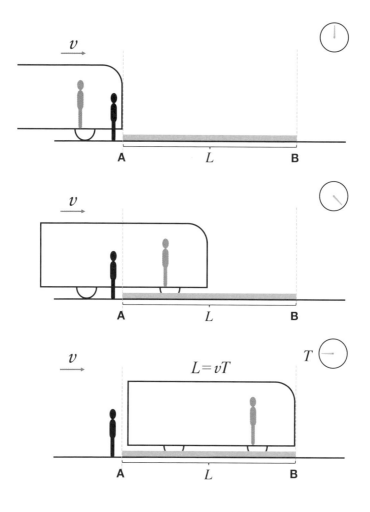

그림 1_ 정지해 있는 기훈의 관점. 속도 *v* 로 움직이는 버스가 막대의 한 쪽 끝에서 다른 쪽 끝까지 움직일 때 걸리는 시간이 *T* 이면 막대의 길이는 $L = vT$ 이다.

고유길이라고 합니다. 지영은 일정한 속도 v로 버스를 타고 움직입니다. 버스가 막대의 한쪽 끝 A에서 다른 쪽 끝 B까지 가는 동안 걸리는 시간을 T라 하면 $L=vT$겠네요. 속도에 시간을 곱하면 거리가 나오니까요.

지영이 막대의 길이를 재면 얼마일까요?

지영의 관점에서 막대의 길이를 재려면, 지영의 관점으로 세상을 바라보아야 합니다. 지영이 볼 때는 버스가 정지해 있고 기훈과 도로가 움직입니다. 그림 2처럼 말이죠.

우선 기훈과 A 지점이 지영에게 다가오겠지요. 다가오는 속도는 v입니다. 얼마 후 B 지점이 지영을 지나칠 겁니다. 지영이 볼 때, 그 사이에 시간이 얼마나 흐를까요? 우리는 이 답을 잘 알고 있습니다. 바로 시간 팽창 효과죠! 이 시간을 T'이라 하면 다음과 같습니다.

$$T' = T\sqrt{1 - v^2/c^2}$$

즉, 지영에게는 막대가 지나가는 동안 걸린 시간이 더 짧습니다. 시간이 천천히 흘러갔으니 당연한 얘기입니다.

지영이 잰 시간 T'에 속도 v를 곱하면 지영이 재는 막대의 길이가 나오겠네요. 이 길이를 L'이라 하면 다음과 같습니다.

$$L' = vT' = vT\sqrt{1 - v^2/c^2} = L\sqrt{1 - v^2/c^2}$$

즉, **지영의 관점에서는 막대가 정지했을 때의 길이 L보다 더 짧게 보입니다.** 시간이 느리게 흘러가는 딱 그만큼 짧아지죠.

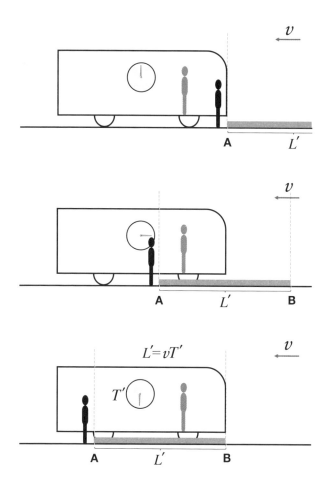

그림 2_ 버스 안에 있는 지영의 관점. 지영의 관점에서는 막대가 속도 v로 움직여 한쪽 끝에서 다른 쪽 끝까지 버스를 지나간다. 이때 걸리는 시간이 T'이라면 $L'=vT'$이다.

앞에서 예상했던 결과죠? 그런데 다시 생각해 보면 꽤 헷갈리는 부분이 있습니다. 처음에는 지영이 움직이고 막대는 정지해 있다고 했는데, 얻은 결과를 보면 막대가 움직인다고 바뀌었습니다. 도중에 지영의 관점으로 변경했기 때문이죠. 즉, 최종 결과는, 지영이 정지해 있고 막대가 움직이고 있을 때 막대의 길이가 짧아져 보인다고 해석해야 합니다. 이렇게 정지와 움직임이 바뀌어도 될까요? 됩니다! 특수상대론의 첫째 가정이 바로 모든 관성계는 동등하다는 특수 상대성 원리니까요.

결론을 요약하겠습니다.

어떤 관성계에서 보든, 움직이는 물체의 길이는 고유길이, 즉 정지해 있을 때 잰 길이보다 줄어듭니다. 이것을 길이 수축 효과라고 합니다. 혹은 이를 처음 연구한 사람 이름을 따서 **로런츠 수축**Lorentz contraction 또는 **로런츠·피츠제럴드 수축**Lorentz-Fitzgerald contraction이라고도 합니다. 길이 수축은 시간 팽창과 더불어 특수상대론의 대표 효과입니다.

지금까지 막대가 수평으로 누워 길이 방향으로 움직일 때 길이가 짧아져 보인다는 사실을 알아보았습니다. **공간은 시간과 달리 3차원입니다.** 세 방향이 있죠. 막대의 길이 방향이 아니라 수직 방향으로 움직이면 어떻게 될까요? 즉, 움직이는 방향의 수직 방향으로는 길이가 어떻게 변할까요? 27강에서 알아보겠습니다.

특수상대론적 '오징어 게임'

2021년에 넷플릭스를 통해 방영된 〈오징어 게임〉의 세계적 성공은 K-엔터테인먼트가 세계 대중 문화의 정점에 우뚝 섰음을 공식화한 사건이라 할 만합니다. 정량적 측면에서는 통계에 잡히는 거의 모든 시청 기록을 갈아치우며 전세계 모든 국가에서 흥행 1위를 기록했고, 질적 측면에서는 미국 최고 권위의 에미상을 비영어권 드라마로는 최초로 수상했습니다. 〈오징어 게임〉은 아이들의 단순한 놀이를 목숨 건 투쟁으로 바꾼 작품입니다. 언젠가는 K-과학도 K-엔터테인먼트와 같은 반열에 오를 날이 오리라고 믿어 의심치 않으며 특수상대론적 생존 게임을 상상해 보았습니다.

〈오징어 게임〉에 새로운 종목이 생겼습니다. 오징어 게임장에는 신장계(신체검사에서 키를 재는 도구) 두 대가 있습니다. 1번 신장계는 바닥에 고정되어 있고, 2번 신장계는 바로 옆을 지나는 자동길에 고정되어 있습니다. 이들은 보통의 신장계를 약간 변형했습니다. 신장계 위에서 키 높이까지 내려오는 막대 끝이 길고 날카로운 칼로 바뀌어 있는 겁니다. 칼에는 독이 묻어 있어 살짝 스치기만 해도 목숨을 잃습니다.

그림 1에서 보듯이 기훈은 1번 신장계에 몸이 묶여 있고, 지영은 자동길 위의 2번 신장계에 묶여 있습니다. 1번 신장계의 칼은 자동

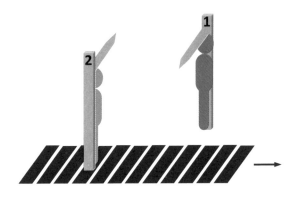

그림 1_ 머리 위에는 칼이 뻗어 있다. 자동길이 움직이면 참극이 일어날 수 있다.

길을 향해 뻗어 있고 2번 신장계의 칼은 반대로 뻗어 있습니다. 구경꾼 사이에서 일남이 이 게임을 지켜보고 있습니다. 기훈과 지영이 왜 저기 묶여 있는지 일남은 알 길이 없습니다. 그들의 목숨을 구할 방법이 없어 발을 동동 구르고 있습니다.

게임 준비가 끝났습니다. 스위치를 올리자 자동길이 일정한 속도로 움직입니다. 지영이 묶인 2번 신장계가 이제 곧 1번 신장계 옆을 지나갑니다. 누가 죽고 누가 살아남을까요? 물론 답은 간단합니다. 키 작은 사람이 살아남죠. 키 큰 사람의 칼은 허공을 지나지만, 키 작은 사람의 칼은 상대방의 얼굴, 혹은 목을 베고 지나갈 테니까요. 〈오징어 게임〉에 걸맞은 끔찍한 게임이네요. 기훈과 지영은 이 위기를 어떻게 벗어날까요?

기억하시나요? 기훈과 지영은 쌍둥이라는 사실을(20강을 보세요).

쌍둥이라고 키까지 같지는 않지만, 기훈과 지영은 키까지 정확히 같았습니다. 그러니 각자의 머리 위에서 뻗어 나온 칼의 높이도 정확히 같겠지요. 두 칼은 아무도 베지 못할 겁니다. 공중에서 서로 충돌하여 부서질 뿐입니다. 해피엔딩이네요.

정말 해피엔딩일까요? 바로 앞의 글에서 새롭게 알게 된 사실이 있습니다. 길이 수축. 움직이면 길이가 줄어든다! 지영이 묶인 2번 신장계가 기훈이 묶인 1번 신장계에 거의 접근했습니다. 길이 수축 효과를 알고 있는 일남은 이제 곧 일어날 비극을 차마 볼 수 없어 눈을 질끈 감았습니다. 퍽! 둔탁한 소리가 났습니다. 침묵이 흘렀습니다. 일남의 볼이 뜨거운 눈물로 뒤덮였습니다. 일남은 용기를 내어 눈을 떴습니다. 기훈과 지영이 빙긋 웃고 있었습니다. 바닥에는 조각난 칼날이 어지럽게 흩어져 있었지요. '길이 수축은 일어나지 않았어! 상대론이 틀렸구나! 기훈과 지영은 이렇게 되리란 걸 알고 있었나?'

물론 상대론은 틀리지 않았습니다. 일남이 상대론을 잘 이해하지 못했을 뿐이지요. 이 경우에 길이 수축은 일어나지 않습니다. 왜일까요?

어떤 물체가 움직이면, 그 물체의 시간은 천천히 흐르는 것으로 보입니다. 바로 시간 팽창이죠. 어떤 물체가 움직이면, 그 물체의 길이는 줄어든 것으로 보입니다. 바로 길이 수축이죠. 26강에서 알아본 내용입니다. 시간 쪽에서 일어나는 현상이 공간 쪽에서도 일어난다고 생각할 수 있습니다. 그런데 바로 여기에 함정이 있습니다. 시간과 공간은 결정적인 차이점이 있습니다. 시간은 1차원입니다. 공간은 3차원이죠. 시간은 한 방향이지만 공간은 가로, 세로, 높이의 세 방향이 있습니다. 시간이 흐르면 시간의 모든 것이 변하지만, 물체가 움직이는 길은 공간을 꽉 채우지 않습니다. 수평으로 움직이면 수평 방향의 위치만, 수직으로 움직이면 수직 방향의 위치만 변합니다. 다른 방향의 위치는 안 변하죠.

움직이면 길이가 줄어든다고 했는데, 세 방향 중에서 어느 쪽 길이가 줄어든다는 걸까요? 세 방향 모두 줄어들까요? 아니면 한 방향만 줄어들까요? 길이 수축을 완전히 이해하려면 이 점을 명확히 해야 합니다.

26강에서는 편의상 공간이 1차원이라고 생각했습니다. 긴 막대가 있고, 그 막대의 길이 방향으로 움직인다고 했으니까요. 움직이는 방향이 아닌 다른 방향은 길이가 어떻게 변할까요? 같이 줄어들까요? 아니면 늘어날까요?

기훈과 지영의 상황을 생각해 봅시다. 지영은 수직 방향으로 서 있는 상태에서 수평으로 움직이죠. 움직이는 방향과 서 있는 방향이

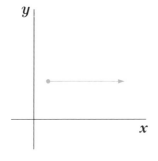

그림 2 _ x 방향으로 움직이면 y 방향의 위치는 변하지 않는다.

그림 3 _ 공간은 시간과 달리 3차원이다. 움직이는 방향의 길이는 줄어든다.
수직 방향의 길이는 어떻게 될까?

일치하지 않는다는 얘기입니다. 일남은 이런 경우에도 길이(지영의
키)가 줄어들 거라고 예측했습니다. 즉, 움직이는 방향과 무관하게
모든 방향의 길이가 줄어든다고 생각한 거죠. 이런 일남의 생각이
옳다면, 지영의 머리 위에 있는 칼의 높이가 낮아졌겠지요. 그 칼은
기훈을 베고 지나가고, 기훈은 숨을 거둘 겁니다.

　하지만 특수상대론의 첫째 가정인 특수 상대성 원리에 따르면,
모든 관성계는 동등합니다. 절대적 의미의 정지나 움직임 따위는 없
습니다. 다시 말해, 기훈이 정지해 있고 지영이 움직인다는 건 기훈
의 일방적 관점일 뿐이라는 얘기입니다. 기훈의 관점에서 어떤 현상
이 일어난다면, 또 다른 관성계인 지영의 관점에서도 똑같은 현상이
일어나야만 합니다. 그게 상대론입니다. 따라서 만약 기훈의 관점에
서 지영의 키가 줄어드는 현상이 일어난다면, 지영의 관점에서는 기
훈의 키가 줄어드는 것으로 보여야 합니다. 왜냐면 지영의 관점에서
는 지영이 정지해 있고 기훈이 움직이니까요. 즉, 기훈의 관점에서

지영의 키가 줄어들어 지영의 칼이 기훈을 죽인다면, 지영의 관점에서는 기훈의 키가 줄어들어 기훈의 칼이 지영을 죽여야 합니다. 기훈의 관점과 지영의 관점은 완전히 동등하니까요!

관점에 따라 죽는 사람이 다르다니 말이 안 되죠? 아무리 상대론이라지만 관점에 따라 다른 사람이 죽을 수는 없습니다. 결국 어떤 관점에서 보더라도 움직이는 사람의 키, 즉 움직임에 수직 방향의 길이는 줄어들면 안 됩니다. 마찬가지 논리로 키가 더 커져도 안 되겠지요. 이 경우에도 관점에 따라 다른 사람이 죽으니까요.

이제 답이 나왔죠? 이런 모순을 피할 유일한 가능성은 키가 변하지 않는다는 겁니다. 다시 말해, **어떤 물체가 움직일 때, 움직이는**

그림 4 누워 있으면 관점에 따라 다른 사람의 키가 줄어들어 보인다. 하지만, 어느 관점에서 보든 같은 일이 벌어지므로 모순이 발생하지 않는다. (a) 땅이 정지하고 자동길이 움직이는 관점. (b) 자동길이 정지하고 땅이 움직이는 관점.

방향에 수직인 방향의 길이는 줄어들거나 늘어나지 않고 그대로입니다. 오직 움직이는 방향의 길이만 줄어듭니다. 기훈과 지영의 키가 같았다면, 누가 움직이든 서 있을 때의 키는 변하지 않고 계속 그대로입니다. 이것이 바로 기훈과 지영이 죽지 않고 살아남을 수 있었던 이유죠.

만약 기훈과 지영이 바닥에 누워 있었다면? 기훈이 볼 때는 지영의 키가 줄어들어 보이고, 지영이 볼 때는 기훈의 키가 줄어들어 보이겠죠. 그럼 이 경우에는 정말로 관점에 따라 다른 사람이 죽는 건 아닐까요? 그렇지 않습니다. 그림 4에서 보듯 키가 약간 줄어도 칼이 사람 몸을 베는 위치는 달라지지 않으니까요. 따라서 움직이는 방향으로 길이가 변하는 건 아무 모순도 일으키지 않습니다.

28강
특수상대론의 종합 효과

시간은 1차원, 공간은 3차원. 우리가 사는 우주입니다. 여기에 **특수 상대성 원리와 광속 불변의 원리를 적용하면 필연적으로 시간 팽창과 길이 수축 효과가 나타납니다.** 즉, 정지해 있는 관찰자의 시점으로 볼 때 움직이는 물체는 시간이 천천히 흐르고 길이가 줄어들어 보이죠. 다만, 모든 길이가 다 줄어드는 건 아니고, 움직이는 방향의 길이만 줄어듭니다. 공간은 시간과 달리 1차원이 아니라 3차원이니까요.

이제 지금까지 설명한 모든 특수상대론 효과를 종합하겠습니다. 상대론적 효과가 매우 큰 가상 세계를 상상해 봅시다. 지영이 기차를 타고 일정한 속도로 서울역을 지나고 있습니다(지금까지는 버스만 탔지만, 이번에는 편의상 기차로 바꿨습니다). 서울역에서 기훈이 이 모습을 지켜보고 있습니다.

기훈의 관점에서 기차와 지영의 모습은 어떨까요?

쉬운 질문이죠? 앞에서부터 책을 읽어 왔다면 곧바로 답할 수 있을 겁니다. **길이 수축 효과에 의해 기차의 길이는 멈춰 있을 때의 길이보다 줄어들어 보입니다. 하지만 높이는 그대로입니다.** 너비도 변하지 않지요. 기차 바퀴는 위아래로 길쭉한 타원형으로 보이겠네요. 오직 달리는 방향의 길이만 줄어듭니다. 기차 안에서 지영이 기훈쪽을 향해 서 있다면, 기훈이 볼 때 지영의 키는 그대로입니다. 하지만 홀쭉해 보일 겁니다. 살이 빠진 모습과는 약간 다릅니다. 예를 들면 눈의 가로 길이나 두 눈 사이의 간격 같은 것도 좁아져 있을 테니까요. 만약 지영이 눕기라도 한다면, 지영의 키가 갑자기 줄어 보입니다. 즉, 서 있을 때와 누워 있을 때 키가 달라진다는 얘기죠. 결국 기차는 마치 컴퓨터로 동영상을 볼 때 가로 폭을 줄여서 보는 것처럼 보일 겁니다. 물론 기차만 그렇게 보입니다. 그 밖에 나무 같은 배경이나 정지해 있는 다른 것들은 모두 그대로입니다. (참고로, 이전까지 움직이는 버스나 사람을 그린 그림은 길이 수축 효과를 반영하지 않은, 옳지 않은 그림이었습니다. 이제야 비로소 그림을 제대로 그릴 수 있게 되었습니다.)

기훈이 볼 때 기차 안은 시간이 천천히 흘러갑니다. 지영의 몸 움직임은 평소와 달리 굼뜬 모습이겠지요. 마치 컴퓨터 동영상의 재생 속도를 느리게 한 것처럼 말이죠. 서울역의 시계와 기차 안의 시계를 비교하면, 두 시계가 가리키는 시각은 점점 시간 차이가 크게 날 겁니다. 예를 들어 기차가 서울역을 막 통과할 때 서울역과 기차의 시계가 모두 12시로 같은 시각을 가리키고 있었다고 합시다. 그림 1처럼 말이지요. 어떻게 이럴 수 있냐고요? 지영이 서울역의 시계가 12시인 것을 보고 그 순간에 기차 안의 시계를 12시로 맞췄다고 생각하면 됩니다. 그러면 바로 그 순간에는 두 시계가 12시로 같은 시각을 가리키지만, 그다음부터는 시간 차이가 생겨납니다. 시간 팽창 공식을 따라서요. 기차의 속도가 클수록 시간 차이가 더 빠르게

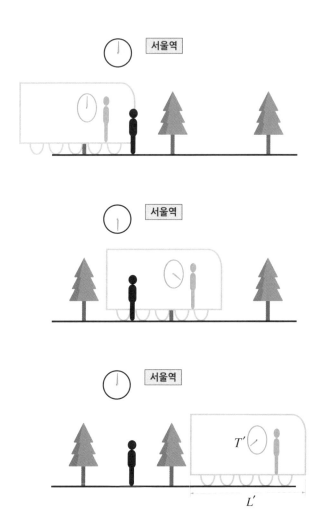

그림 1_ 서울역에 정지해 있는 기훈의 관점에서는 기차 안의 시간이 천천히 흐른다. 또한 기차의 길이가 줄어들고 바퀴가 타원형이며, 기차에 탄 사람이 홀쭉하다. 그러나 키는 그대로이다.

벌어지겠지요.

기차의 길이가 줄어든 정도와 시간이 천천히 흘러가는 정도는 같습니다. 시간 팽창 공식과 길이 수축 공식을 다시 써 봅시다. T를 기차역에서 흘러가는 시간, T'은 움직이는 기차 안에서 흘러가는 고유시간이라 하면 T와 T'의 관계는 다음과 같습니다.

$$T' = T/\gamma, \qquad \gamma = \frac{1}{\sqrt{1 - v^2/c^2}}$$

또한 L을 기차의 고유길이, L'은 움직이는 기차를 기차역에서 잰 길이라 하면 L과 L'의 관계는 다음과 같습니다.

$$L' = L/\gamma$$

여기에서 그리스 문자 γ(감마) 기호를 새로 도입했는데, **로런츠 인자**라는 이름이 붙어 있습니다. 특수상대론에 워낙 자주 등장하기 때문에 보통 이렇게 줄여서 씁니다. 정의에서 알 수 있듯이 정지 상태($v = 0$)이면 $\gamma = 1$이고 움직이면 항상 1보다 큽니다. 점점 빨리 움직일수록 커지고 물체의 속도가 광속에 접근($v \to c$)하면 γ는 무한대로 발산합니다. 한마디로 상대론적 효과가 얼마나 큰가를 직관적으로 나타내 주는 양이라고 할 수 있습니다. γ를 새로 도입하긴 했지만, 여기까지는 사실 아무런 새로운 얘기도 없습니다.

이제 관점을 바꿔 봅시다.

기차 안에 있는 지영의 관점에서 바깥은 어떻게 보일까요? 지금까지 여러 번 나왔지만, **절대적 정지와 움직임 따위는 없습니다.** 지

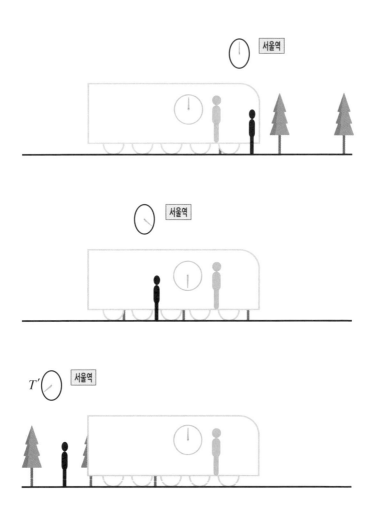

그림 2. 기차 안에 있는 지영의 관점에서는 기차가 정지해 있고, 기차역과 주변 풍경이 움직인다. 기차역의 길이가 줄어들고 기차역에 서 있는 사람이 홀쭉하게 보인다.

영의 관점에서도 얼마든지 특수상대론을 적용할 수 있습니다. 지영에겐 기차가 정지해 있고 서울역과 기훈, 그리고 그 밖에 다른 모든 것이 움직입니다. 서울역의 높이는 그대로지만 길이가 $1/\gamma$로 줄어들어 보이겠지요. 물론 기훈도, 주변 풍경도 마찬가지입니다. 기차만 빼고 모두 수평 길이가 줄어듭니다.

지영이 볼 때는 땅과 철길도 움직입니다. 두 갈래로 뻗어 있는 철길은 앞쪽에서 기차에게 달려와서 기차를 지나쳐 뒤로 멀어지겠지요. 하지만 두 갈래의 간격은 변함이 없습니다. 운동 방향에 수직이니까요. 기차 바퀴의 양쪽 간격이나 철길의 간격이 모두 변하지 않으므로, 기차 바퀴가 철길 위에 있는 건 아무 문제가 없습니다. 만약 철길의 간격이 줄거나 늘었다면 기차가 정상적으로 철길 위에 있지 못할 텐데, 그런 일은 안 일어난다는 얘기지요. 지영이 자기 자신을 보면? 물론 그대로입니다. 홀쭉해 보이지 않아요. 역시 공짜 다이어트 따위는 없습니다.

지영의 관점에서 기차 안의 시간은 정상적으로 흘러가지만, 기차 밖의 시간이 느리게 갑니다. 그렇습니다. **기훈과 지영은 서로 상대편의 시간이 천천히 가는 것으로 보입니다. 누가 옳을까요? 물론 둘 다 옳습니다.** 어떻게 서로 상대방의 시간이 느리게 가고 상대방의 길이가 짧아진 걸로 보일까요? 이거 설마 모순은 아니겠지요? 누가 진짜 느려지고 짧아졌을까요?

이미 여러 번 되풀이했지만, '진짜' 옳은 관점 따위는 없습니다. **어느 한쪽이 우월하지 않고 두 관점이 완벽히 동등합니다.** 여기

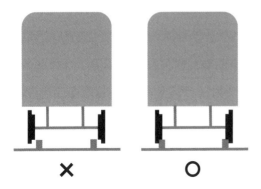

그림 3_ 철길이나 기차 바퀴의 간격은 변하지 않는다.

에는 아무 모순도 없습니다. 기차는 멈추지 않고 계속 같은 방향, 같은 빠르기로 움직일 뿐이니까요. 시간이 지날수록 기차는 서울역에서 점점 멀어지므로 같은 위치에서 손을 맞잡고 시간을 비교할 방법이 원천적으로 존재하지 않는 거죠. 이건 (21강에서 설명한) 쌍둥이의 역설과는 다른 상황입니다. 쌍둥이 역설에서는 우주여행을 하고 돌아온 쌍둥이(지영)의 시간이 천천히 흘러갑니다. 왜냐면 우주여행을 한 뒤 지구로 "돌아오니까요." 만약 우주선을 타고 떠난 지영이 돌아오지 않고 영원히 같은 속도로 지구에서 멀어진다면 지금 상황과 완전히 같겠지요.

지금 상황에서도 만약 기차가 서울역으로 돌아온다면, 기차 안의 시간이 천천히 흐른 것을 확인할 수 있습니다. 혹은, 만약 기훈이 다른 기차를 타고 쫓아가 지영과 만난다면, 이번에는 기훈의 시간이 지영보다 천천히 흘렀다는 것을 알 수 있습니다. 즉, 이렇게 어느 한쪽이 가속운동을 하여 다른 쪽을 만나면, 그 사람의 시간이 천천히 흐른 것으로 최종 결정된다는 얘기입니다.

이렇게 설명하면 '정말 그런가?' 하고 고개를 갸우뚱하다가 수긍할 수 있겠지만, 뭔가 찜찜함이 남아 있는 분이 있을 겁니다. 제대로 이해했다는 느낌이 들긴 어렵죠. 이것을 제대로 이해하려면, 8강과 9강에서 설명했던 **동시성의 의미를 곱씹어 봐야 합니다.** 다음 편의 주제입니다. 다음 29강에서는 딱 두 개의 시간만 이해하면 됩니다. 어렵지 않습니다. 하지만, 소수의 누군가에는 절대로 이해할 수 없는 내용일 수도 있습니다. 어려워서가 아니라 고정관념을 벗기 힘들어서.

지금까지는, 정도의 차이는 있지만 조금만 시간을 들여 곰곰이 생각하면 핵심 내용은 충분히 이해할 수 있었으리라 생각합니다. 다음 내용도 그럴지는 자신이 없습니다. 머리로 이해하는 것과 가슴으로 받아들이는 건 다르거든요. 시간 계산하기는 초등학교 저학년 때 모두 배웠는데, 특수상대론에서는 그 뻔한 시간이 이해 불가능한 숫자로 다가올 수도 있습니다.

다음으로 가 보겠습니다.

[퀴즈] 두 기차역과 기차의 특수상대론

이제 우리는 특수상대론의 기본 효과를 모두 접했습니다. 여기서는 이를 바탕으로 문제를 하나 생각해 보려고 합니다. 이 문제와 답을 이해하는 과정에서 그동안 개별적으로 알고 있었던 여러 효과가 완전히 동떨어진 게 아니라, 같은 현상의 다른 측면이라는 사실을 깨닫게 될 것입니다. 그리고 뿌옇기만 하던 특수상대론의 실체가 어느 순간 갑자기 선명해지는 경험을 할 수도 있습니다.

특수상대론의 효과가 매우 큰 가상 세계를 상상합시다. 이 가상 세계에서는 서울역과 대전역이 일직선의 철길로 연결되어 있습니다. 지영이 기차를 타고 일정한 속도로 서울역을 지나 대전역으로 갑니다. 기차가 서울역에서 멈춰 있다가 출발한 건 아닙니다. 그냥 어디에선가 기차가 출발하여 일정한 속도로 움직이다가 서울역을 지난다고 생각하면 됩니다. 서울역에는 기훈이 있고 대전역에는 일남이 있습니다. 서울역과 대전역에는 각각 시계가 있는데, 같은 시각을 가리키도록 잘 맞춰져 있습니다. 이들 시계는 서로의 관점에서 정지해 있으므로 같은 속도로 시간이 흘러갑니다. 즉, 서울역에서 한 시간이 흐르면 대전역에서도 한 시간이 흐르는 거죠. 기차는 서울역을 12시 정오에 통과하여 오후 2시에 대전역에 도착합니다. 대전역까지 두 시간이 걸렸네요.

물론 이 시간은 기차역의 시계로 쟀습니다. 상대론에서 시간이나 길이를 언급할 때는 항상 누구의 관점인지 명확히 해야 한다고 했죠? 오해의 여지가 없게 정확히 말하자면, 기차가 서울역을 지날 때 서울역의 시계가 12시 정오를 가리키고 있었고, 대전역에 도착했을 때는 대전역의 시계가 오후 2시를 가리키고 있었다는 뜻입니다. 여기까지는 어려운 부분이 없죠?

기차가 서울역에 있을 때 기차의 시계는 몇 시를 가리키고 있을까요?

사실은 이게 헷갈리기 쉬운 부분인데, 서울역에서 기차의 시계는 아무 시간을 가리키고 있어도 상관없습니다. 특히, 반드시 기차역과 같은 시간일 이유는 전혀 없습니다. 시간 팽창 효과에 의해 기차의 시간은 기차역의 시간과 다른 속도로 흐르니까요. 어떤 한순간에 기차의 시계와 기차역의 시계가 같은 시각을 가리키고 있었다고 해도 그다음 순간부터는 시간이 달라질 수밖에 없습니다. 시간이 각각 다른 속도로 흐르니까요.

여기서는 편의상 기차가 서울역을 지날 때 기차의 시계도 12시 정오라고 놓겠습니다. 예를 들어 지영이 서울역 시계를 보고 기차의 시계를 같은 시각으로 맞췄다고 생각하면 됩니다. 물론 그다음 순간부터는 기차역의 시간과 달라지겠지만요.

기차역에 정지해 있는 기훈이나 일남의 관점에서 보면, 기차 안에서 흘러가는 시간은 다음과 같은 시간 팽창 공식으로 주어집니다.

$$T' = T/\gamma$$

이제는 익숙하겠지만, T는 기차역에서 흘러간 시간, T'은 기차 안에서 흘러간 시간이죠. γ는 앞에서 설명했듯이 로런츠 인자인데, 상대론의 효과가 얼마나 큰지 나타냅니다. 물론 γ의 정의는 다음과 같습니다.

$$\gamma = \frac{1}{\sqrt{1 - v^2/c^2}}$$

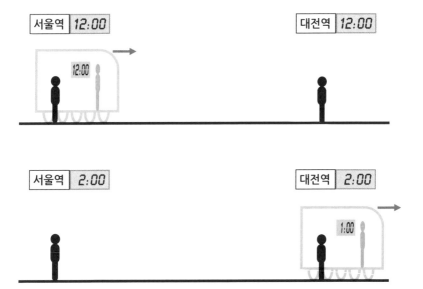

그림 1_ 기차역에 정지해 있는 기훈과 일남의 관점. 기차가 12시 정오에 서울역을 지나 두 시간 후 대전역에 도착한다. 시간 팽창 효과에 의해 기차 안에서는 한 시간이 흘렀고, 길이 수축 효과에 의해 기차의 길이는 절반으로 줄어들어 보인다. 기차에 탄 지영도 훌쭉해 보인다.

속도 v를 알면 γ를 계산할 수 있고, 거꾸로 γ를 알면 속도를 계산할 수 있으니, 둘 중의 하나만 있으면 됩니다. 수식에 루트 같은 것이 들어가면 괜히 어려워 보이므로 여기서는 그냥 γ만 쓰겠습니다.

기차역에서 볼 때 지영의 시간이 절반의 속도로 느리게 간다고 가정합시다. 로런츠 인자로 얘기하면 $\gamma=2$인 경우죠(속도를 계산하면 $v^2=3c^2/4$ 입니다). 기차가 대전역에 도착하면 기차 안의 시계는 몇 시를 가리키고 있을까요? 물론 오후 1시입니다. 왜냐면 기차역의 시간으로 두 시간이 흘러서 오후 2시니까요. 따라서, 절반의 속도로 시간이 흐르는 기차 안에서는 한 시간만 흘러서 오후 1시입니다. 여기까지도 별로 어렵지 않죠?

이제 지금부터 약간 복잡해집니다. 혹시 속을 수도 있으니 정신을 집중하여 보시기를 권합니다.

위의 사건은 모두 기차역에 정지해 있는 기훈과 일남의 관점에서 본 것입니다. 하지만, 기차가 일정한 속도로 움직이므로 기차에 타고 있는 지영의 관점도 훌륭한 관성계이고 특수상대론을 그대로 적용할 수 있습니다. 기차에 타고 있는 지영의 관점에서는 어떻게 보일까요?

지영의 관점에서는 기차와 자기 자신이 정지해 있고 땅과 철길과 기차역이 움직입니다. 먼저 서울역이 기차의 앞에서 와서 뒤로 지나가고 얼마 후 대전역이 다가옵니다. 위에서 설명한 바에 따르면, 서울역이 기차에 왔을 때 기차의 시계는 12시 정오입니다. 서울역의 시계도 12시 정오를 가리키고 있죠. 이렇게 같은 시간을 가리키도록 맞추어 놓았으니까요. 즉, 서울역이 기차를 지나갈 때는 (혹은 기차가 서울역을 지나갈 때는) 지영의 관점이든 기훈의 관점이든 모두 서울역과 기차의 시계가 12시 정오를 가리키고 있는 겁니다.

시간이 흘러 대전역이 기차에게 오면, 기차의 시간은 한 시간이 흐른 1시가 됩니다. 이때 대전역의 시계는 2시죠. 이 사실, 즉 기차와 대전역이 같은 위치에 모인 순간에 기차의 시계는 1시, 대전역의

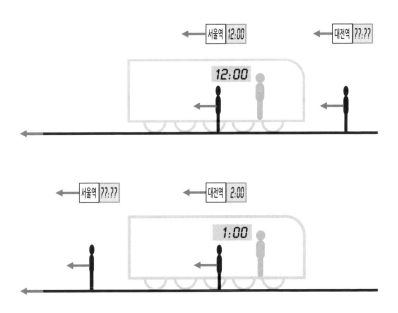

그림 2. 기차 안에 있는 지영의 관점. 서울역과 대전역, 그리고 철길 전체가 움직인다. 12시 정오에 서울역이 기차를 지나가고 한 시간 후에 대전역이 기차를 지나간다. 길이 수축 효과에 의해 서울역과 대전역 사이의 거리는 정지해 있을 때의 거리에 비해 절반으로 줄어들었다. 지영의 관점에서, 기차역에 서 있는 사람은 홀쭉해 보인다.

시계는 2시를 가리키고 있다는 사실도 지영의 관점이든 기훈이나 일남의 관점이든 모두 일치합니다. 왜냐고요? 지영이 보기에는 땅이 움직입니다. 땅에 길이 수축 효과가 나타나겠죠? 서울역과 대전역 사이의 거리가 짧아지겠네요. $\gamma = 2$이니 정지해 있을 때 거리의 절반으로 줄어듭니다. 따라서 두 시간 걸릴 거리가 한 시간밖에 안 걸리는 거죠.

여기서 중요한 사실을 하나 알 수 있습니다. **관점에 따라 시간 팽창은 길이 수축과 서로 바뀌어 나타납니다.** 기차역의 관점에서는 기차에 시간 팽창이 일어납니다. 서울역에서 대전역까지 두 시간 걸렸지만, 시간 팽창 효과에 의해 시간이 천천히 흘러가 기차 내부의 시계로는 한 시간만 흐른 것으로 보입니다. 반면에, 기차의 관점에서는 땅에 길이 수축이 일어납니다. 서울역에서 대전역까지 거리가 절반으로 줄어드는 거죠. 그래서 한 시간 만에 대전역이 기차에게 온 겁니다. 만약 시간 팽창이나 길이 수축 중에서 한 가지 효과만 있다면 관점을 바꿀 때 모순이 발생할 텐데, 두 효과가 모두 있어서 어느 쪽 관점으로든 딱 맞아떨어지는 상황이 되었습니다. 관점에 따라 해석은 다르지만, 사건의 본질은 같다는 얘기입니다.

★ 여기에서 퀴즈! ★

[1] 지영, 즉 기차의 관점에서 대전역이 기차에 도착한 바로 그 순간에, 서울역에 있는 시계는 몇 시를 가리키고 있을까요?

[2] 지영, 즉 기차의 관점에서 서울역이 기차를 막 지나가고 있는

바로 그 순간에, 대전역에 있는 시계는 몇 시를 가리키고 있을까요?

　　만약 이 두 문제의 답을 스스로 알아낼 수 있다면, 특수상대론의 **기본 원리를 잘 이해하고 있다고 자부해도 좋습니다.** 물리학 전공자라고 해도 누구나 답을 망설임 없이 곧바로 알아맞히진 못합니다. 참고로, 계산은 초등학교 수준의 수학 실력이면 충분합니다.

[퀴즈의 답] 두 기차역과 기차의 특수상대론

퀴즈의 답을 공개합니다. 설명을 이해하고 나면 특수상대론의 이해가 한 단계 깊어질 겁니다. 문제의 장면을 다시 봅시다. 문제를 정확히 이해할수록 답이 점점 당연해집니다. 여기에서 핵심은 물론 시간 팽창입니다.

그림 1은 기차역과 함께 정지해 있는 기훈과 일남의 관점입니다. 기차가 서울역에서 대전역까지 두 시간이 걸렸는데, 기차 안의 시간은 한 시간밖에 흐르지 않았습니다. 즉, 기차 안에서는 절반의 속도로 시간이 흐른 거죠. **'상대편의 시간이 절반의 속도로 흘렀다.'** 이걸 꼭 기억하시기 바랍니다. (로런츠 인자로 얘기하면 $\gamma=2$이고 속도로는 $v^2=3c^2/4$입니다.)

다음은 관점을 바꿔 기차에 타고 있는 승객, 즉 지영의 관점입니다. 지영에겐 세상이 어떻게 보일까요? 지금까지 무수히 강조했듯이, **특수상대론의 첫째 가정은 특수 상대성 원리입니다. 절대적 정지와 절대적 움직임은 없습니다. 관성계이기만 하면 누구의 관점이든 완벽히 동등해야 합니다.** 지금 이 상황에서 완벽히 동등해야 한다는 건 무엇을 의미할까요?

기훈이 볼 때 지영의 시간은 천천히 흐릅니다. 그렇다면 지영이

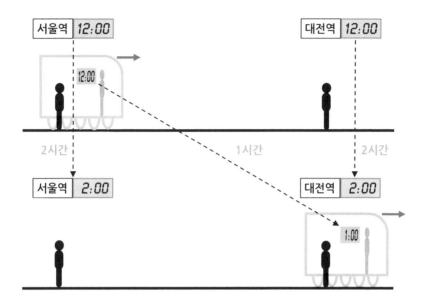

그림 1_ 기차역에 정지해 있는 기훈과 일남의 관점. 기차가 12시 정오에 서울역을
지나 두 시간 후 대전역에 도착한다. 시간 팽창 효과에 의해 기차 안에서는 한
시간이 흘렀다. 기차 안의 시간이 절반의 속도로 흐른 셈이다.

볼 때 기훈의 시간도 천천히 흘러야 합니다. 특수 상대성 원리에 의
해서 말이죠. 더 나아가서, **기훈이 볼 때 지영의 시간은 '절반의 속
도'로 흐릅니다. 그렇다면 지영이 볼 때 기훈의 시간도 '절반의 속
도'로 흘러야 합니다!** 서로 상대방의 시간이 똑같은 정도로 천천히
흘러야 한다는 얘기죠.

　지영의 관점에서 시간이 얼마나 흘렀죠? 한 시간. 그럼 그동안 (움
직이고 있는) 바깥세상, 즉 기훈의 시간은 얼마나 흘러야 하나요? 한

시간의 절반! 다시 말해 기차 안에 타고 있는 지영의 관점에서는, 바깥세상에서 흐른 시간이 30분에 불과한 겁니다.

정확히 작동하는 시계만 있으면 시간을 재는 일은 그리 어렵지 않습니다. 어떤 시계 한 개를 가지고 사건의 처음부터 끝까지 시계가 가리키는 시각이 얼마나 변했는지 보면 되니까요. 다만, 주의할 점이 있습니다. 시작 시간을 잴 때와 끝 시간을 잴 때 다른 시계를 사용하면 안 됩니다. 두 시계를 잘 맞추어 놓지 않았다면 말이죠.

바깥세상에는 시계가 두 개 있습니다. 서울역에 한 개, 대전역에 한 개. 지영의 관점에서 바깥세상이 30분 흘렀다는 것은, 서울역의 시계로도 30분이 흐르고 대전역의 시계로도 30분이 흘렀다는 것을 의미합니다.

이제 답이 거의 나왔습니다. 지영의 관점에서 서울역이 기차를 지나갈 때 서울역의 시계는 몇 시를 가리키고 있었죠? 12시 정오입니다. 대전역이 기차에 도착하면 30분이 흘러야 한다고 했습니다. 그럼 바로 그 순간, 서울역의 시계는 몇 시를 가리키고 있어야 하나요? 30분이 흐른 12시 30분입니다! 이게 첫째 문제의 정답입니다.

이제 둘째 문제입니다. 지영의 관점에서 대전역이 기차에 도착했을 때 대전역의 시계는 몇 시를 가리키고 있었죠? 오후 2시입니다. 그러면 그보다 30분 전은 몇 시죠? 오후 1시 30분입니다. 서울역이 기차를 지나갈 때, (서울역의 시계가 아니라) **대전역의 시계는 오후 1시 30분을 가리키고 있었습니다. 그래야 30분 뒤 대전역이 기차에 도착했을 때 대전역의 시계가 2시가 될 수 있으니까요!**

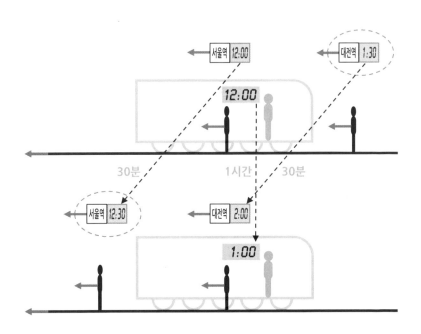

그림 2_ 기차에 타고 있는 지영의 관점. 기차 밖 세상 전체가 움직인다. 12시 정오에 서울역이 기차를 지나가고 한 시간 후에 대전역이 기차를 지나간다. 지영의 관점에서는 기차밖의 시간이 절반의 속도로 흘러야 한다. 즉, 서울역의 시계도 대전역의 시계도 각각 30분이 지나게 된다.

  이들 답을 모두 포함하여 그림 2에 그렸습니다. 답을 얻는 과정을 음미해 봅시다. 서로의 관점이 완벽하게 동등해야 한다는, 너무나 당연해 보여서 아무 역할도 하지 않을 것만 같은 특수 상대성 원리가 여기서는 핵심적인 역할을 하고 있습니다. 그 밖에 나머지 과정은 그냥 초등학교 1학년도 할 수 있는 산수 계산입니다.
  답을 얻긴 얻었는데, 그림을 다시 보면 부자연스럽고 이상한 느낌이 들 수도 있습니다. 만약 그림에 있는 시간들에서 전혀 이상함을 느끼지 못한다면, 둘 중의 하나입니다. 특수상대론의 이해가 매우 깊거나, 거의 아무것도 이해하지 못했거나.

그림의 의미는 이런 겁니다. **지영의 관점에서 12시 정오라는 어떤 순간은 바깥세상에서는 한 순간이 아닙니다. 그때 서울역에 있는 기훈에게는 12시 정오이지만, 대전역에 있는 일남에게는 오후 1시 30분입니다.** 서울역과 대전역의 사이에 시계가 있다면 12시부터 1시 30분 사이의 시각을 가리키고 있겠지요. 마찬가지로 지영에게 오후 1시라는 특정한 순간은 바깥세상에서는 한 순간이 아닙니다. 서울역에서는 오후 12시 30분이고 대전역에서는 오후 2시입니다.

어떻게 이럴 수가 있죠? 처음에 서울역과 대전역의 시계가 모두 12시 정오를 가리키도록 잘 맞춰 놓았다고 하지 않았던가요? 그런데 어떻게 지영이 볼 때는 12시 정오와 오후 1시 30분으로 차이가 날 수 있을까요?

물론 기차역의 시계를 모두 잘 맞춰 놓았습니다. 기차역에 서 있는 기훈과 일남의 관점에서 말이죠. 그런데 이렇게 여러 시계의 시간을 잘 맞춰 놓는 건 오직 한 관점에서만 가능할 뿐입니다. 지영의 관점에서는 시계의 시간이 같지 않습니다. 기억을 잘 되살려 보면 **이게 바로 절대적 동시는 존재하지 않는다는 것과 같은 얘기**라는 사실을 깨달을 수 있습니다. III장의 앞부분(8강과 9강)에서 설명했던 내용이죠. 빛의 속도가 누구에게나 같다는 사실에서 필연적으로 따라 나오는 결론이라고 했었습니다.

★ 더 깊이 이해하고 싶다면 다음 설명을 보세요 ★

이 설명을 이해하려면 인내심을 가지고 꽤 깊이 생각해야 하므로 머리가 아플 수도 있습니다. 건너뛰어도 됩니다. III장 8강의 그림 3을 다시 가져왔습니다(그림 3).

여기서는 지영이 바깥에 서 있고, 기훈은 버스에 타고 있습니다. 현재 상황과 비교한다면, 기차 안이 8강의 바깥세상이고, 기차역은 버스 내부에 해당합니다. 그리고 두 상황 모두 지영의 관점으로 세상을 보고 있죠. 8강에서는 버스 가운데에서 전등을 켜고 버스 앞뒤에 도달하는 시점의 차이를 통해 절대적 동시가 없다는 사실을 설명했습니다. 그림에서 버스가 후진하고 있는데, 버스의 뒷부분(왼쪽)은 서울역, 앞부분(오른쪽)은 대전역에 대응한다고 보면 됩니다. 가운데에 있는 불빛은 버스 앞부분(대전역)에 먼저 도달하고 뒷부분(서울역)에는 나중에 도달합니다. 그런데 버스에 타고 있는 기훈의 관점에서는 버스 앞뒤에 두 불빛이 동시에 도달하죠. 따라서, 지영의 관점에서는, 어떤 특정한 순간(예를 들어 불빛이 버스 뒤쪽에 도착한 순간인 정오)에 버스 앞쪽은 이미 오후(오후 1시 30분)라는 것을 알 수 있습니다. 즉, 지금 상황과 마찬가지로 시간차가 났다는 뜻입니다.

만약 위 설명을 제대로 이해했다면, 어느 순간 별이 반짝하며 머리가 밝아 오는 경험을 할 수도 있습니다. 모든 것이 한 치의 빈틈도 없이 꽉 짜여서 딱딱 맞아떨어집니다. 마치 잘 설계한 건축물처럼 말이죠. 이런 게 물리학의 아름다움이고 즐거움입니다.

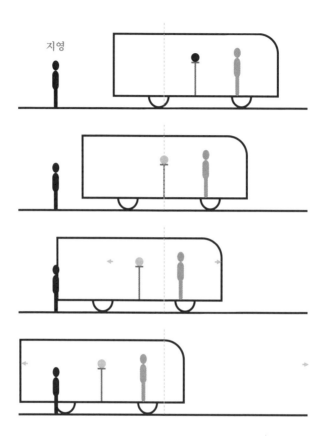

지영

그림 3(8강의 그림 3). 지영이 서 있고 기훈은 버스를 타고 후진하고 있다.
기차역과 기차의 상황과 비교하면, 버스가 기차역, 버스 뒤쪽(왼쪽)이 서울역,
앞쪽(오른쪽)이 대전역에 해당한다. 버스에 타고 있는 기훈의 관점에서는 버스의
불빛이 앞뒤에 동시에 도달하는데, 이건 서울역과 대전역의 시계가 잘 맞춰져 있는
것과 같다. 지영의 관점에서는 버스 앞쪽(오른쪽)에 불빛이 먼저 도달하
므로 시간이 더 많이 지났다. 대전역의 시간이 더 많이 지난 것과 일치한다.

이 밖에도 두 관점을 비교하며 이리저리 뜯어 보면 온갖 질문이 샘솟습니다. 예를 들어, 두 관점이 동등하다면서 왜 기훈에겐 두 시간이 걸리고 지영에겐 한 시간밖에 안 걸리는지, 기차의 앞뒤에 각각 시계를 놓으면 어떻게 되는지, 서울역에서 대전역까지 걸쳐 있는 긴 기차를 상상하면 어떻게 되는지, 서로 상대방의 시간이 천천히 간다면 누가 정말 나이를 덜 먹은 건지, 기차가 일정한 속도로 움직이지 않고 대전역에서 정지하여 지영이 일남과 만나면 어떻게 되는지, 기차가 가는 도중에 영상 통화를 하면 어떻게 보이는지, 등등 생각할 거리가 무궁무진하죠. 이런저런 상상을 하다가 밤잠을 설칠 수도 있습니다. (여기 나열된 질문의 답이 궁금하면 V장의 〔토론〕을 보세요.)

그렇게… 점점 물리에 빠져들다가 물리학자가 되는 겁니다.

31강

시간과 공간에서 4차원 시공간으로

'시간과 공간'을 때로는 '시공간'이라고 합니다. **상대론에서의 '시공간'은 단순한 줄임말이 아닙니다.** 만약 시공간이라는 자연스러운 줄임말을 생각해 내지 못했다면, 새로운 낱말을 만들어 냈을지도 모릅니다. 시간과 공간을 통합한 새로운 개념이 상대론에서는 꼭 필요하기 때문입니다. 참고로, 영어에서도 시간time과 공간space을 붙여서 'spacetime'을 한 단어로 사용합니다. 우리는 시간을 앞에 놓았지만 영어에서는 공간을 앞에 놓았다는 차이가 있네요.

지금까지의 글에서 시간과 공간이 관점과 무관한 절대적 존재가 아니라고 했지만, 본격적인 설명은 하지 않았습니다. 이제 그게 정확히 무슨 뜻인지 알아보려고 합니다. 책을 차근차근 읽어 오신 분이라면 내공이 충분히 쌓였을 테니까요.

'시공간'의 실마리는 앞글에서 찾아볼 수 있습니다. 두 기차역과 기차의 상황을 다시 음미해 봅시다.

그림 1은 기차역에 서 있는 기훈(과 일남)의 관점입니다. 기훈의 관점에서 어떤 특정한 순간(정오)에 기차가 서울역에 있습니다. 만약 서울역과 대전역뿐 아니라 **우주의 모든 곳에 기훈의 관점에서 시간을 재는 시계가 하나씩 붙어 있다고 상상한다면, 이 특정한 순간에 그 모든 시계는 정오를 가리키고 있을 겁니다.** 거꾸로 표현하면, 공

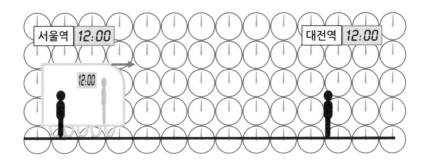

그림 1. 기차역에 서 있는 기훈(과 일남)의 관점에서 시간을 재는 시계가 우주의 모든 곳에 깔려 있다고 상상한다. 기훈의 특정 순간에 이들 시계는 모두 같은 시각을 가리킨다.

간의 각 점에서 정오를 가리키는 장면들이 모두 모여 '기훈의 관점에서 우주 전체의 특정 순간(정오)'을 구성한다고 할 수도 있겠지요. 기훈의 매 순간마다 우주 전체의 모든 시계가 정확히 같은 시각을 가리키며 시간이 흘러갈 겁니다. (이 설명이 생소하면 III장의 10강을 보세요.)

기차와 함께 움직이는 지영의 관점은 어떨까요? 그림 2처럼 지영의 관점에서도 우주의 모든 곳에 시계가 하나씩 있다고 상상합니다. 위에서와 마찬가지로, 지영의 어떤 특정 순간(정오)에 그 모든 지영의 시계는 정오를 가리킵니다. 상대론이 우리의 상식과 다른 점은 우주 전체에 깔린 이 두 세트의 시계, 즉 기훈의 시계와 지영의 시계가 가리키는 시간이 다르다는 거죠. 예를 들어, 30강에서 보았듯이 지영의 시계가 정오일 때 서울역에 있는 기훈의 시계는 정오지만, 대전역에 있는 기훈(혹은 일남)의 시계는 (정오가 아니라) 오후 1시 30

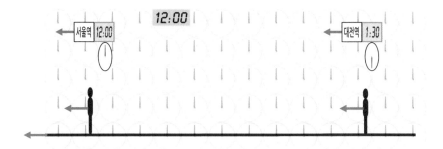

분입니다.

서울역과 대전역 사이에도 위치마다 시계가 있습니다. 기훈의 시계도 있고 지영의 시계도 있죠. 기훈의 시계는 기훈의 매 순간에 모두 같은 시각을 가리키며 변하고, 지영의 시계는 지영의 매 순간에 모두 같은 시각을 가리키며 변합니다. 이제 이런 의문이 자연스럽게 떠오릅니다. 지영의 어떤 특정 순간에 서울역과 대전역 사이에 있는 그 수많은 기훈의 시계는 몇 시를 가리키고 있을까요? 즉, 기훈의 서울역 시계는 12시 정오, 기훈의 대전역 시계는 1시 30분인데 그 사이의 시계는? 대전역 시계를 제외하고는 모두 12시일까요? 아니면 서울역 시계만 12시이고 나머지는 모두 1시 30분일까요? 아니면 위치에 따라 제각각 다른 시간일까요?

서울역과 대전역의 정확히 한가운데 지점을 생각해 봅시다. 그림

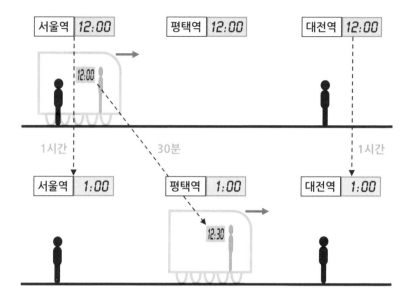

그림 3. 서울역과 대전역의 가운데에 평택역이 있다면 기차가 평택역을 지나갈 때 기훈의 시계로 오후 1시다. 이때 기차와 함께 움직이는 지영의 시계로는 12시 30분이다.

3입니다. 편의상 이곳을 평택역이라고 해 보죠. 기차역에 서 있는 기훈의 관점에서 볼 때, 서울역에서 대전역까지는 두 시간 거리이므로 평택역은 한 시간 걸리겠지요. 즉, 정오에 서울역을 지나가면, 평택역에는 오후 1시에 도착합니다. 이때 기차 안의 시계는 12시 30분이겠지요. 절반의 속도로 시간이 흘러가니까요.

이제 30강에서 설명한 논리를 평택역에 그대로 적용할 수 있습니다. 지영의 관점에서는 바깥세상의 시간이 절반의 속도로 흘러가므로, 평택역이 기차를 지나칠 때 15분 지난 것으로 보여야 합니다. 따라서 지영의 관점에서 서울역이 기차를 지나는 순간, 평택역에 서 있는 시계는 12시 45분이어야 합니다. 그래야 15분 후 평택역이 기차를 지나칠 때 오후 1시가 되니까요. 그림 4처럼 말이죠. 12시 45분은 12시(서울)와 1시 반(대전)의 중간 시간이네요!

이제 한가운데가 아니라 다른 지점에서도 어떤 시간일지 답이 쉽게 보입니다. **서울에서 떨어진 거리에 비례하여 시간도 차이가 나야 합니다.** 그림 5에 이것을 나타냈습니다.

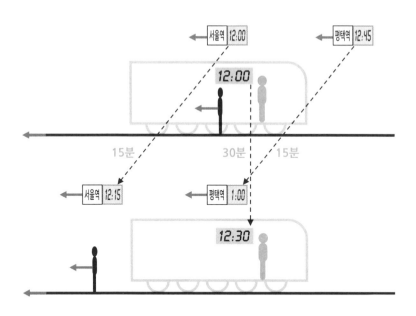

그림 4_ 지영의 관점에서 본 바깥세상의 시간. 서울역이 기차를 지나칠 때 평택역의 시계는 12시 45분이다. 그래야 15분 후 오후 한 시가 되기 때문이다.

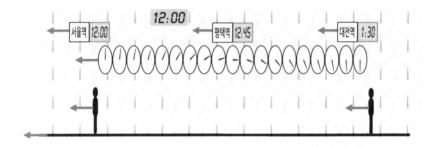

그림 5 _ 지영의 관점에서 특정 순간에 기훈의 시계가 위치에 따라 어떻게 변화하는지 나타낸 그림. 위치가 변함에 따라 기훈의 시간도 변한다. 공간에서 위치의 차이가 시간의 차이로 변환된 것이다.

위치에 따라 시간이 달라진다니 도대체 무슨 얘기인지 혼란스러운 분을 위해 상황을 다시 정리하겠습니다. 그림 5는 기차 안에 있는 지영의 관점입니다. 전체적으로 배경에 있는 것은 지영의 시계이고 타원형 시계는 기훈의 시계입니다(지영이 볼 때 움직이므로 길이 수축에 의해 타원형으로 보입니다. 기훈의 시계도 공간 전체에 퍼져 있어야 하지만 일부만 나타냈습니다). 지영의 시계는 모두 같은 시각을 가리키고 있습니다. 지영의 관점에서 어떤 특정 순간을 나타내는 그림이니까요. 이 (지영의) 특정 순간에 기훈의 시계는 위치마다 다른 시각을 가리킵니다. 떨어신 거리에 비례해서 말이죠.

이렇게 표현할 수도 있습니다. 지영의 특정 순간은 기훈의 특정 순간과 다릅니다. **지영의 특정 순간은, 위치마다 각각 다른 기훈의 순간들을 잘라서 한데 모아 구성합니다.** 예를 들어, 지영의 정오는 기훈의 서울역 정오, 기훈의 평택역 12시 45분, 기훈의 대전역 1시 30분, 그리고 그 밖의 다른 위치에서는 그에 해당하는 기훈의 다른 순간들로 이루어져 있습니다. 거리에 비례하여 각 위치의 시간이 다르죠. **관점이 달라지면서 위치의 차이가 시간의 차이로 변환된 겁니다. 시간이 공간으로, 공간이 시간으로!**

이처럼, 상대론에서는 시간과 공간의 구분이 명확하지 않습니다. 시간과 공간이 서로 아무 관계도 없이 따로 존재하지 않습니다. 관점을 바꾸면 시간과 공간이 섞입니다. **공간에서 마치 가로, 세로, 높이가 관점에 따라 서로 달라지듯이 말이죠.** 어느 누구의 관점도 우월하지 않으므로, **시간과 공간의 구분은 절대적이지 않습니다.** 오직 '시공간'이 있을 뿐입니다.

4차원이라고 하면 흔히 상식으로는 이해할 수 없는 신비한, 혹은 엉뚱한 일이 벌어지는 곳이나 상황을 일컫는 것으로 이해되곤 합니다. 실제로는, 우리가 사는 곳이 바로 4차원입니다. **시간은 1차원, 공간은 3차원.** 이들이 분리 불가능하게 통합되어 4차원 시공간을 이룹니다.

32강
시공간 그림을 그리자

시간과 공간이 아니라 '시공간'입니다. 시간과 공간은 독립적이지 않습니다. 관점에 따라 서로 섞이는 불가분의 존재입니다. 특수상대론의 두 가지 가정, 즉 특수 상대성 원리와 광속 불변의 원리를 받아들이면 시간의 차이가 공간의 차이로 바뀌고 공간의 차이가 시간의 차이로 바뀔 수 있다는 결론을 피할 수 없습니다. 특수상대론을 공부할 때 **시공간 개념이야말로 초보 단계를 넘어서기 위해 꼭 필요한 열쇠**입니다. 동시성 파괴, 시간 팽창, 길이 수축 등등을 아무리 알고 있어도 시공간 개념이 확립되어 있지 않다면, 눈 감고 코끼리 만지기 수준의 피상적이고 파편적인 이해밖에 하지 못한 것입니다.

시간과 공간의 변환을 자연스럽고 자유롭게 다루기 위해, 여기서는 '시공간 그림'을 그리는 방법을 알아보겠습니다. 시공간 그림에서는 글자 그대로 시간과 공간을 한 그림 안에 같이 나타냅니다. 이렇게만 설명하면 매우 어려워 보이는데, 사실은 누구나 알고 있는 얘기입니다.

자동차 세 내가 직선 도로를 일정한 속도로 달리고 있습니다. 이 모습을 동영상으로 촬영합니다. 동영상은 사실 차가 움직이는 걸 진짜 연속적으로 촬영하여 만들지는 않습니다. 매우 짧은 시간 간격을 두고 사진을 찍죠. 그림 1은 그런 사진 네 장을 보여줍니다. 이런 사

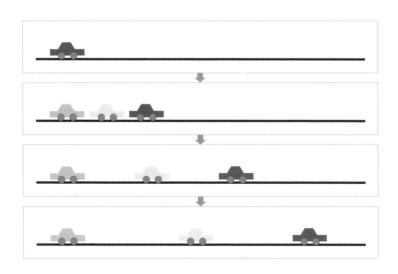

그림 1_ 자동차 세 대가 직선도로에서 일정한 속도로 움직이는 것을 일정한 시간 간격으로 찍은 사진. 파란색 차는 정지해 있고 검은색 차가 가장 빠르다.

진을 1초에 30장 정도씩 찍어 모아 보여 주면 우리 눈의 잔상 효과 때문에 차의 움직임이 끊어지지 않고 부드럽게 이어져 보입니다.

이 사진들을 시간 순서대로 아래부터 시작하여 위쪽으로 늘어놓으면 그림 2처럼 되겠죠. 차의 위치를 이으면 직선이 됩니다. 그림에서 정지해 있는 파란색 차는 계속 같은 위치에서 사진이 찍히므로 수직선으로 그려집니다. 움직이는 차는 수직에서 기울어진 직선으로 그려지겠지요. **속도가 빠를수록 수직에서 더 많이 기울어집니다.** 위쪽에 놓은 사진일수록 나중에 찍었으니, 이 그림은 아래에서 위로 가면서 시간이 흘렀다고 생각할 수 있습니다. 즉, 이 그림은 **수평축이 차의 위치를 나타내고, 수직축은 시간을 나타냅니다.** 이것을 시

그림 2_ 사진을 위로 이어 붙인 모습. 정지해 있는 파란색 차는 수직선으로
그려지고, 속도가 빠를수록 아래쪽으로 많이 기울어진다. 여기서 도로나 차를
제거하고 차의 위치 변화를 나타내는 선만 남기면 그림 3의 시공간 그림이 된다.

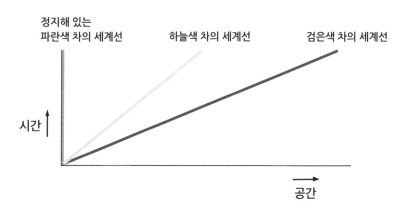

그림 3_ 사진을 이어 붙인 흔적과 도로, 자동차를 모두 제거하고 차의 위치 변화만
남겼다. 이것을 시공간 그림이라고 한다. 시공간 그림의 가로축은 공간, 세로축은
시간을 나타낸다. 시공간 그림에서 어떤 물체의 위치 변화를 나타낸 선을
그 물체의 세계선이라고 한다.

공간 그림, 혹은 **시공간 도표**라고 합니다. 우리가 생각하는 보통 그림이나 사진은 어떤 특정 순간의 모습을 나타내지만, 시공간 그림은 시간이 흐름에 따라 위치가 어떻게 달라지는지 보여 줍니다. 그림 3에서 보듯이, **시공간 그림에서는 물체의 위치가 점이 아니라 선으로 그려집니다. 이렇게 물체가 그리는 선을 그 물체의 세계선**world line **이라고 합니다.**

만약 **물체가 일정한 속도로 움직이지 않고 빨라지기도 하고 느려지기도 하면 세계선은 직선이 아니라 곡선이 되겠죠?** 그림 4에서는 어떤 물체가 시간 T_1에 A에서 출발하여 속도가 점점 느려지면서 B에 도착한 뒤, 방향을 바꿔 속도가 점점 빨라지면서 시간 T_2에 다시 출발점 A에 도착하는 것을 시공간 그림으로 나타냈습니다. 속도의 변화에 따라 세계선이 어떻게 곡선을 그리는지 음미해 보세요.

지금까지는 1차원에서 움직이는 물체만 생각했습니다. **2차원에**

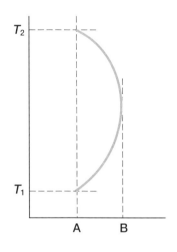

그림 4. 시간 T_1에 A에서 출발하여 속도가 점점 느려지면서 B까지 갔다가, 방향을 바꿔 T_2에 다시 출발점으로 돌아오는 물체의 세계선. 속도가 변하므로 세계선이 곡선으로 나타난다.

서 움직이는 물체는 어떨까요? 예를 들어, 작은 높이 변화를 무시하면 지구에서 인간은 모두 2차원에서 움직입니다. 휴대폰에서 지도 앱을 열면 '나'의 위치가 2차원 지도 위의 한 점으로 표시되죠. 내가 걷거나 차를 타고 움직이면 나의 위치를 나타내는 그 점이 지도 위에서 실시간으로 변합니다. 1차원에서와 마찬가지로 매 순간 이 화면을 저장하여 시간 순서대로 늘어세우면 시공간 그림이 되겠네요. 다만 이때는 각각의 지도가 이미 2차원이라서 그냥 그 지도들을 평면적으로 위로 붙이면 안 되겠지요. 그림 5의 오른쪽 그림에서 보듯이 책처럼 위로 쌓아야 합니다. 결국 가로세로가 공간 방향이고 높이가 시간을 나타내는 **3차원 시공간 그림이 됩니다. 물체의 세계선은 마치 공간에 늘어뜨린 끈처럼 그려집니다.**

실제 우리가 살고 있는 공간은 3차원입니다. **높이의 변화도 무시**

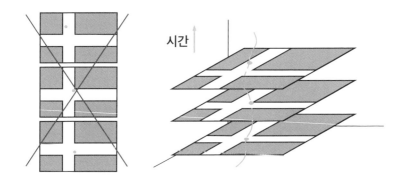

그림 5 도로에서 움직이는 물체의 시공간 그림. 왼쪽처럼 배열하면 안 되고 오른쪽처럼 쌓아야 한다.

할 수 없는 일반적인 움직임은 시공간 그림이 어떻게 될까요? 이건 그림으로 못 그립니다. 정말 4차원 시공간이 되니까요. 인간의 감각은 가로, 세로, 높이의 3차원까지만 경험하기 때문에 축이 하나 더 있는 4차원은 시각적 상상이 안 되죠. 그래서 4차원 시공간은 그림으로 이해하는 데 한계가 있습니다. 소위 '물리적 직관'과 엄밀한 수학을 적절히 종합하여 연구해야 합니다. 다행히도 특수상대론의 대부분은 1차원 공간, 즉 2차원 시공간 그림만 잘 이해해도 많은 것을 알아낼 수 있습니다.

이제 시공간 그림의 기본 개념은 모두 살펴보았습니다. 설명을 요약하자면, **시공간 그림은 연속 촬영한 사진을 위로 계속 쌓아 올린 것으로 생각할 수 있습니다.** 그럼 자연스럽게 높이가 시간을 나타내게 되죠. 물론 4차원 시공간에서는 그 '사진' 자체가 3차원 입체라서 상상이 안 되지만요.

역사적으로 시간과 공간을 통합하여 시공간 개념을 처음 도입한 사람은 아인슈타인이 아니라 헤르만 민코프스키Hermann Minkowski, 1864~1909라는 수학자입니다. 특수상대론이 발표된 지 3년 뒤인 1908년이었습니다. 민코프스키는 아인슈타인이 대학생일 때 교수로 가르치기도 했습니다. 아인슈타인은 처음에는 민코프스키의 이론을 중요하게 생각하지 않았으나, 얼마 후 생각을 완전히 바꾸죠. 그리고 민코프스키의 시공간 개념을 일반상대론 연구의 바탕으로 삼습니다.

H. Minkowski

 그런데 시공간 그림을 그리면 뭐가 좋을까요? 그냥 공간과 시간
을 한데 모아 놓았다는 것 이외에 더 새로운 점이 있을까요? 33강
에서 알아보겠습니다.

33강
빛의 세계선과 시공간 그림

특수상대론의 핵심에는 광속 불변의 원리가 있습니다. 시간과 공간의 통합은 그 필연적 귀결입니다. 시공간 그림은 광속 불변의 원리를 직관적이고 생생하게 보여 주는 유용한 도구입니다. 시공간 그림의 세로축은 시간입니다. 동영상을 찍어 매 순간의 정지 화면을 위쪽으로 순서대로 배열하면 그게 바로 시공간 그림이라고 했습니다.

그림 1에서 파란색 차는 제자리에 정지해 있고, 속도가 빠를수록 세계선이 수평축에 가까워지죠? 만약 속도가 변하면 세계선이 직선이 아니라 곡선으로 나타납니다.

빛은 어떨까요? 빛은 항상 일정한 속도로 움직이므로 세계선이

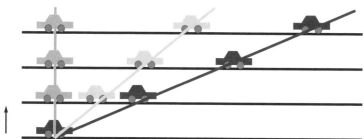

그림 1_ 동영상의 정지 화면들을 위로 길게 이어 붙이면 세로축이 자연히 시간을 나타내게 되고 시공간 그림이 만들어진다. 정지해 있으면 수직선, 빨리 움직일수록 수평축에 가까운 직선으로 그려진다.

무조건 직선입니다. 식으로 나타내면 움직인 거리는 빛의 속도 c에 시간을 곱한 ct와 같습니다. 즉, $x=ct$입니다. 이것을 다시 쓰면 다음과 같습니다.

$$t = \frac{1}{c}x$$

초등학교 때 배우는 1차함수로 얘기하면 기울기가 $1/c$이죠. 얼마나 많이 기울어지게 그리면 될까요? 빛은 1초에 30만 킬로미터를 가므로 그림 2처럼 그리면 되겠지요.

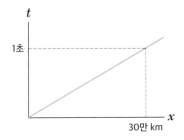

그림 2 빛의 세계선.

그런데 세로축에 1초를 어디에 표시할지는 그림을 그리는 사람이 임의로 정해야 합니다. 그림 3처럼 다양한 방법이 있습니다. 애초에 가로축은 거리, 세로축은 시간이라서 서로 직접 길이를 비교할 수가 없으니까요.

세로축의 길이를 아주 멋지게 정하는 방법이 있습니다. 시간 대신에 빛의 속도와 시간을 곱한 양을 표시하는 겁니다. 즉, 시간 t에 대해 x_0를 다음과 같이 정의합니다.

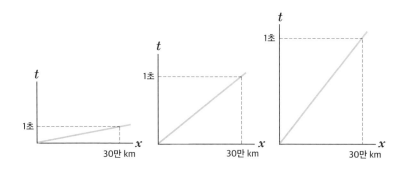

$$x_0 = ct$$

그리고 세로축이 시간이 아니라 x_0를 나타낸다고 생각하는 거지요(세로축은 무조건 y라고 알고 있는 분은 x_0를 y라고 생각하면 됩니다). **빛의 속도와 시간을 곱했으니 세로축은 빛이 움직인 거리를 나타냅니다.** 이렇게 하면 빛의 세계선은 그냥 다음처럼 쓸 수 있습니다.

$$x_0 = x$$

즉, **정확히 45도의 각도로 직선을 그리면 그게 바로 빛의 세계선입니다.** 사실은 $x_0 = -x$도 가능합니다. 이건 오른쪽에서 왼쪽으로 움직이는 빛의 세계선이죠. 그림 4에서 파란색 직선 두 개가 바로 이를 나타냅니다.

그림에서 지금까지와는 달리 시간이 음수($t<0$)인 영역도 그렸습니다. 원점($x=0$, $t=0$)에 '내'가 있다고 상상한다면, $x_0 = x$인 세계선

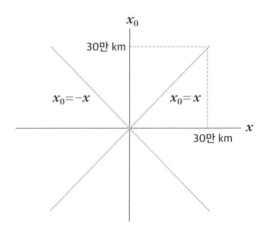

그림 4. 세로축을 시간 대신 광속 c를 곱하여 ct를 나타내도록 그렸다. 이것을 x_0라 하면, 빛의 세계선은 $x_0=x$ 와 $x_0=-x$로 그려진다. 즉, 정확히 가로축과 세로축의 가운데를 지난다.

은 과거($t<0$)에 왼쪽에서 출발하여 현재($t=0$) 내 위치를 지나가며 미래($t>0$)에 나에게서 점점 멀어지는 빛을 나타냅니다. $x_0=-x$인 세계선은 그 반대로 생각하면 되겠지요.

빛의 세계선과 다른 물체의 세계선은 어떤 차이가 있을까요? **다른 물체의 세계선은 항상 기울기가 45도보다 커야 합니다. 빛보다 속도가 항상 작으니까요.** 속도가 작을수록 세계선이 더 수직에 가까워진다는 것 기억하시죠? 따라서 세계선의 어떤 점에서 ×자로 조그맣게 45도 직선 두 개를 그렸을 때 **물체의 세계선이 항상 ×자 아래에서 위로 뚫고 올라가는 형태**가 되어야 합니다. 옆으로 새면 틀린 그림입니다! 그림 5에 물체의 다양한 세계선을 그렸습니다. ①, ②, ③ 세 개는 가능한 세계선이지만 흐리게 그린 ④번 곡선은 빛보다 더

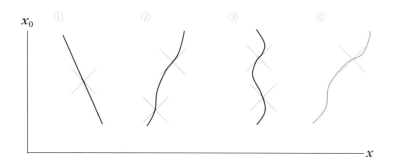

빨리 움직이는 구간이 있으므로 불가능한 세계선입니다.

**공간이 1차원이 아니라 2차원(즉, 3차원 시공간)이라면 어떻게 될
까요?** 2차원에서는 빛이 360도 아무 방향으로나 움직일 수 있습니
다. 어느 특정 순간에 모든 방향으로 빛을 동시에 쏘았다면 빛은 점
점 큰 동심원을 그리면서 모든 방향으로 퍼져 나가겠지요(그림 6).

**시공간 그림에 이런 빛의 세계선들을 모두 모아 보면 그림 7처럼
원뿔 모양이 됩니다. 이것을 빛원뿔**light cone**이라고 합니다.** 물론 특
정한 방향으로만 빛을 쏘면, 그 빛의 세계선은 빛원뿔 중에서 한 직
선으로 그려집니다. 1차원 공간에서 ±45도 방향으로 그린 두 세계
선은 빛원뿔을 자른 단면이라고 생각할 수 있겠지요. 2차원 공간에
서도 보통 물체의 세계선은 1차원에서와 유사한 특성이 있겠지요?

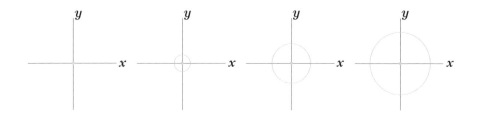

그림 6   원점에서 어떤 순간에 모든 방향으로 빛을 쏘면 동심원을 그리면서 퍼져 나간다.

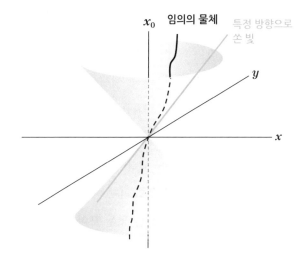

그림 7_ 2차원 공간((x, y평면), 즉 3차원 시공간)에서 빛의 세계선을 모두 모으면 원뿔 형태가 된다. 이것을 빛원뿔이라 한다. 어떤 특정 방향으로 쏜 빛은 세계선이 빛원뿔 위의 직선으로 그려지고, 다른 물체의 세계선은 모두 빛원뿔 안에 그려진다.

세계선의 임의의 점을 중심으로 모래시계처럼 작은 빛원뿔을 그렸을 때 세계선은 항상 아래쪽 원뿔에서 들어와 위쪽 원뿔로 나가는 형태가 됩니다. 여기서도 역시 옆으로 새면 안 됩니다.

이렇게 빛의 세계선, 혹은 빛원뿔을 그려 보면 시공간 그림이 왜 유용한지 금방 깨달을 수 있습니다. 시공간 그림에 광속 불변의 원리를 명확히 구현함으로써 여러 물리적 현상을 직관적으로 쉽게 이해할 수 있습니다.

기훈과 지영이 각자의 집에 있다가 두 집 사이의 한중간에 있는 카페에서 만나 대화를 한 뒤 다시 각자의 집으로 돌아갔습니다. 시공간 그림으로 나타내면 어떻게 될까요?

그림 8처럼 그릴 수 있을 겁니다. 그림에서 파란색은 기훈의 세계선, 하늘색은 지영의 세계선입니다. 이 그림은 기훈이 지영보다 약간 일찍 출발했고 둘이 같은 속도로 움직인다고 생각하고 그렸습니다. 세계선이 각각 어떻게 변하고 있는지 주의해서 살펴보세요. 기훈과 지영의 대화 시간이 길수록 기훈과 지영의 세계선이 카페의 세계선과 더 길게 겹칠 겁니다. 가족이라면 한집에서 살 테니 낮에는 세계선이 떨어졌다가 밤에는 세계선이 겹치는 일이 하루 주기로 계속 일어나겠지요. 만약 어떤 물리학도 커플이 있다면, **"앞으로 너와 세계선을 영원히 공유하고 싶어."** 하면서 프러포즈를 할 수도 있습니다. 실제로 들으면 온몸에 닭살이 돋을지도 모르니 실행은 하지 마세요.

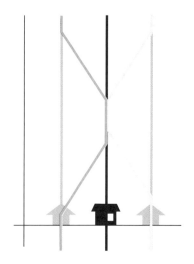

그림 8. 기훈의 세계선(파란색)과 지영의 세계선(하늘색). 가운데에 있는 카페(검은색)에서 만났다가 헤어진다. 만나는 동안은 두 명의 세계선이 겹친다.

시공간 그림은 특히 관점을 바꿔 가며 어떤 상황을 분석할 때 매우 유용합니다. 시간과 공간이 섞인다거나 시간이 느려진다거나 하는 상대론의 여러 효과가 시공간 그림에 그대로 나타납니다. 34강에서 알아보겠습니다.

34강
시공간 그림 그리는 법

지금부터는 보통의 교양 과학책에는 잘 나오지 않는 내용입니다. 절대적 의미에서 어렵진 않은데, 그림과 글을 비교하는 정도의 노력은 필요합니다. 노력할 가치는 충분합니다. 설명을 잘 따라온다면, 특수상대론을 바라보는 새로운 시각을 얻을 수 있습니다.

버스 한가운데에 전등이 있습니다. 전등에 불이 켜지면 불빛이 버스의 앞과 뒤에 **동시에** 도달합니다. 앞에서부터 책을 차근차근 읽어 왔다면, 이제 **"동시라고? 누구의 관점에서?"** 하는 의구심이 반사적으로 생길 정도가 되었으리라 믿습니다. 특수상대론에서 '동시'는 결코 절대적 개념이 아니니까요. 누구의 관점에서 보느냐에 따라 동시인지 아닌지는 얼마든지 달라질 수 있습니다. 여기서는 물론 버스에 탄 사람, 혹은 버스가 정지한 것으로 보이는 관찰자의 관점에서 '동시'라는 의미입니다. 이 상황은 이미 8강에서 다룬 적이 있습니다. 그림 1에서 다시 한번 살펴봅시다.

버스에 탄 지영이 이 상황을 관찰하고 있습니다. 버스의 속도가 바뀌는 상황이 아니라면 버스가 정지해 있는 관점, 즉 지영의 관점은 관성계입니다. 특수상대론이 적용되죠. 도로에 서 있는 기훈의 관점에서는 그림 2처럼 버스가 앞으로 움직입니다.

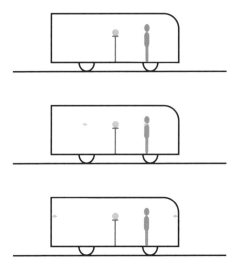

먼저 버스에 탄 지영의 관점에서 살펴보겠습니다. 지영의 시간, 공간은 모두 프라임($'$)을 붙여 표시합시다. (프라임이 안 붙은 건 아래에서 기훈의 시간과 공간을 표시할 때 사용할 예정입니다.) 즉, x'은 지영이 재는 위치, t'은 지영이 재는 시간, 그리고 $x'_0 = ct'$입니다. 시공간 그림으로 이 상황을 그리면 그림 3이 됩니다.

그림3을 유심히 살펴보세요. 그림에 표시한 모든 것을 의심의 여지 없이 완벽하게 이해해야 합니다. 지영의 관점에서는 버스가 정지해 있으므로 버스의 앞과 뒤, 그리고 가운데 놓인 전등은 세계선이 모두 수직선으로 그려집니다. 전등과 버스 앞뒤 사이의 간격은 L로 놓았습니다. 그러면 버스의 길이는 $2L$이 되겠지요. 시간이 $t' = 0$(즉, $x'_0 = 0$)일 때 전등을 켰다고 합시다. 전등에서 나온 불빛은 각각 앞과

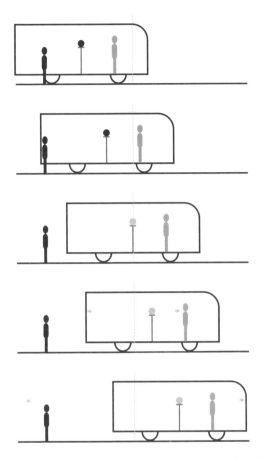

그림 2　움직이는 버스의 한가운데 전등이 켜지면 밖에 서 있는 기훈의 관점에서는 버스 뒤쪽에 빛이 먼저 도달한다. 가운데 점선은 전등이 켜지는 지점을 참고로 표시한 것이다.

뒤로 움직이겠지요. 이들 빛의 세계선은 시공간 그림에서 항상 45도 직선으로 그려집니다.

　빛의 세계선이 버스 앞과 뒤의 세계선과 만나는 점이 있죠? 그림

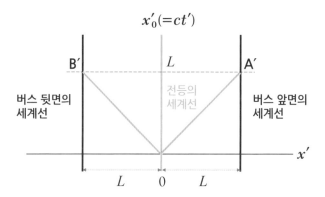

그림 3 지영의 관점에서 그린 시공간 그림. 버스가 정지해 있으므로 버스와 전등의 세계선이 수직선이다. 전등에서 나온 불빛은 버스의 앞과 뒤에 동시에 도달한다.

에 A′, B′으로 표시된 점입니다. 이 점은 무얼 나타낼까요? 물론 불빛이 버스의 앞뒤에 도달한 사건을 나타냅니다. 전등이 버스의 한가운데에 있으므로 앞뒤에는 $x'_0 = L$일 때(즉, $t' = L/c$일 때) 동시에 도달했습니다. 여기까지 큰 어려움 없이 이해되죠?

지금부터가 중요합니다. **기훈의 관점에서 시공간 그림을 그리면 어떻게 될까요?** 버스의 세계선은 수직축에서 약간 오른쪽으로 기울어진 직선이 되겠죠? 동영상 정지 화면을 위로 차례대로 붙였다고 생각하면 되니까요. 버스의 앞과 뒤, 그리고 가운데 전등은 위치만 다를 뿐 모두 같은 속도로 움직이므로 평행하게 그리면 되겠지요(그림 4). 기훈의 관점이므로 지영과 구분하기 위해 시간, 공간에 모두 프라임(′)이 없습니다

전등에서 나온 불빛의 세계선은 기훈의 시공간 그림에서도 45도

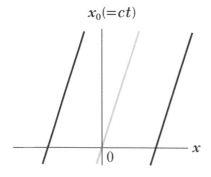

직선으로 그려집니다. 이게 바로 광속 불변의 원리죠. 기훈에게나, 지영에게나, 아니면 다른 누구에게나 빛의 세계선은 항상 45도 직선입니다.

이제 버스의 세계선과 빛의 세계선을 합쳐 봅시다. 그림 5처럼 되겠죠? 빛의 세계선이 버스의 앞뒤 쪽 세계선과 만나는 점을 A, B로 표시했습니다. 지영의 시공간 그림에서는 각각 A′, B′에 해당하는 점입니다.

벌써 눈치를 채신 분이 있을지도 모르겠네요. **사건 A와 B가 일어**

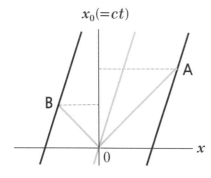

난 시각이 다르죠? 지영의 시공간 그림에서는 같은 시각(L/c)이었는데, 기훈의 시공간 그림에서는 **아닙니다.** B가 먼저 일어났네요. 이게 바로 그림 2의 상황이죠. 그림 5에서는 버스의 세계선이 수직선이 아니라 오른쪽으로 기울어져서 이렇게 된 겁니다. 그래서 물론 **동시성이 깨졌죠.** 앞서 8강에서 설명한 바로 그 내용이 시공간 그림에서는 이렇게 간단한 그림 두 장으로 해결되었습니다.

지영의 시공간 그림에서 A′과 B′을 잇는 직선을 그려 봅시다. 그림 6 (a)의 녹색 선입니다. 이 직선 위의 모든 점은 시간이 $t'=L/c$입니다. 이 직선이 기훈의 시공간 그림에서는 A와 B를 잇는 직선으로 나타나겠죠. 그림 6 (b)입니다. 이 직선은 물론 수평선이 아닙니다. 약간 기울어졌죠. 즉, **이 직선 위의 점은 기훈의 관점에서는 모두 시간**

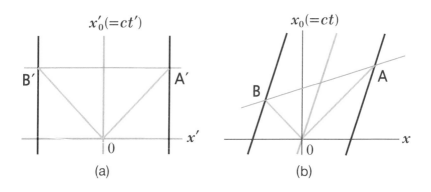

그림 6. (a)에서 A′과 B′을 잇는 녹색 선은 지영의 관점에서 모두 같은 시각(수평선)이다. 기훈의 관점(b)에서는 녹색 선이 수평이 아니라 기울어져 있으므로 이 선의 모든 점은 시간이 다르다. 즉, 지영의 관점에서는 공간상의 위치만 다른 사건들이 기훈의 관점에서는 모두 다른 시간에 일어난 것이다.

이 조금씩 다릅니다. 지영이 볼 때는 시간은 모두 같고 위치만 변하는데, 기훈이 볼 때는 시간이 모두 다른 거죠. 공간의 변화가 시간의 변화로 바뀌었네요. 그래서 '시공간'입니다.

물론 31강에서 설명한 바로 그 내용입니다. 31강의 복잡한 그림과 비교해 보세요. 시공간 그림이 참으로 간단하고, 깔끔하고, 명확하죠? 하지만, 31강의 내용 없이 처음부터 시공간 그림으로 설명했다면, 아마 상당수의 독자는 그 설명을 이해하지 못하거나 반신반의했을 겁니다. 두 설명을 비교하여 살펴보세요. 특수상대론을 더 깊이 이해하게 되었다는 느낌이 들 겁니다.

엄밀히 말하면, 지금까지의 내용은 앞에서 한 얘기를 조금 다른 방식으로 되풀이한 것에 지나지 않습니다. 이것으로 끝이면 특별히 새로울 건 없죠. 이게 끝이 아닙니다. 본격적인 이야기는 35강에서 하겠습니다.

35강

시공간, 물리학자처럼 이해하기

물리학이나 수학을 공부할 때 다른 분야와 비교하여 어떤 부분이 더 힘들까요? 그건 바로 앞의 내용을 모르면 지금 배우는 내용을 알아들을 수가 없다는 점일 겁니다. 정도의 차이는 있지만 모든 학문이 마찬가지겠지요. 그중에서도 물리나 수학은 그런 특성이 특히 두드러집니다. 예를 들어 초등학교 수학을 모르면 중학교 때 아무리 정신을 집중하여 수업을 들어도 알아듣는 것 자체가 불가능하죠. 마치 외계어를 듣는 느낌일 겁니다.

이 책도 중반을 넘어서다 보니 설명을 이해하려면 어쩔 수 없이 앞의 내용을 알아야만 하는 부분이 많아지고 있습니다. 필요할 때마다 간략하게 설명을 되풀이하곤 하지만, 그것만으론 부족할 수도 있을 겁니다. 그럴 경우 앞으로 돌아가서 최소한의 기억은 되살리시기를 권합니다. 난해한 영화를 보고 나서 줄거리를 꿰어 맞추기 위해 한동안 인터넷을 돌아다니거나 영화를 몇 번씩 다시 보는 수고를 하듯이, 특수상대론을 이해할 때도 최소한의 능동적 행위가 필요합니다.

버스의 한가운데에서 전등을 켜서 빛이 앞뒤로 나가는 상황을 다시 생각해 봅시다.

그림 1 (a)는 버스에 타고 있는 지영의 관점에서 그린 시공간 그림입니다. 녹색 선에서 보듯이 빛이 버스의 앞뒤에 동시에 도달하죠. 그림 1 (b)는 버스가 오른쪽으로 움직이고 있을 때 도로에 정지해 있는 기훈의 관점에서 그린 시공간 그림입니다. 이 관점에서 보면 빛이 버스의 앞뒤에 도달하는 사건이 동시에 일어나지 않습니다. **지영의 관점 (a)에서 모두 같은 시각이었던 녹색 선 위의 '사건'들이 기훈의 관점 (b)에서는 일어난 시각이 모두 다릅니다.** 여기까지가 앞서 34강에서 한 얘기였죠.

그래프에서 좌표축은 기준을 정하는 역할을 합니다. 그림 1 (a)에서 파란색 수평선인 x'축은 지영의 시간이 0일 때($x'_0=0$)를 나타내

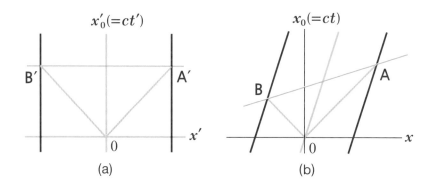

(a)   (b)

그림 1. 버스 한가운데에는 전등이 있다. 전등이 켜지면 버스 앞뒤와 만난다. (a) 버스 안에 있는 지영의 관점. 파란 수직선은 전등의 세계선이고 검은 수직선은 각각 버스 앞뒷면의 세계선. 버스가 정지해 있으므로 이들 세계선은 수직선이다. 노랑색은 빛의 세계선. 버스 앞뒷면에 동시에 도달한다(녹색 선). (b) 도로에 서 있는 기훈의 관점. 버스가 움직이므로 세계선이 기울어졌다. 버스 앞뒷면에 빛이 도달하는 사건 A와 B는 동시에 일어나지 않는다.

죠. 파란색 수직선인 x'_0축은 위치가 0인 지점(x'=0)을 뜻합니다. 전등이 있는 지점이죠. 파란색 선이 기훈의 시공간 그림 1 (b)에서는 기울어진 직선으로 나타납니다. 움직이고 있으니까요.

여기에서 질문 하나가 자연스럽게 떠오릅니다. 지영의 시간으로 0인 시각을 나타내는 선인 x'축, 즉 (a)의 파란색 수평선은 (b)에서 어떻게 그려질까요? 조금만 그림을 보고 있으면, 답이 자연스럽게 보입니다. 원점을 지나고 녹색 직선과 평행이 되도록 선을 그리면 되겠지요. 그림 2 (b)처럼 말입니다. 즉, 이 직선은 지영의 x'축을 기훈의 시공간 그림에 표현한 것입니다. (이게 정답인 걸 확인하고 싶으면, 녹색 선을 그린 방법을 되풀이하면 됩니다. 이번에는 과거에 빛을 쏘아 t'=0일 때 버스의 앞뒤에 도달했다고 생각하면 되는 거죠. 혹은 어떤 시점의 시간

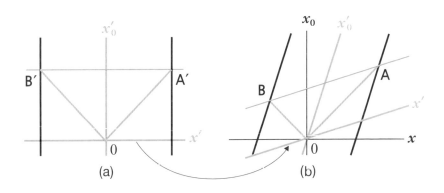

그림 2 지영의 x'축은 시간이 0(t'=0)인 선이다. 이것을 기훈의 시공간 그림에 그리면 녹색 선과 평행하게 기울어진 직선이 된다. 따라서 기훈의 시공간 그림에서는 지영의 시간축과 공간축이 수직이 아니다.

을 0으로 정할 건지는 사람 마음이니 녹색 선일 때의 시간을 $t'=0$이라고 새로 정했다고 생각해도 되고요.)

이제 우리는 지영의 시공간 그림에 있는 두 좌표축을 기훈의 시공간 그림에 옮기는 방법을 알아냈습니다. **지영의 시공간 그림에서는 서로 직각이었던 두 좌표축(x'축과 x'_0축)이 기훈의 시공간 그림에서는 직각이 아니네요!**

2차원 좌표계는 중학교 1학년 수학에서 처음 배웁니다. 서로 직각을 이루는 수평선과 수직선을 긋고 x축, y축이라고 이름을 붙이죠. 2차원 평면에서 어떤 특정한 점의 위치는 (a, b)라는 **순서쌍**으로 표시합니다. a, b는 어떻게 결정할까요? 일단 수평선과 수직선을 평면 전체에 빽빽하게 그어 모기장처럼 좌표 그물을 만듭니다. 그러면 수평 방향과 수직 방향으로 그 점까지의 거리가 얼마인지 알 수 있죠. 예를 들어 선의 간격이 1이라면 (4, 3)이라는 건 원점에서 수평 방향으로 네 번째 선, 수직 방향으로는 세 번째 선 위에 그 점이 있

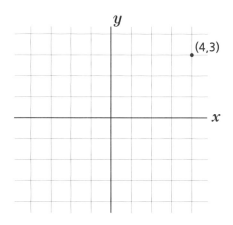

그림 3 중학교 때 배우는 2차원 좌표계. x축과 y축을 수직으로 그린다. 순서쌍 (4, 3)은 그 점이 원점에서 수평 방향으로 네 칸, 수직 방향으로 세 칸 떨어져 있다는 뜻이다.

다는 뜻입니다.

　학교에서 잘 배우지 않는 사실이 하나 있습니다. **두 좌표축이 반드시 직각을 이루도록 할 필요는 없습니다.** 직각으로 하는 건 순전히 편리하기 때문일 뿐이죠. 예를 들어 y축을 x축에 수직으로 잡지 않고 약간 기울어지게 그릴 수도 있습니다. 그림 4처럼 말이죠. 이런 좌표계에서는 어떤 특정한 점의 좌표도 수평, 수직 거리가 아닙니다. y축이 기울어진 만큼 다른 선들도 기울어지게 그려야 하죠. 마치 좌표 그물을 옆으로 약간 잡아당긴 것처럼 말입니다. 그리고 좌표를 알고 싶은 점까지 몇 칸인지 세는 거죠. x'방향, y'방향으로. 이렇게 얻은 좌표는 (a, b)와 다른 숫자겠죠. 그림 4에서는 직각 좌표에서는 $(4, 3)$이었던 점이 y축을 기울인 좌표에서는 $(3, 3)$이 되는 것을 알 수 있습니다.

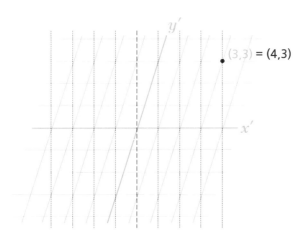

그림 4 　좌표축을 반드시 수직으로 잡을 필요는 없다. 검은색 좌표계에서
$(4, 3)$이었던 점이 y축을 기울어지게 잡은 파란색 좌표계에서는 $(3, 3)$으로 표시된다.

이런 이상한 좌표계를 어디에 쓰냐고요? 앞에서 본 게 바로 이거죠. 기훈의 관점에서 지영의 좌표를 나타내면 바로 이렇게 직각이 아닌 좌표계가 나옵니다. 지영의 시공간 그림에서 공간축과 시간축을 수직으로 그리고 어떤 특정 사건(즉, 위치와 시간)의 좌표를 수평, 수직 거리로 표시하면(그림 5 (a)), 그게 기훈의 시공간 그림에서는 수평, 수직 좌표로 표시되지 않습니다. 지영의 공간축과 시간축이 모두 빛의 세계선을 향하여 삐딱하게 기울어지는 거죠. 즉, **좌표 '그물'이 더 이상 정사각형이 아니라 마름모로 변형되어 나타납니다**(그림 5 (b)).

이렇게 얘기할 수도 있습니다. 기훈의 관점에서 시공간 그림을 그리고 수평선, 수직선으로 평면을 채웁니다. 이렇게 정한 좌표는 기훈의 관점에서 어떤 특정 사건의 위치와 시간을 나타냅니다. 그런데 위에서 했듯이 기훈의 시공간 그림에 지영의 시간축과 공간축을 그릴 수 있습니다. 삐딱하게. 그리고 그렇게 기울어진 직선들로 평면을 채울 수 있습니다. 그림 5 (b)처럼 말이죠. 이렇게 읽어 낸 좌표는 지영의 관점에서 본 위치와 시간입니다. 즉, **기훈의 시공간 그림에서도 다른 관점의 위치와 시간을 얼마든지 읽어 낼 수 있는 거죠.**

이제 마지막 한 단계가 남았습니다.

빛의 속도는 누구에게나 같습니다. 시공간 그림에서 정확히 시간축과 공간축의 한가운데를 지나야 하죠. (그렇게 되도록 $x_0 = ct$를 시간축으로 그리기로 했습니다. 33강이었죠.) 따라서, **기훈의 시공간 그림에 그린 지영의 두 좌표축**(그림 5 (b)의 파란색 x'과 x_0')**은 빛의 세계선과**

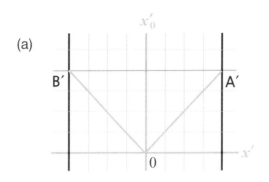

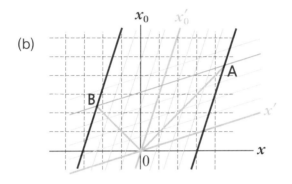

그림 5 각자의 관점에서 시공간 그림의 시간축, 공간축을 수직으로 그리면, 다른 사람의 시간축, 공간축은 수직으로 그려지지 않는다. 지영의 시공간 그림 (a)를 기훈의 시공간 그림 (b)에 대응시키면, 수직이 아니라 빛의 세계선을 향해 모이는 모양이 된다.

이루는 각도가 정확히 같아야 합니다. 빛의 세계선이 마름모 좌표 그물의 한가운데를 지나야 하니까요.

지영의 속도가 크면 클수록 지영의 세계선은 기훈의 시공간 그림 에서 빛의 세계선을 향해 더 기울어진 직선으로 그려집니다. 지영의 세계선은 다름 아닌 지영의 시간축(x'_0축)이죠? 그렇게 속도가 빨라

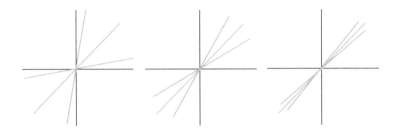

그림 6_ 버스가 빠르게 움직일수록 기훈의 시공간 그림에서 지영의 시공간축은
빛의 세계선을 향해 모인다. 세 그림에서 마지막 그림이 버스의 속도가 가장
빠르다. 또한, 버스에서 동시에 일어나는 사건들이 더 큰 시간 차이를 두고
일어난다.

질수록 지영의 공간축(x'축)도 자동으로 빛의 세계선을 향해 올라와
야 합니다. 정확히 같은 각도가 되어야 하니까요. 이게 광속 불변의
원리니까요! **속도를 빠르게 했다 느리게 했다 하면, 지영의 시공간
축이 빛의 세계선을 중심으로 모였다, 벌어졌다 하는 게 머릿속에서
잘 상상되나요?**

　지영의 속도가 빛의 속도에 거의 접근하면 지영의 세계선, 즉 x'_0
축이 빛의 세계선과 거의 일치하게 됩니다. 지영의 공간축(x')도 마
찬가지로 아래쪽에서 빛의 세계선을 향해 모이죠. 기훈이 볼 때 지
영의 시간은 점점 더 느려지고, 길이는 점점 더 줄어들어 거의 점처
럼 보일 지경일 겁니다. 지영에게 동시에 일어난 사건들(x'축, 혹은 그
에 평행한 모든 직선 위의 점들)은 시간 차이가 점점 더 많이 나는 것으
로 관측되죠. 하지만, 이건 순전히 기훈의 관점일 뿐입니다.

　지영의 관점에서는, 시공간 그림이 정반대로 그려지죠. 지영의 시

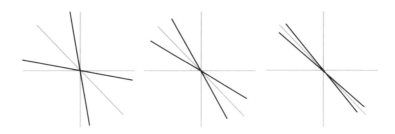

그림 7. 지영의 관점에서 시공간 그림을 그리면, 기훈의 시공간 축이 빛의 세계선을 중심으로 모인다. 기훈의 관점과 지영의 관점은 동등하다.

간축과 공간축은 수직이고, 기훈의 시간축, 공간축이 반대쪽에 있는 빛의 세계선을 향해 모입니다. 물론 두 관점 모두 옳죠. '상대론'이니까요!

　36강에서는 시공간 그림을 이용하여 과거, 현재, 미래에 대해 알아보겠습니다. 이 과정에서 **과거, 현재, 미래가 전부가 아니라는 사실이 자연스럽게 밝혀질 겁니다.**

36강

과거, 현재, 미래, 그리고 '딴곳'

과거는 지나간 시간, 현재는 바로 지금, 미래는 다가올 시간. 과거는 얼어붙은 곳, 현재는 역동적인 곳, 미래는 미지의 곳. 이보다 더 명확한 구별은 없어 보입니다. 적어도 우리 상식으로는.

상대론은 이런 구분이 절대적이지 않고 관점에 따라 달라진다는 사실을 알려 줍니다. '나'에게 동시에 일어난 사건들은 '너'에겐 동시에 일어나지 않습니다. '나'의 현재와 '너'의 현재는 다릅니다. '나'의 과거가 '너'의 미래일 수도 있습니다. '내'가 정확히 오늘 아침 8시에 잠에서 깨었을 때 동시에 안드로메다 은하에 있는 어떤 별이 폭발했을지도 모르지만, 우주를 여행하는 어떤 외계인에게는 내가 잠에서 깨는 건 100만 년 후의 미래에 일어날 일이고 별의 폭발은 100만 년 전의 과거에 이미 일어난 일일 수도 있다는 거죠.

관점에 따라 사건이 일어난 시간이나 선후가 달라진다면, 어떤 특정 관점을 기준으로 과거, 현재, 미래를 나누는 건 절대적 의미가 없습니다. 그래서 상대론에서는 다른 기준으로 이들을 구분합니다.

시공간 그림은 이것을 명확하게 알아볼 수 있는 좋은 도구입니다. 35강에서 그렸던 기훈의 시공간 그림을 다시 살펴봅시다.

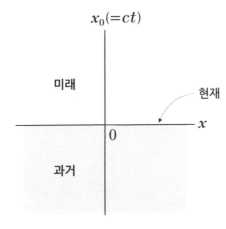

그림 1_ 기훈의 시공간 그림.
과거, 현재, 미래를 기훈의
관점에서 통상적인 방식으로
구분하였다.

　　지금 시간을 0이라고 한다면, $t = 0$인 순간 우주의 전체 모습이 (보통 사용하는 의미로) 기훈의 **현재**겠지요. 시공간 그림에서 이 순간은 바로 x축에 해당합니다. x축 아래의 회색 영역은 기훈의 **과거**이고 x축 위쪽의 옅은 파란색 영역은 기훈의 **미래**입니다.

　　지영이 왼쪽에서 오른쪽으로 일정한 속도로 움직이고 있는데 현재 기훈이 있는 곳을 지나가고 있다고 합시다. 지영의 관점에서도 과거, 현재, 미래의 구분이 기훈과 같을까요? 앞서 살펴보았듯이 지영의 세계선은 기울어진 직선으로 그려집니다. 그게 바로 지영의 시간(x'_0)축이죠. 지영의 공간(x')축은 빛의 세계선을 중심으로 시간축과 같은 각도를 이룹니다. 빛의 세계선은 누구에게나 공간축과 시간축의 한가운데를 지나야 하니까요. 그게 광속 불변의 원리니까요.

　　지영의 관점에서는 x'축이 현재($t' = 0$)입니다. 과거는 x'축의 아래, 미래는 x'축의 위쪽이죠. 명백히 기훈의 과거, 현재, 미래와 다릅니

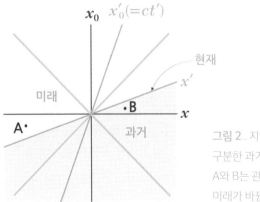

그림 2_ 지영의 관점에서
구분한 과거, 현재, 미래. 점
A와 B는 관점에 따라 과거와
미래가 바뀐다.

다. 예를 들어 x축과 x'축 사이에 있는 점 A와 B를 살펴봅시다. A는
기훈의 관점에서 과거지만 지영의 관점에서는 미래입니다. 반대로
B는 기훈의 관점에서 미래지만 지영의 관점에서는 과거죠.

**이처럼 어떤 관점이냐에 따라 과거, 현재, 미래가 달라지는 사건
들이 있습니다. 어떤 영역에 있는 사건들이 그럴까요?** 그림 3에서
점 C는 기훈의 관점에서는 현재보다 나중에 일어나는 사건, 즉 미래
에 속합니다. 혹시 현재 기훈과 같은 위치에 있지만 운동 상태가 다
른 어떤 사람에게는 C가 과거에 일어난 사건이 될 수 있을까요? C
가 어떤 사람에게 과거에 일어난 사건이 되려면, C가 그 사람의 공
간축보다 아래에 있으면 됩니다. 그림 4처럼 말이죠! 현재 기훈과 같
은 위치에 있지만 기훈이 볼 때 정지해 있지 않고 오른쪽에서 왼쪽
으로 매우 빠르게 움직이는 어떤 사람에게는 점 C가 과거에 일어난
사건입니다. 이런 방식으로 차근차근 생각하다 보면 결국 우리는 다

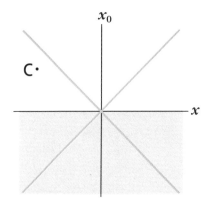

그림 3 기훈의 관점에서 미래인 점 C가 과거에 일어난 사건인 관점이 있을까?

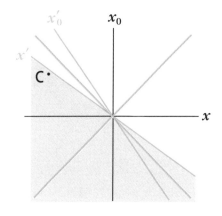

그림 4 점 C는 기훈에겐 미래에 일어나는 사건이지만, 오른쪽에서 왼쪽으로 매우 빠르게 움직이는 어떤 사람에게는 과거에 일어난 사건이다.

음과 같은 결론에 도달합니다.

빛의 세계선을 기준으로 시공간을 네 영역으로 나누었을 때, 양쪽 옆 영역에서 일어나는 사건들은 모두 관점에 따라 미래가 될 수도 있고 과거가 될 수도 있고 현재가 될 수도 있습니다.

위쪽 영역에서 일어나는 사건은 어떨까요? 예를 들어 그림 5의 점 F를 봅시다. 현재 기훈과 같은 위치에 있는 어떤 누군가에게 이 점

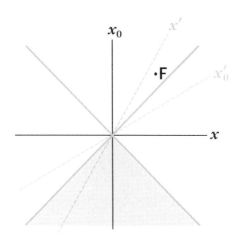

이 과거가 될 수 있을까요? 과거가 되려면, 그 사람의 공간축이 F보다 위에 있어야 합니다. 시간축은 빛의 세계선에 대해 대칭으로 그려야 하는데… 이건 안 되겠네요. 시간축이 이렇게 기울어지면 속도가 빛보다 빠르다는 뜻이므로 불가능하죠. 결국 위쪽 영역의 사건이 과거에 일어난 것으로 보이는 관점은 없습니다. 즉, 이 영역의 사건은 누구에게나 미래에 일어납니다. 마찬가지로 아래쪽 영역은 누구에게나 과거지요.

물리학에서는 운동 속도와 무관하게 누구에게나 항상 나중에 사건이 일어나는 위쪽 영역을 **절대적 미래**(혹은 그냥 **미래**)라고 합니다.

아래쪽 영역은 **절대적 과거**(혹은 그냥 **과거**)라고 하죠. 각각 빛의 세계 선 위쪽과 아래쪽입니다. 위에서 보았듯이 양쪽 옆은 관점에 따라 미래가 되기도 하고 과거가 되기도 하죠? 이런 영역은 **딴곳**이라고 합니다. 영어로는 elsewhere인데 딴곳으로 번역했습니다. 'else-where' 혹은 '딴곳'이라면 우주 공간 어딘가에 있는 미지의 공간처럼 느껴지는데, 이런 공간이 따로 영원히 있는 건 아닙니다. 위아래로 시간이 제한되어 있으니까요. 만약 어떤 특정 관점에서 과거와 미래를 굳이 구분하고 싶다면, 그 관점에서의 미래와 과거를 각각 **상대적 미래, 상대적 과거**로 부릅니다.

현재는? 시공간 그림에서 현재는 바로 이 순간 '나'의 위치를 나타내는 딱 한 점, 즉 원점만 절대적 의미의 현재입니다. 바로 이 순간이라 해도 나에게서 떨어져 있는 모든 곳은 딴곳이죠.

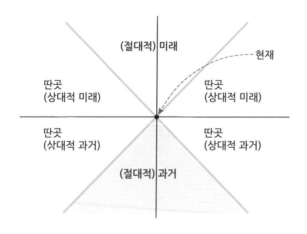

그림 6_ 특수상대론에서의 과거, 현재, 미래, 그리고 딴곳(elsewhere).

과거, 현재, 미래, 딴곳을 이렇게 구분하는 건 다음과 같은 의미도 있습니다. **나의 (절대적) 미래는 앞으로 내가 갈 수 있는, 혹은 내가 영향을 미칠 수 있는 모든 영역입니다. 나의 (절대적) 과거는 현재의 나에게 영향을 미친 모든 영역이고요. 딴곳은 현재의 내가 영향을 미칠 수도 없고 내가 영향을 받을 수도 없는 모든 영역이죠. 달리 표현하면, 딴곳은 현재의 나와 아무런 인과관계가 없는 영역입니다.**

예를 들어 볼까요? 1초 전의 달은 보통 의미에서는 과거이지만, 상대론적으로는 딴곳입니다. 지구에서 달까지의 거리는 38만 킬로미터이므로 빛으로 1.3초가 걸립니다. 그러므로 1초 전에 달에 어떤 사건이 일어났더라도 그 신호는 아직 지구에 도달하지 않았습니다. 현재의 나에게 아무런 영향을 줄 수가 없는 거죠. 마찬가지로 1초 후의 달도 딴곳입니다. 하지만 2초 전의 달과 2초 후의 달은 각각 절대적 과거와 절대적 미래죠. 예를 들어 현재의 내가 달을 향해 레이저를 쏜다면, 그 빛이 1.3초 후 달에 도착하여 달 표면의 바위를 쪼갤 수도 있으니까요.

100만 년 전의 안드로메다 은하는, 무려 100만 년 전이지만 과거가 아니라 딴곳입니다. 안드로메다 은하는 빛의 속도로 가도 250만 년이나 걸리는 먼 곳에 있거든요. 즉, 250만 광년 떨어져 있습니다. 만약 100만 년 전에 안드로메다 은하가 어떤 이유로 폭발하여 사라졌더라도 현재의 우리는 그 사실을 알 방법이 없습니다. 물론 150만 년을 더 기다리면 그 신호를 보겠지만, 현재의 우리와는 아무 관계가 없습니다. 딴곳일 뿐이죠.

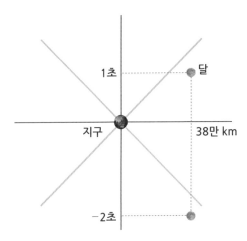

그림 7. 1초 후의 달은
딴곳(상대적 미래)이고
2초 전의 달은 절대적
과거이다.

마찬가지로 **5분 후의 태양은 현재의 우리에게 딴곳입니다. 우리가 어떤 방법을 써도 지구 시간으로 5분 안에 태양에 갈 수도 없고 태양에 신호를 보낼 수도 없으니까요.** 태양까지는 1억 5000만 킬로미터 떨어져 있어서 빛으로 8분쯤 걸리기 때문이죠. 만약 빛의 속도에 가깝게 현재 지구를 지나치는 외계인이 있다면, 5분 후의 태양이 그 외계인에게는 1분 전의 과거일 수도 있습니다. 이처럼 관점에 따라 통상적 의미의 과거와 미래가 바뀌는 영역이 딴곳입니다.

지금까지는 2차원 시공간(1차원 공간)만 예로 들었는데, 3차원 시공간(2차원 공간)에서는 빛이 지나는 길이 원뿔을 이룬다고 했지요. 빛원뿔이 두 개 있는데 위쪽에 있는 것을 **미래 빛원뿔**, 아래쪽을 **과거 빛원뿔**이라고 합니다. **절대적 미래는 미래 빛원뿔 내부, 절대적 과거는 과거 빛원뿔 내부이고, 나머지 영역 전체가 딴곳입니다.**

딴곳의 존재가 아직 익숙하지 않죠? 다시 강조하지만, 딴곳은 공

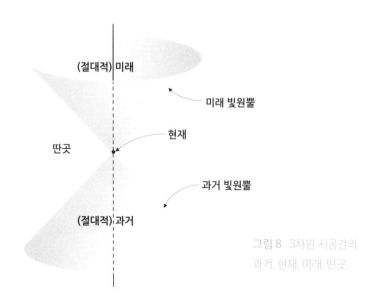

(절대적) 미래

미래 빛원뿔

딴곳

현재

과거 빛원뿔

(절대적) 과거

그림 8 _ 3차원 시공간의
과거, 현재, 미래, 딴곳.

간이 아닙니다. 어떤 사건들의 모임이죠. 현재는 딴곳에 속해 있는 어떤 사건이라 해도 시간이 한참 지나면 '미래의 나'와는 인과관계가 생길 수 있습니다. 예를 들어 지금 현재의 태양은 딴곳이지만 8분 후에 우리는 그 태양빛을 쬐고 있을 겁니다.

초광속이면 타임머신이 되는 이유

빛보다 빨리 움직일 수 있으면 타임머신을 만들 수 있다는 이야기를 흔히 접합니다. 교양 과학책에도, 만화에도, 혹은 이런저런 글이나 동영상에도 가끔 나오는 얘기죠. 설명을 자세히 해 주는 글은 많지 않습니다. 어린이에게 꿈이 뭐냐고 물어보면 "커서 빛보다 빠르게 움직이는 타임머신을 만들래요." 하는 대답을 듣는 것이 그리 부자연스럽게 느껴지지 않습니다. 얼마나 근거가 있는 이야기일까요?

저는 IV장 24강에서 이미 **과거로 가는 것은 불가능하다**고 설명한 바 있습니다. 돌이켜 생각해 보니, 어쩌면 많은 어린이의 꿈을 무참히 산산조각 내 버린 걸지도 모르겠네요. 이제 와서 그 결론을 바꾸려는 건 아닙니다. 다만 여기서는 '만약' 어떤 물체가 빛보다 빨리 움직인다면, 그게 '왜' 과거로 가는 타임머신이 될 수 있는지 알아보려고 합니다. 다시 강조하지만, 불가능한 가정이고 불가능한 결론입니다. 현실에서 일어날 수 없습니다. 그러나 물리학은 자유로운 학문입니다. 꼭 실현 가능한 현상만 다루진 않습니다. 오히려 물리학자들이 실제 물리학을 연구할 때는 현실과 동떨어진 상상을 많이 하고 그로부터 새로운 깨달음을 얻습니다. 인간의 지적 활동이 현실에 갇혀 있을 필요는 전혀 없으니까요.

속도가 빠르다는 게 뭘까요. 어떤 정해진 시간 동안 더 먼 거리를 움직인다는 뜻이죠. 속도가 10m/s(초속 10미터)면 시간이 1초 흘러가는 동안 10미터를 움직이는 거죠? 빛의 속도가 30만 km/s면 지금부터 1초 뒤에 지구에서 거의 달까지 가는 겁니다. 달까지는 38만 킬로미터 정도 떨어져 있으니까요. 만약 어떤 물체가 빛보다 더 빨리, 예를 들어 광속의 두 배 속도로 움직인다면, 그건 1초가 흘렀을 때 60만 킬로미터를 가는 거겠지요. 이게 우리가 잘 아는 속도의 개념입니다. 쉽죠?

그런데, 바로 여기에 핵심이 숨어 있습니다. 속도가 빠르면 어떤 정해진 거리만큼 갈 때 시간이 덜 흐릅니다. 30만 킬로미터를 갈 때 10m/s의 속도로는 3000만 초가 걸리고 빛의 속도로는 1초가 걸리며, 만약 광속의 두 배 속도로 간다면 0.5초가 걸리겠지요. 하지만, **아무리 속도가 빨라도 시간이 거꾸로 흐르는 일은 없습니다. 광속의 두 배가 아니라 100만 배 빠르기로 움직여도 시간은 앞으로 흘러갈 뿐이죠.** 시간은 결코 거꾸로 가지 않습니다. 오직 미래로만

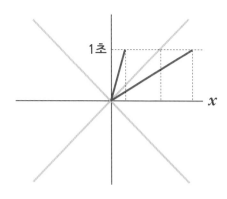

그림 1_ 빛보다 빨리 움직여도 시간이 거꾸로 가진 않는다. 정해진 시간 동안 더 멀리 갈 수 있을 뿐이다.

흐릅니다. 행여 거꾸로 갈까 하여 물구나무를 서면, 그냥 물구나무를 선 채로 미래로 갈 뿐입니다. **그런데 왜 빛의 속도보다 빨리 움직이면 과거로 돌아갈 수 있다는 걸까요?** 그냥 근거 없는 헛소리가 떠돌아다니는 걸까요? 여기에 타임머신이 끼어들 여지는 전혀 없어 보입니다. 그렇죠?

책을 건너뛰지 않고 읽어 왔다면 이제 여러분은 내공이 쌓였습니다. 초광속 여행과 과거로의 여행이 어떻게 연결되는지 충분히 이해할 수 있습니다. 시공간 그림은 이를 위한 매우 훌륭한 도구입니다.

상대론의 마법은 관점의 변경이 핵심입니다. 동시성이 깨어지는 것도, 시간 팽창도, 길이 수축도 모두 마찬가지였죠. 하나의 시공간 그림에는 서로 다른 여러 관점을 같이 그려 볼 수 있습니다. 빛보다 빨리 움직였을 때 다른 관점에서 어떤 일이 벌어지는지 살펴보면 자연스럽게 해결의 실마리를 찾을 수 있습니다.

기훈은 지구에서 일남이 광속의 세 배($v=3c$)로 움직이는 우주선을 타고 머나먼 우주로 가는 것을 지켜보았습니다(물론 실제로는 이런 우주선이 존재할 수 없지만, 만약 존재한다면 어떻게 되나 상상하고 있는 중입니다). 그림 2에 지구에 있는 기훈의 관점에서 붉은색으로 일남의 세계선을 그렸습니다. **빛보다 빠른 속도이니 빛의 세계선보다 수평축 쪽으로 더 많이 기울어시게 그렸습니다.** 하지만, 앞에서 설명했듯이 일남이 아무리 빨리 움직여도 기훈의 관점에서는 시간이 앞으로 흘러갈 뿐입니다. 과거로의 시간 여행은 아니죠.

지영도 일남과 같은 방향으로 우주여행을 떠납니다. 지영의 우주

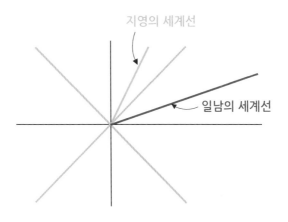

지영의 세계선

일남의 세계선

그림 2. 일남은 광속의 세 배 속도로 움직이는 초광속 우주선을 탔고, 지영은 광속의 절반 속도로 움직이는 보통 우주선을 탔다.

선은 광속의 절반으로 움직이는 보통 우주선입니다. 지영의 세계선 은 파란색으로 그렸습니다. 여기까지는 특별히 어려운 곳이 없죠?

지영의 관점에서 일남은 어떻게 움직이는 것으로 보일까요?

이 질문에 답하려면, 지영의 시간축과 공간축이 어떻게 나타나는 지 그려 보면 됩니다. 기억을 되살려 봅시다. 지영의 시간축은 지영 의 세계선과 같습니다. (이 문장이 이해되지 않으면 35강을 다시 보셔야 합니다. 처음 설명을 볼 때는 당연하게 느껴지지만, 나중에 조금만 복잡해지면 실제로는 같은 상황이라도 머리가 정지하며 아무 생각이 나지 않을 수도 있습 니다. 처음에는 누구나 겪는 현상이죠.) 지영의 공간축은 지영의 시간축 을 빛의 세계선에 대해 대칭이 되도록 그리면 됩니다. 그림 3처럼 말 이죠.

어떤가요? 일남의 세계선은 지영의 공간(x')축, 즉 시간이 0인 지

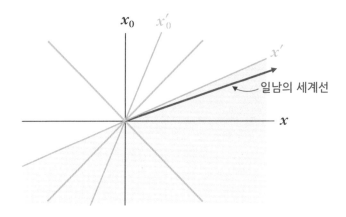

그림 3 _ 기훈의 시공간 그림(그림 2)에 지영의 공간축(x')을 추가로 그렸다. 초광속 여행을 하고 있는 일남의 세계선은 지영의 관점에서 볼 때 (상대적) 과거로 가고 있다. 움직이는 방향을 명확히 하기 위해 일남의 세계선에 화살표 표시를 했다.

점의 아래쪽에 있습니다. 그리고 갈수록 그 차이가 벌어지죠. **이것의 의미는 명백합니다. 지영이 볼 때 일남은 과거로 가고 있는 겁니다!** 그림 4는 이 상황을 지영의 시공간 그림에 다시 나타낸 것입니다. 지영의 관점에서 일남의 세계선이 공간축 밑으로 내려갔지요?

 지영의 관점에서 일남의 우주선을 타임머신으로 해석할 수 있을까요? 아직은 아닙니다. 우리가 흔히 상상하는 타임머신은 출발 지점과 도착 지점이 같아야 합니다. 지영의 관점에서 볼 때 일남이 과거로 가긴 했지만, 위치가 달라졌습니다. 원래 위치로 돌아오지 않고 멀어지기만 했지요.

 하지만, 한 번 더 생각해 보면 사실은 이게 바로 답입니다. 지영의 관점에서 볼 때 일남의 우주선이 오른쪽으로 가면서 과거로 가는

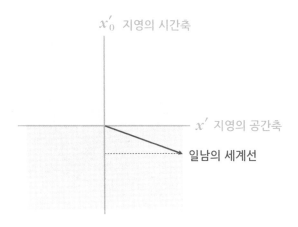

x'_0 지영의 시간축

x' 지영의 공간축

일남의 세계선

그림 4_ 지영의 시공간 그림에 다시 그린 일남의 세계선. 기훈의 관점에서 초광속 여행을 하는 일남의 우주선은 지영의 관점에서는 오른쪽으로 움직이며 과거로 간다.

것이 가능하다면, 당연히 왼쪽으로 가면서 과거로 가는 것도 가능해야 합니다. 즉, 일남은 오른쪽으로 가다가 어느 순간에 방향을 바꿔 왼쪽으로 가기만 하면 되는 겁니다. 그림 5처럼 말이죠!

결국 지영의 관점에서 볼 때, 일남의 우주선은 출발 위치의 과거로 돌아왔습니다. 지영의 관점에서 일남의 우주선은 완벽한 타임머신이 된 거죠.

물론 지영의 관점에서 과거로의 여행이 가능하다면 기훈의 관점에서도 가능해야 합니다. 모두 동등한 관성계니까요. 실제로 그림 5에 그린 일남의 세계선을 기훈의 시공간 그림에 옮기면 그림 6처럼 됩니다. 일남의 세계선이 과거의 기훈과 만나는 것이 보이죠? **일남의 우주선이 이렇게 움직인다면, 기훈의 관점에서도 타임머신입니**

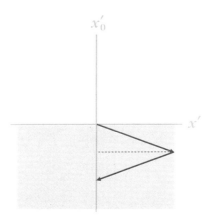

다. 만약 이런 우주선이 실제로 존재한다면, 여행 후 일남이 우주선에서 내렸을 때 〈백 투 더 퓨처〉 같은 영화에서처럼 과거의 자신을 목격할 수도 있겠지요.

이제 결론입니다. **빛보다 빠른 물체가 하나라도 존재한다면, 그 물체는 타임머신이 될 수 있습니다.** 떠도는 얘기가 이 경우에는 사실이네요. 물론, 이건 어디까지나 "만약 그런 물체가 존재한다면"이라는 가정에서 출발하여 얻은 결론입니다. 앞쪽에서 설명했듯이 실제 세계에서 이런 물체는 존재하지 않으므로, 타임머신은 없습니다. 하지만, 그래도 이런 상상을 해 보는 건 재미있는 일입니다. 그리고 특수상대론의 이론적 특성을 더 잘 이해하게 되었습니다.

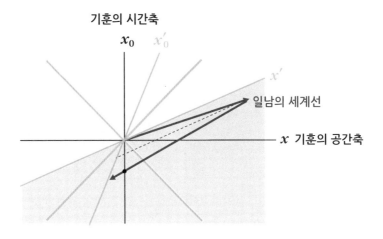

그림 6 지영의 시공간 그림에서 과거로 여행한 일남의 세계선을 기훈의 시공간 그림에 나타내었다. 기훈의 관점에서도 일남이 본래 출발지의 과거(x_i축에 표시한 검은 점)로 되돌아갔음을 알 수 있다.

　　시공간 그림이나 시공간 구조는 이 밖에도 재미있는 내용이 많이 있고 이론적으로도 매우 깊이 들어갈 수 있습니다. 교양 수준을 넘어 본격적으로 상대론을 공부하고 싶다면 반드시 배워야 하는 내용이기도 하죠. 여기에서 다루기에는 너무 어렵기 때문에 이 주제는 이쯤에서 마무리하겠습니다.

시공간 그림과 로런츠 변환

시공간 그림을 이용하여 서로 다른 좌표계 사이의 관계를 그림으로 알아보았습니다. 이것을 수식을 사용하여 나타낼 수도 있습니다. 34강과 35강에서처럼 기훈이 볼 때 지영이 v의 속도로 오른쪽으로 움직이고 있다면, 지영의 좌표계(x'_0, x')와 기훈의 좌표계(x_0, x)는 다음과 같은 관계가 있습니다.

$$x'_0 = \gamma \left(x_0 - \frac{v}{c} x \right)$$
$$x' = \gamma \left(x - \frac{v}{c} x_0 \right)$$

이것을 로런츠 변환이라고 합니다. (3차원 공간이라면 움직임에 대해 수직 방향인 y 방향과 z 방향은 아무런 길이 변화가 없으므로 $y'=y$, $z'=z$를 추가하면 됩니다.) 이 식은 특수상대론을 물리학에서 본격적으로 연구할 때 가장 기본이 되는 관계식입니다. II장 〔토론〕에서 소개한 속도의 덧셈도 이 식에서 얻을 수 있습니다. 〔부록〕에 유도과정이 있으니 수식에 거부감이 없으면 살펴보세요.

이 변환식은 아인슈타인이 등장하기 이전 최고의 이론물리학자로 명성이 높았던 로런츠H. A. Lorentz, 1853~1928(1902년 노벨물리학상 수상)가 유도했습니다. 아인슈타인이 특수상대론을 발표하기 전이었죠. 하지만 그는 아인슈타인처럼 시간과 공간에 대한 기존 개념을 뒤엎는 이론을 제시하지는 못했습니다. 모든 수학적 바탕이 로런츠 변환식에 있었지만, 올바른 물리학 이론을 완성하기 위해서는 아인슈타인의 깊은 통찰이 필요했던 거죠.

두 기차역과 시계 문제를 시공간 그림으로 그려 보기

29강과 30강에서 다룬 두 기차역과 시계 문제는 시공간 그림을 도입하기 전에 마지막으로 생각해 본 문제입니다. 여러 장의 복잡한 그림이 필요했죠. 이것을 시공간 그림으로 이해할 수는 없을까요?

먼저 기차역에 정지해 있는 기훈의 관점에서 시공간 그림을 그려 봅시다. 서울역과 대전역은 정지해 있으므로 수직선으로 그립니다. 기차는 대전역을 향해 움직이고 있으니 기울어진 직선으로 그리면 되겠죠. 기차가 서울역에 있을 때는 서울역과 대전역 그리고 기차의 시계가 모두 12시입니다. 기차가 대전역에 있을 때는 서울역과 대전역은 2시, 기차는 1시입니다. 따라서 그림 1처럼 그려지겠죠.

그림에서 파란색 12시 점선은 기차에 타고 있는 지영의 공간축입니다. 빛의 세계선인 45도 직선에 대해 기차의 세계선(지영의 시간축)과 대칭으로 그렸습니다. 지영의 시계로 12시일 때 대전역의 시계는 1시 30분을 가리키고 있는 것을 확인할 수 있습니다. 파란색 1시 점선은 기차가 대전역에 도착했을 때 지영의 시계로 1시를 나타내는 선입니다. 이때 서울역의 시계는 12시 30분이죠.

기차에 타고 있는 지영의 관점에서는 어떤 시공간 그림이 그려질

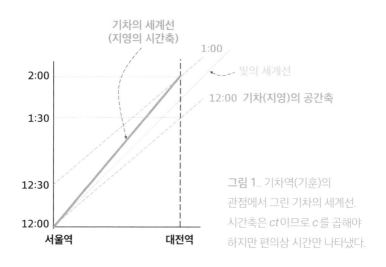

기차의 세계선
(지영의 시간축)

1:00

빛의 세계선

12:00 기차(지영)의 공간축

2:00

1:30

12:30

12:00

서울역   대전역

그림 1_ 기차역(기훈)의
관점에서 그린 기차의 세계선.
시간축은 ct이므로 c를 곱해야
하지만 편의상 시간만 나타냈다.

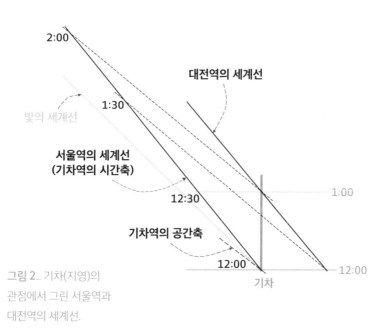

2:00

대전역의 세계선

1:30

빛의 세계선

서울역의 세계선
(기차역의 시간축)

12:30

1:00

기차역의 공간축

12:00

기차

12:00

그림 2_ 기차(지영)의
관점에서 그린 서울역과
대전역의 세계선.

까요? 이때는 지영의 시간축, 공간축이 수직, 수평선입니다. 서울역과 대전역은 왼쪽으로 기울어진 직선으로 표시되죠. 대전역이 기차의 세계선과 만날 때 지영의 시계는 1시이므로 그림 2가 됩니다.

길이 수축 효과에 의해 서울역과 대전역 사이의 거리를 가깝게 그렸습니다. 이 그림에서는 기차역의 시간축과 공간축이 수직이 아니죠? 빛의 세계선에 대해 대칭으로 그려야 합니다. 검은 점선으로 나타낸 직선이 기차역의 공간축입니다. 대전역이 기차와 만날 때 기차역의 시계는 2시여야 하죠? 그림을 보면 왼쪽 위로 한참 올라가서 서울역의 세계선과 만나는 것을 확인할 수 있습니다. 기차의 시계로 12시일 때 대전역의 시계가 1시 반, 기차의 1시가 서울역 시계로 12시 반인 것도 알 수 있습니다.

마지막으로, 그림 1과 그림 2를 비교해 봅시다. 매우 다르죠? 언뜻 생각하면 서로 역할을 다르게 하여 좌우만 바꾸면 될 것 같은데 그렇지 않습니다. 왜일까요? 사실 이 상황은 시작부터 기차와 기차역에 대해 비대칭적인 상황입니다. 기차역 두 개와 기차 한 대를 비교하고 있으니까요. 두 기차역은 서로의 관점에서 정지해 있고요. 그래서 기훈(기차역)의 관점에서 볼 때는 시간이 두 시간 흐르지만, 지영(기차)의 관점에서는 한 시간만 흐르죠. 상대방의 시간이 절반의 속도로 흐른다는 원리만 같을 뿐입니다.

30강의 마지막에 살짝 제시했던 여섯 개의 질문을 기억하시나요? 그중 첫 질문을 이렇게 시공간 그림으로 자세히 알아보았습니다. 이 설명을 이해했다면 둘째, 셋째 질문은 자동으로 해결됩니다.

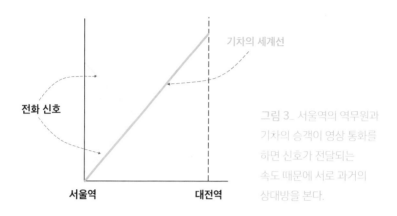

기차의 세계선

전화 신호

서울역   대전역

그림 3_ 서울역의 역무원과 기차의 승객이 영상 통화를 하면 신호가 전달되는 속도 때문에 서로 과거의 상대방을 본다.

기차와 기차역의 역할을 바꾸는 거니까요. 넷째, 다섯째 질문은 쌍둥이의 역설에서 이미 다뤘습니다. 마지막 질문인 '기차가 가는 도중에 영상 통화를 하면 어떻게 보일까?'는 시공간 그림으로 쉽게 알 수 있습니다. 그림 3처럼 영상 통화 신호가 빛의 속도로 전달된다고 생각하고 특정 시점에 서울역에서 기차까지 빛의 세계선을 그리면 되겠지요. 신호가 출발한 시점과 도착한 시점에 차이가 있으니 그만큼 과거의 상대방 모습을 볼 겁니다. 그리고 물론 영상 속의 상대방은 시간 팽창 정도만큼 느릿느릿 말하겠지요.

VI

$$E = mc^2$$

38강
운동량 보존법칙

과학에서 가장 유명한 식은 무얼까요? 여러 식이 떠오르는데, $E=mc^2$도 유력한 후보겠지요. 뉴턴의 운동 방정식인 $F=ma$도 그에 못지않게 유명합니다. 수학으로 범위를 확장한다면 피타고라스의 정리를 나타내는 $a^2+b^2=c^2$이나 오일러의 $e^{i\pi}+1=0$ 식도 생각납니다.

수식에 등장하는 여러 기호는 모두 나름의 의미가 있습니다. 예를 들어 피타고라스 정리의 a, b, c는 직각삼각형에서 변의 길이죠. 그중에서 c는 빗변의 길이고요. 만약 이런 의미를 모르면 $a^2+b^2=c^2$은 알파벳과 수학 기호의 나열에 불과할 것입니다.

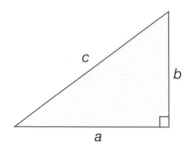

그림 1_ 피타고라스 정리에 나오는 기호 a, b, c는 직각삼각형에서 변의 길이이고 그중에서 c는 빗변의 길이이다. 이처럼 어떤 수식은 그 수식에 나오는 기호의 의미를 알아야 온전히 이해할 수 있다.

물리(더 일반적으로 과학)에서는 기호의 의미가 더 복잡합니다. 각각의 기호가 해당 이론에서 어떤 개념인지, 그 개념이 어떻게 정의되며 그 정의가 적용되는 한계가 무엇인지에 따라 수식의 의미가 새로워지고 때로는 오해를 불러일으키기도 합니다.

$E=mc^2$은 이런 수식의 대표 사례라고 할 수 있습니다. 겉보기에는 매우 간단한 식이죠. E는 에너지, m은 질량, 그리고 c는 빛의 속도입니다. 빛의 속도를 제곱하여 질량을 곱하면 에너지와 같다는 것이 겉으로 드러난 식의 의미입니다. 질량과 에너지가 동등하며 서로 변환된다는 의미라고 알려져 있습니다. 겉보기에 특별히 어려워 보이지는 않습니다. 에너지나 질량이나 우리가 일상에서 많이 사용하는 용어니까요.

문제는 **물리학에서 질량이나 에너지가 고정불변의 개념이 아니라 특정 이론에 따라, 시대에 따라 변화하고 확장되어 왔다**는 데 있습니다. $E=mc^2$의 E와 m은 특수상대론 이전의 물리학, 즉 뉴턴의 이론에 나오는 에너지나 질량이 아닙니다. 그러므로 이 식을 올바르게 이해하려면, 일단 물리학에서 질량이 무엇인지 에너지가 무엇인지 알고 있어야 하고, 또한 그러한 정의가 특수상대론에서 어떻게, 그리고 왜 달라지는지 알아야 합니다. 간단한 식 하나의 배경에 많은 다른 이야기가 꼬리를 물고 매달려 있는 거죠.

이런 이유로 보통의 교양 과학 서적에서는 '**왜**' $E=mc^2$인지는 잘 설명하지 않습니다. 시간 팽창이나 길이 수축 같은 온갖 다른 효과는 왜 그렇게 되는지 자세하게 나와 있지만, $E=mc^2$만은 그냥 이런 식이 있으니 믿으라고 하죠. 그리고 그 식에서 파생되는 결과의 해석에 주력합니다. 일반 독자의 눈높이에서 길지 않은 글로 그 식이 어떻게 나왔는지 설명하기가 사실상 불가능하기 때문입니다.

그럼에도 불구하고, 지금부터 어떻게 하면 이 식을 얻을 수 있는지 최대한 쉽게 설명해 보려고 합니다. 여기에서 엄밀한 논증을 하기에는 한계가 있습니다. 하지만 유도 과정의 핵심을 따라가는 건 비교적 간단합니다. 약간의 어려움을 극복한다면, 물리학을 접한 경험이 없는 분들도 $E=mc^2$을 얻는 과정을 충분히 즐길 수 있을 겁니다. **그럼으로써 '머리말'에서 밝힌 것처럼 특수상대론에서 물리학자처럼 생각하고 물리학자처럼 결론에 도달하는 체험이 완결될 수 있으리라 믿습니다. 물리학은, 아마도 모든 학문은, 어쩌면 인류의 모든 지혜는, 어떤 다른 사람의 품평이나 결과의 주입에 의해서가 아니라 본인의 머리와 손으로 생각하고 경험해 본 만큼 배울 수 있습니다.**

$E=mc^2$에 도달하는 데 필요한 첫 단계는 운동량과 운동량 보존 법칙입니다.

잠시 상대론을 떠나 뉴턴 역학을 살펴보겠습니다. **뉴턴 역학에서 운동량은 질량과 속도를 곱한 양**으로 정의하고 기호로는 보통 p를 사용합니다. 즉, 질량이 m, 속도가 v인 어떤 물체의 운동량은 다음과 같습니다.

$$p = mv$$

단순히 숫자 두 개를 곱했는데 이렇게 뭔가 새로운 이름을 붙이는 건 이유가 있어서겠지요? 이름에서 알 수 있듯이, 운동량은 얼마나 활발한 운동이 일어나는지 나타내는 양이라고 할 수 있습니다. 예를 들어 어떤 물체가 천천히 움직이는 것보다 빨리 움직이는 것이 운동량이 큽니다. 또한, 가벼운 물체보다는 무거운 물체가 움직이면 운동량이 큽니다. 걷는 것보다는 뛰는 게, 자전거보다는 트럭이 운동량이 크다고 생각하는 게 직관적으로 당연하죠? 곧이어 살펴보겠지만, **운동량은 특히 어떤 물체가 서로 충돌할 때 충돌 전과**

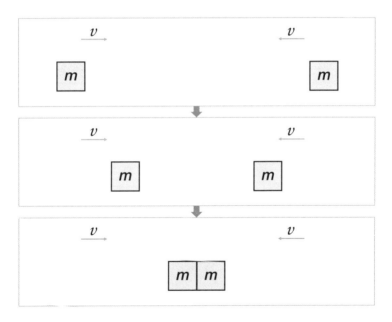

그림 2 _ 질량을 비롯한 모든 성질이 완전히 같은 두 물체가 서로 반대쪽에서 같은 속도로 달려와 정면충돌한다. 두 물체가 한 덩어리가 되었을 때, 어떻게 움직일까?

충돌 후에 변하지 않고 같은 값을 유지한다는 매우 중요한 성질이 있습니다.

그림 2처럼 질량을 비롯한 모든 성질이 완전히 같은 두 물체가 서로 반대쪽에서 같은 속도로 달려와 정면충돌하는 상황을 생각해 봅시다. 편의상 충돌 후에 두 물체가 떨어지지 않고 완전히 딱 달라붙어 한 덩어리가 된다고 해 보죠. 예를 들어 물체 표면에 매우 강력한 접착제를 발라 놓았다고 상상하면 됩니다. **충돌 후 이 덩어리는 어떻게 움직일까요?** 굳이 어렵게 생각하지 않아도 답이 보입니다. 제자리에 정지하겠지요. 충돌하는 두 물체가 본래 똑같은 물체였고 빠르기도 같았으니까요. 당연한 결과죠?

그림 3의 상황은 어떤가요? 같은 두 물체인데, 한 물체는 정지해 있습니다. 다른 한 물체가 왼쪽에서 속도 v로 달려와 그 물체에 충돌한 뒤 역시 한 덩어리가 되었습니다. 이 한 덩어리 물체는 이제 정지해 있지 않고 움직이겠지요. v보다 느리게 움직이는 건 확실한데, **과연 얼마의 속도로 움직일까요?**

이 속도를 쉽게 알아낼 수 있는 방법이 있습니다. 이런 논리를 처음 접하는 분은 거의 속는 듯한 느낌이 들 수도 있는 기가 막힌 방법입니다. **정지 상태에서 이 충돌을 보지 말고 차를 타고 움직이며 살펴봅시다.** 그림 4를 보면, 차가 움직이는 속도는 오른쪽으로 $\frac{v}{2}$, 즉 움직이는 물체 속도의 절반입니다. 차를 타고 가면서 충돌 장면을 보면, 왼쪽 물체의 속도는 반으로 줄어서 $\frac{v}{2}$겠죠. 바닥에 정지해 있던 물체는 차 안에서 보면 오른쪽에서 왼쪽으로 다가오는 걸로 보일

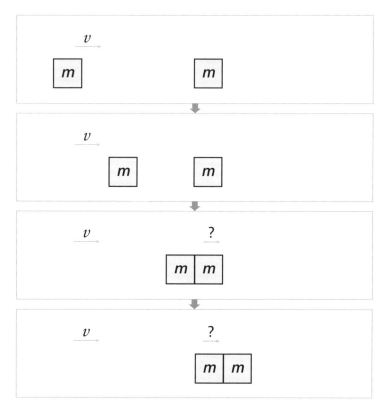

그림 3 한 물체가 달려와 정지한 물체와 충돌하여 한 덩어리가 되었다. 이 덩어리가
움직이는 속도는 얼마일까?

겁니다. 속도는 차가 움직이는 속도와 같고 방향은 반대, 즉 $-\dfrac{v}{2}$ 겠

지요. 결국 그림 5처럼 됩니다. (현재 우리는 잠시 상대론을 떠나 있으므

로, 상대론적 효과는 생각하지 않습니다.)

그런데, 이건 이미 우리가 알고 있는 경우네요. **움직이는 차에서**

보면 이 충돌은 그림 2의 상황과 같습니다! 속도만 v가 $\dfrac{v}{2}$로 바뀌었

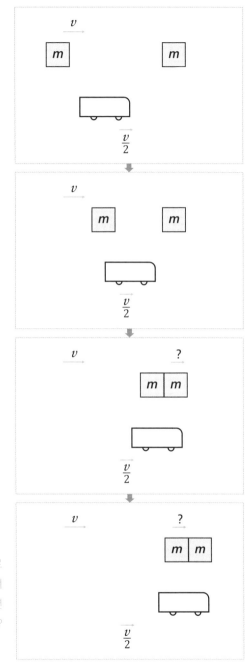

그림 4_ 속도 $\frac{v}{2}$ 로
움직이는 차 안에서
그림 3의 충돌 광경을 보면
어떻게 보일까?

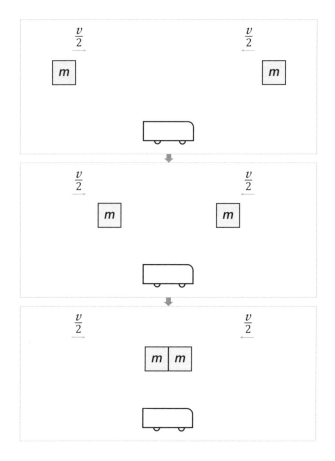

그림 5. 차가 정지해 있는 관점(차에 타고 있는 사람의 관점)에서 보면 이 상황은 그림 2와 같다. 속도만 v가 $\frac{v}{2}$로 바뀌었을 뿐이다.

을 뿐이죠. 그럼 충돌 후 한 덩어리가 되었을 때, 그 물체는 정지해 있겠지요. 차를 타고 가면서 보면 말이지요. 차를 타지 않고 그냥 땅에 서서 이 충돌을 보는 사람에게 그 덩어리의 속도는 얼마여야 할까요? 물론 차가 움직이는 속도와 같아야겠지요. 즉, $\frac{v}{2}$로 움직입니다. 그냥 관점만 한 번 바꿔 봤을 뿐인데 답이 나와 버렸네요. 정지해 있는 물체에 충돌하여 한 덩어리가 되면 속도가 반으로 줄어듭니다. 그럴듯한 결과죠?

운동량을 이용하면 이 충돌을 다음과 같이 설명할 수도 있습니다. 일단 두 물체의 충돌 전 운동량을 모두 더합니다. (정지한 물체는 속도가 0이므로 운동량도 0입니다.)

$$\text{충돌 전의 전체 운동량} = mv + (m \times 0) = mv$$

충돌 후에는 질량이 $2m$인 한 덩어리 물체만 있으므로 다음과 같습니다.

$$\text{충돌 후의 전체 운동량} = (2m)\left(\frac{v}{2}\right) = mv$$

충돌 전과 후의 운동량이 mv로 똑같죠? 특히, **충돌 후 어떻게 변하지 않고 mv로 남아 있는지 잘 살펴보세요.** 질량이 두 배가 되었지만, 속도가 절반이 되면서 운동량 자체는 변하지 않습니다. 이게 바로 질량과 속도를 곱하여 운동량이라는 새로운 이름을 굳이 붙인 이유입니다.

여기서는 가장 간단한 상황만 생각했지만, **물체의 개수나 질량, 속도 등에 상관없이 가장 일반적인 경우에도 운동량이 항상 충돌 전후에 같다는 사실을 보일 수 있습니다.** 또한 여기서는 정면충돌하는 것만 생각했지만, 당구공 충돌처럼 충돌 후 움직이는 방향이 바

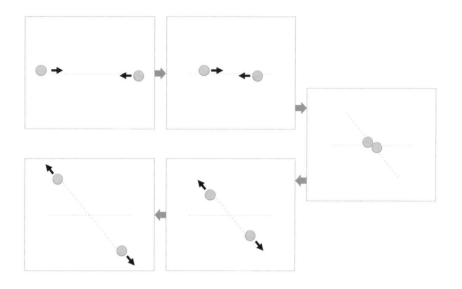

그림 6. 물체가 다른 방향으로 튕겨 나가는 충돌에서도 운동량은 보존된다. 가로 방향은 가로 방향끼리, 세로 방향은 세로 방향끼리 충돌 전과 후의 운동량이 같다.

뀌는 경우에도 모든 방향의 운동량이 항상 같습니다(그림 6). 이것을 **운동량 보존법칙**이라고 합니다. 바로 위의 간단한 상황에서, 우리는 거의 아무것도 하지 않고 단순히 관점만을 변경했을 뿐인데 운동량 보존법칙이 자동으로 얻어진다는 사실을 알아냈습니다.

충돌 후 물체의 속도는 물체의 특성에 따라 달라집니다. 위의 예에서는 강력한 접착제를 발라서 한 덩어리가 되었지만, 보통 당구공끼리 충돌하면 그림 6처럼 충돌 후에도 충돌 전과 거의 같은 빠르기로 움직이겠지요. 만약 두 물체 사이에 폭탄을 장착해 놓았다면 충돌할 때 폭탄이 터지면서 더 큰 속도로 물체가 튀어 나갈 수도 있습니다. 이처럼 충돌 후 속도는 구체적 상황에 따라 달라질 수 있지만, 그 어떤 경우에도 운동량은 항상 보존됩니다.

운동량 보존법칙은 뉴턴 이론을 넘어 훨씬 일반적으로 성립합니다. 이것은 우리 우주의 모든 위치가 동등하다는 대칭성에서 나오는 매우 근본적인 원리입니다. 대칭성과 보존법칙 사이의 관계는 물리학에서 매우 중요한 원리이지만, 이 책의 주제와 직접적인 관련은 많지 않으므로 이 정도로 설명을 그칩니다. 더 관심이 있는 분은 이 장의 끝에 있는 〔토론〕을 살펴보시기 바랍니다.

그런데, 운동량이나 운동량 보존법칙이 $E=mc^2$과 어떤 관계가 있냐고요? 바로 39강의 주제입니다.

39강
새로운 운동량을 찾아서

특수상대론의 여러 효과 중에 '**질량 증가**'로 흔히 알려진 현상이 있습니다. $E=mc^2$으로 가기 위한 전 단계라고 할 수 있습니다. '**움직이는 물체는 무거워진다**'고 표현하면 쉽게 기억할 수 있을 겁니다(다만, 자칫하면 잘못 이해할 수 있으므로 약간의 주의가 필요합니다. 이 내용은 다음 40강에서 설명합니다). 그런데, **시간 팽창이나 길이 수축은 시공간 자체의 특성인 반면, 무거워진다는 것은 물질의 특성입니다.** 이런 의미에서 '질량 증가 효과'는 지금까지 알아보았던 특수상대론의 여러 효과와는 본질적인 차이가 있습니다. 38강에서 운동량과 운동량 보존법칙에 대한 설명을 먼저 한 이유입니다.

뉴턴의 이론에서 질량 m인 어떤 물체가 속도 v로 움직이면, 이들을 곱하여 운동량이라고 부릅니다. 운동이 얼마나 활발하게 일어나는지를 나타내죠. 운동량은 흔히 기호로 p로 표시합니다. 즉, 어떤 물체의 운동량 $p=mv$죠. 이렇게 질량과 속도를 곱하여 새롭게 운동량이라는 이름을 붙인 데는 특별한 이유가 있습니다. 38강에서 설명했듯이 **물체들이 충돌할 때 충돌 전과 후의 운동량은 변하지 않습니다.** 이걸 '**운동량 보존법칙**'이라고 하는데, 관점을 바꿨을 때 어떤 일이 일어날지 생각해 보면 자연스럽게 유도되는 법칙입니다.

예를 들어 그림 1처럼 질량이 m인 물체가 정지해 있는 $2m$의 물

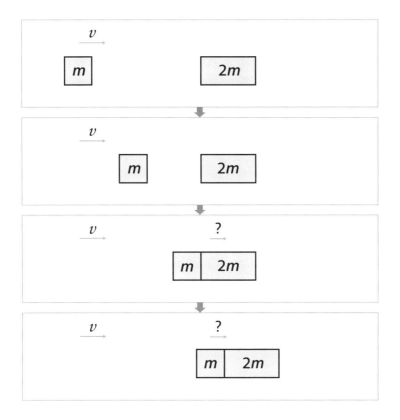

그림 1_ 질량 m인 물체가 $2m$인 물체와 충돌하여 한 덩어리가 되어 움직이는 경우.

체와 충돌 후 질량이 $3m$인 한 덩어리가 되었다면 충돌 후 속도는 어떻게 바뀔까요?

운동량 보존법칙, 즉 충돌 전과 후의 운동량이 같다는 사실을 이용하면 속도를 구할 수 있습니다. 충돌 후 덩어리의 속도를 v'이라 하면 다음과 같이 쓸 수 있습니다.

$$\text{충돌 전 운동량} = mv + (2m \times 0) = mv$$
$$\text{충돌 후 운동량} = (3m)v'$$

충돌 전후의 운동량이 같아지려면 $v' = \dfrac{v}{3}$ 이어야 하겠네요.

이번에는 그림 2처럼 질량이 같은 두 공이 충돌한 후, 충돌 전과 같은 빠르기로 방향만 다르게 튀어 나가는 경우를 생각해 봅시다. 당구공의 충돌이 근사적으로 이에 해당합니다. 충돌 전과 후의 방향이 달라졌더라도, 서로 반대 방향으로 움직이는 건 마찬가지입니다. 이 경우에도 역시 운동량 보존법칙이 잘 성립합니다. 충돌 전의 운동량도 0, 충돌 후의 운동량도 0이죠.

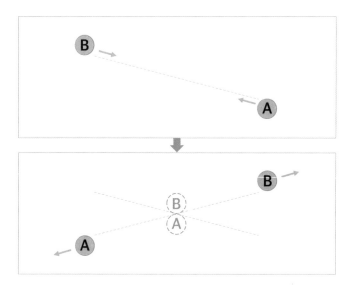

그림 2 _ 두 공의 충돌. 충돌 전과 후의 방향만 바뀌는 경우.

이 상황을 다른 관점에서 보면 어떨까요? 기훈은 왼쪽으로 움직이며 공 A를 따라가면서 충돌을 관찰합니다. 기훈에게는 그림 3처럼 보이겠죠? A는 이제 수직 방향 움직임만 있습니다. 물체 B는 수평 방향의 속도가 더 빨라졌겠지요.

기훈의 관점에서도 운동량 보존을 쉽게 이해할 수 있습니다. 충돌 전후 물체 B의 수평 방향 속도는 변함이 없습니다. 수직 방향으로는 두 물체가 모두 충돌지점으로 왔다가 충돌이 일어난 뒤 돌아가는 모습입니다. A가 올라가는 속도와 B가 내려오는 속도가 같고

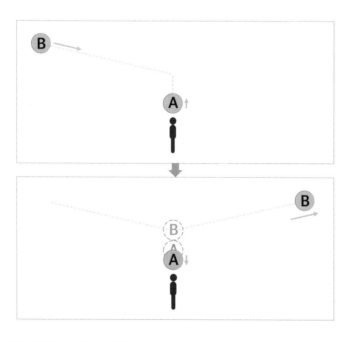

그림 3_ 왼쪽으로 움직이며 공 A를 따라가면 공 A는 수직 방향으로만 움직인다. 공 B는 수평방향 속도가 두 배가 되었다.

충돌 후에도 방향만 정반대로 바뀌어 내려오고 올라갑니다.

지영은 공 B를 따라가며 오른쪽으로 움직입니다. 지영에게는 충돌이 그림 4처럼 보일 겁니다. 지영의 관점에서는, B가 수직 방향으로 움직이고 A는 더 빠르게 왼쪽으로 움직이겠지요. 기훈의 관점과 상하좌우만 뒤집혔을 뿐입니다. 역시 충돌 전후의 운동량은 보존되겠지요.

여기까지, 한 점의 의구심도 없이 모든 상황이 명확한가요? **사실**

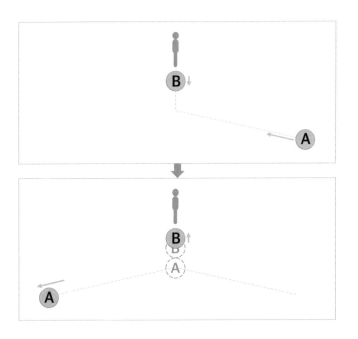

그림 4. 지영은 공 B를 따라가며 오른쪽으로 움직인다. 지영의 관점에서는 B가 수직 방향으로만 움직이고 A는 수평 방향 속도가 두 배가 되어 매우 빠르게 왼쪽으로 움직인다.

을 말하자면, 지금까지의 설명은 뉴턴의 이론에서는 **옳습니다.** 우리의 일상 경험에 바탕을 둔 상식 수준의 논리로는 완벽합니다. **하지만, 특수상대론에서는 아닙니다.** 어디에 문제가 있을까요?

특수상대론에서 관점을 바꾸면 어떤 일이 벌어지죠? 더 이상 같은 시간과 길이의 기준을 사용할 수 없습니다. 빨리 움직일수록 그 차이가 극명하게 드러납니다.

상대론적 효과를 쉽게 깨닫기 위해, 당구공의 충돌이 우주에서 일어난다고 상상해 봅시다. 그림 5는 기훈의 관점을 그렸습니다. 위에서 설명한 것처럼 공 A는 수평 방향의 움직임은 없습니다. 공 B는 우주선에 태웁니다. 우주선 안에는 지영이 있죠. 지영이 볼 때 공 B는 수직 방향으로만 움직입니다. A와 B를 충돌시켜야 하므로 우주선에 작은 구멍이 뚫려 있다고 생각합니다. 이 구멍을 통해 A와 B가 충돌하는 거죠.

뭔가 익숙한 상황이죠? **시간 팽창!** 기훈의 관점에서 우주선 내부의 시간은 매우 천천히 흐르는 것으로 보입니다. 수평 방향으로 우주선이 빨리 움직일수록 시간이 천천히 흐르죠. 빛의 속도에 접근하면 우주선 내부는 거의 정지한 것처럼 보일 겁니다. 그 안에 있는 공 B도 수직 방향으로는 거의 정지한 듯 아주 천천히 아래로 내려와서 A와 충돌하고 다시 천천히 위로 올라가겠죠. **수직 방향의 움직임만 본다면 B의 수직 방향 속도는 A보다 더 느릴 겁니다. 시간이 천천히 흐르는 바로 그만큼 말이죠!**

달리 표현하자면, 특수상대론의 시간 팽창 효과 때문에 기훈의

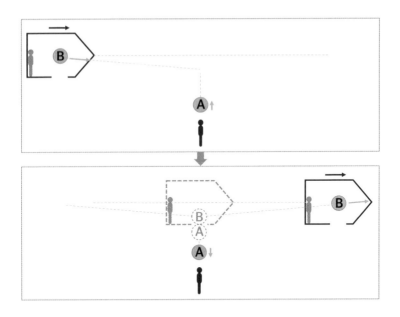

그림 5_ 기훈의 관점(그림 3)을 쉽게 이해하기 위해 공 B가 우주선 안에 있다고 생각해 보자. 물리적 상황은 그림 3과 같지만, 이렇게 상상하면, 우주선 안에서 시간이 천천히 흘러야 한다는 것을 곧바로 깨달을 수 있다.

관점에서 두 당구공의 수직 속도는 같지 않습니다. 그림 6에 수직 방향의 움직임만 따로 나타냈습니다. 그림에서 보듯 A만 빨리 튕겨 나가네요. 만약 운동량이 질량 곱하기 속도(mv)라면, 그리고 질량이 변하지 않는다면, 이 경우에 운동량 보존법칙은 성립할 수 없겠지요. '만약' 특수상대론에서도 mv를 계속 운동량으로 부르기로 한다면 말이죠.

mv를 특별 취급하여 새로 이름까지 붙여 준 건 그게 충돌 전후에

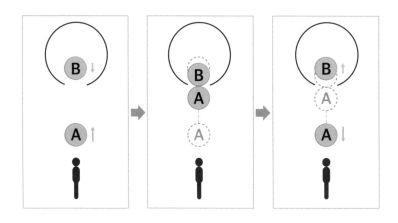

그림 6_ 수직 방향의 운동만 따로 떼어 그렸다. 그림 5의 우주선 앞쪽에서 보이는 모습이라고 생각해도 된다. B는 시간 팽창에 의해 움직임이 느려졌다.

변하지 않는다는 보존법칙이 있었기 때문입니다. 상대론에서는 전혀 그럴 이유도 필요성도 없습니다. '사랑은 움직이는 거야'라는 광고 문구가 떠오르네요. 운동량의 정의도 움직입니다. 사랑은 마음을 따라가지만, 운동량의 정의는 유용함을 따라가죠. 그 유용함은 바로 **보존법칙입니다! 충돌 전후에 보존되는 새로운 양을 찾아 그걸 우리의 새로운 운동량이라고 부르면 됩니다.**

보존되는 새로운 양을 어떻게 찾을까요? 우리는 이미 답을 거의 알고 있습니다. 시간이 느려진 만큼 보정해 주면 되니까요.

40강
상대론적 운동량

두 물체가 충돌한 후 속도가 각기 달라지는 상황은 일상에서도 종종 일어납니다. 축구나 농구 같은 스포츠에서 공을 다투다 한쪽이 밀려나거나, 트럭과 오토바이가 충돌했을 때 오토바이만 튕겨 나가는 것이 그러한 사례입니다. 질량에 차이가 나면 이렇게 된다는 걸 우리는 경험으로 잘 알고 있습니다.

이런 상황이 벌어지는 이유를 물리학 용어로 표현하면 운동량 보존법칙 때문이라고 할 수 있습니다. 운동량의 변화가 상쇄되어야 하

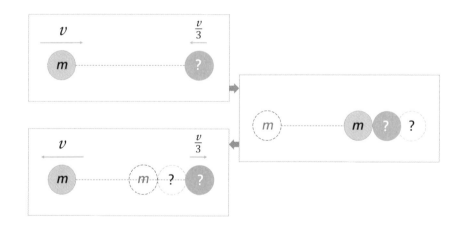

그림 1 뉴턴의 이론 혹은 일상 경험에 의하면, 질량이 서로 다른 두 물체가 각각 속도 v와 $\frac{v}{3}$로 다기와 충돌한 뒤 방향만 바꾸어 다시 v, $\frac{v}{3}$로 움직인다면 오른쪽 물체의 질량은 왼쪽 물체 질량의 세 배여야 한다.

는데, 운동량은 질량에 속도를 곱한 양이므로 질량이 무거운 쪽의 속도 변화가 작은 거죠. 예를 들어 그림 1처럼 질량이 서로 다른 두 물체가 각각 속도 v, $\frac{v}{3}$로 다가와 충돌한 뒤 방향만 바꾸어 다시 v, $\frac{v}{3}$로 움직인다면 천천히 움직이는 물체의 질량은 빨리 움직이는 물체 질량의 세 배여야 합니다. 그래야 질량과 속도의 곱인 운동량이 보존됩니다.

이런 경험에 비추어 보면, 39강에서 살펴본 그림 6의 경우 두 공의 질량이 다르다고 생각하는 것이 매우 자연스럽습니다. **기훈의 관점에서 볼 때, A보다 B가 무거워진 거죠. 속도가 느려진 그만큼 정확히 질량이 커졌다고 생각하면 딱 맞아떨어집니다.**

参考

여기에 약간 미묘한 문제가 있습니다. B의 속도가 우주선의 속도와 정확히 같진 않습니다. 우주선은 수평으로만 움직이고 B는 수직으로도 움직이니까요. 마찬가지로 A도 완전히 정지해 있지 않고 수직 방향으로 움직입니다. 따라서 엄밀히 말하면, 기훈의 관점에서는 A의 시간도 약간 느려지겠지요.

사소하지만 마음에 걸리는 이런 문제를 해소하기 위해 우주선의 속도는 매우 빠르고 A나 B 속도의 수직 성분은 매우 작아서 거의 0에 근접하는 경우만 생각하겠습니다. 고등학교 수학 용어로는, 속도의 수직 성분이 0으로 갈 때의 극한값을 구한다고 표현합니다. 그러면 B의 시간이 느려지는 정도는 순전히 수평 성분 v에 의해 정해집니다. 또한, A의 속도가 거의 0이면 A의 시간 팽창 효과도 무시할 수 있습니다.

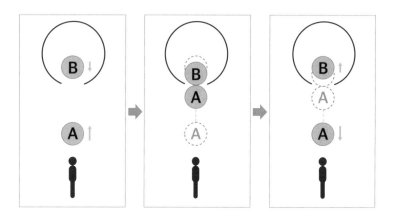

그림 2(39강의 그림 6)_ 뉴턴 이론에 비추어 공 A와 B의 충돌 전후 속도 변화를 살펴보면, B가 A보다 무거워졌다고 해석할 수 있다.

이제 B의 시간 T_B는 예전에 유도했던 시간 팽창 공식을 따라 느려집니다. (식에서 γ는 로런츠 인자라고 부른다고 했죠?)

$$T_B = T_A \sqrt{1 - v^2/c^2} = \frac{T_A}{\gamma}$$

이렇게 시간이 느리게 흐르면, A에 비해 바로 그만큼 B의 수직 방향 속도가 느려질 겁니다. 즉, A의 속도를 u라고 하면 B의 수직 방향 속도 w는 $w=u/\gamma$가 된다는 얘기입니다. 그래서 그림 2처럼 B가 천천히 움직이는 것으로 보인다는 거죠. 앞에서 설명했듯이 이건 마치 질량이 γ배만큼 무거워진 것과 같습니다. 그러면 운동량의 수직 방향 성분이 질량(γm) 곱하기 수직 방향 속도(u/γ)가 되어 다음과 같이 수직 방향에 대해 운동량 보존법칙이 성립합니다.

$$\gamma m \cdot \frac{u}{\gamma} = mu$$

이런 이유로 **본래의 질량에 γ를 곱하여 질량이 γm으로 증가했다고 하고, 이것을 '상대론적 질량'이라고 부릅니다.** 이렇게 속도 v로 움직이는 물체의 질량이 γm으로 바뀐다고 생각하면 일반적으로 운동량은 단순히 mv가 아니라 다음과 같이 정의를 바꿔야겠죠.

$$p = (\gamma m)v = \gamma mv = \frac{mv}{\sqrt{1 - v^2/c^2}}$$

그러면, 운동량 보존법칙이 특수상대론에서도 그대로 성립하게 됩니다!

속도가 커질수록 γ가 증가하므로 상대론적 질량과 운동량도 증가합니다. 그리고 속도가 광속에 접근하면 상대론적 질량과 운동량은 무한히 커질 수 있죠. 정확히 광속이면 분모가 0이므로 정말 무한대가 되어 버립니다. 앞쪽에서 언급했듯이 보통 물체의 경우 이렇게 속도가 정확히 광속이 되는 일은 일어나지 않습니다.

상대론에서 질량이라는 용어는 여러 의미로 사용됩니다. 때에 따라 혼란을 일으키기도 하기 때문에 여기서 간단히 정리하겠습니다. **'움직이는 물체의 질량은 증가한다' 혹은 '질량 증가 효과'에 등장하는 질량은 상대론적 질량입니다.** 즉, 어떤 물체가 정지해 있을 때의 질량을 m이라 하면 상대론적 질량은 γm입니다.

질량은 본래 변화에 대해 저항하려는 성질이 얼마나 강한지를 나타내는 양입니다. 우리가 흔히 관성이 크다, 작다는 표현을 쓰는데, 질량은 관성을 정량화한 것으로 생각해도 됩니다. 위에서 보았듯이 특수상대론에서는 물체의 속도가 커질 때 변화가 느려지므로, 이런 관점에서 본다면 속도에 따라 질량이 달라진다고 생각하는 건 직관적으로도 잘 맞는 얘기입니다.

하지만, **많은 물리학자는 상대론적 질량이라는 용어를 싫어합니다.** 아인슈타인도 한때 잠깐 사용한 적이 있지만, 나중에는 쓰지 말자고 주장했습니다. γm이 관성을 반영하는 양이긴 하지만, 일관되게 그렇게만 생각하긴 어려운 상황이 있기 때문입니다. 그리고 무엇보다도 여기에 c^2을 곱하면 그게 바로 다음에 설명할 에너지(γmc^2)이기 때문에, 굳이 상수를 곱한 차이밖에 없는 양에 새로 이름을 붙일 필요가 별로 없습니다. 그래서 보통은 그냥 정지해 있을 때의 질량을 '질량'이라고 부릅니다. 상대론적 질량과의 구분을 명확히 해야 할 때는 '정지질량'이라는 용어를 사용하기도 합니다.

요약하자면, **많은 물리학자가 사용하는 표준 용법으로 질량은 그냥 정지한 상태에서의 질량을 의미하고, 운동량의 정의 자체를 mv가 아니라 γmv로 바꿉니다.** 그러면 운동량 보존법칙이 여전히 성립합니다. 속도가 광속보다 매우 작은 극한에서는 γ가 1이 되므로 이렇게 정의한 운동량이 mv가 됩니다. 우리에게 익숙한 mv는 속도가 작을 때의 근사식일 뿐이고 γmv가 운동량의 옳은 정의라는 뜻입니다.

41강

정지질량의 합은 보존되지 않는다

아인슈타인이 위대한 물리학자의 수준을 넘어서 전 세계에 모르는 사람이 거의 없을 정도로 유명해진 데는 여러 이유가 있겠지만, $E=mc^2$이라는 수식도 그 이유 중 하나일 겁니다. 아인슈타인의 위대함이 깃든 식이지만, 때로는 다루기 힘든 현대 과학을 상징하는 식으로도 인식되어 있죠. 수많은 목숨을 앗아 간 핵폭탄이나 논란이 끊이지 않는 핵발전의 기본 원리니까요. 살면서 어디선가 접할 수밖에 없는 식이자, 몇 번 보면 저절로 외워질 정도로 단순한 식이기도 합니다.

아인슈타인은 어떻게 이 식을 알아냈을까요? 이 식으로 우리는 무엇을 깨닫게 되었을까요?

$E=mc^2$을 유도하는 방법은 여러 가지가 있지만, 이해하려면 모두 약간의 물리 지식이 필요합니다. 여기서는 그중에서 비교적 간단하고 이해하기 쉬운 방법을 소개하겠습니다. $E=mc^2$ 자체가 수식이므로 이 식을 얻는 과정에서 불가피하게 수식을 사용할 수밖에 없습니다. 수식 계산에 익숙하지 않은 독자는 수식이 나오면 눈으로만 보고 논리에 집중하시기 바랍니다. 핵심 줄거리를 따라가는 건 수학을 몰라도 됩니다.

같은 질량의 두 물체가 충돌하여 한 덩어리가 되는 상황을 생각해 봅시다. 그림 1입니다. 기훈의 관점에서 이 두 물체는 서로 반대 방향에서 날아와 충돌 후 한 덩어리가 된 뒤 멈춥니다. 충돌 전 물체의 (정지)질량을 각각 m이라 하고 속력을 v라 하면 운동량은 γmv입니다. 충돌 전의 운동량은 물론 0이죠. 두 물체의 운동량이 서로 상쇄되니까요. 이를 식으로 나타내면 다음과 같습니다.

$$\text{충돌 전 운동량} = \gamma mv - \gamma mv = 0$$

충돌 후의 운동량을 계산하려면 한 덩어리가 된 물체의 질량이 필요합니다. 40강에서 살펴보았듯이 상대론에서는 질량이 변할 수

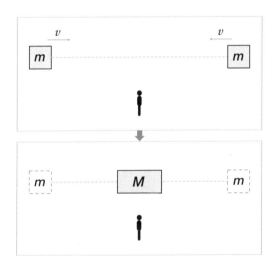

그림 1_ 정지질량이 m인 두 물체가 충돌하여 어떤 정지질량 M의 한 덩어리 물체가 되고 멈춘다. 기훈의 관점에서 두 물체는 서로 반대 방향에서 날아오므로 수평 방향으로만 움직인다.

있습니다. 충돌 후의 질량이 $2m$이 아닐 수 있다는 얘기죠. 새로운 질량을 일단 M이라고 놓고 어떤 값이 될지 앞으로 구하겠습니다. M이 얼마인지는 몰라도 충돌 후 운동량이 0인 건 확실합니다. 충돌 후 속도가 0이니까요. 충돌 전과 후의 운동량이 모두 0이므로 운동량 보존법칙이 잘 성립하는 것을 확인할 수 있습니다.

사실 운동량을 계산할 때는 모든 방향을 다 고려해야 합니다. 다만, 기훈의 관점에서 볼 때 이 충돌은 수평 방향 직선을 따라 일어나므로 수직 방향의 운동량은 생각할 필요가 없죠. 수직 방향으로는 아무것도 안 일어나고 운동량이 그냥 0입니다.

이미 여러 차례 강조했지만, 상대론의 마법은 관점을 바꿀 때 일어납니다. 지영이 기훈에 대해 아래로 w의 속도로 움직이는 경우를 생각해 봅시다. 40강에서처럼 w가 v보다 매우 작은 경우만 고려하여 거의 0이라고 놓겠습니다. 지영의 관점에서는 이 충돌이 그림 2처럼 보이겠지요. 충돌 전과 후의 물체가 전체적으로 수직 방향으로 위로 움직입니다. 아래로 움직이고 있는 지영의 관점이니까요.

지영의 관점에서 운동량 보존법칙을 적용해 봅시다. 수평 방향은 기훈의 관점과 다를 게 없습니다. 수직 방향은 어떨까요? 기훈의 관점에서는 수직 방향의 움직임이 아무것도 없었으므로 얻을 정보도 없었습니다. 하지만, 지영의 관점은 다르죠. 모두 w로 움직이니까요. 충돌 전의 운동량은 다음과 같습니다.

$$\text{충돌 전 수직 방향의 운동량} = 2\gamma mw \simeq \frac{2mw}{\sqrt{1 - v^2/c^2}}$$

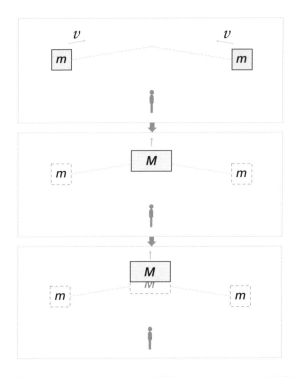

그림 2_ 기훈에 대해 아래로 w의 속도로 움직이는 지영의 관점. 충돌 전후의 모든 물체가 전체적으로 위로 움직인다. 수직 방향의 운동량 보존법칙을 이용하여 새로운 정보(질량 M)를 알 수 있다. w가 매우 작으면 뉴턴 이론의 계산과 일치해야 한다.

여기에서 w가 매우 작으므로 로런츠 인자는 40강에서 설명한 것처럼 그냥 v에 대한 것을 사용했습니다. (기호 $\simeq$는 w가 0으로 가는 극한에서 등식이 성립한다는 의미입니다.) 충돌 후에는 질량이 M인 덩어리가 w의 속도로 움직이므로 충돌 후 운동량은 다음과 같습니다.

$$\text{충돌 후 수직 방향의 운동량} = \frac{Mw}{\sqrt{1 - w^2/c^2}} \simeq Mw$$

역시 w가 매우 작다고 생각하여 w^2은 없앴습니다. 운동량이 보존
되려면 이 두 식이 같아야겠네요. 다음처럼요.

$$M = \frac{2m}{\sqrt{1 - v^2/c^2}} = 2\gamma m$$

**따라서 충돌 후 덩어리의 질량 M은 충돌 전 물체의 질량을 더한
값 $2m$보다 더 큽니다!**

이 결과와 40강에서 설명했던 상대론적 질량은 언뜻 보면 같은
내용처럼 보이지만, 곰곰이 생각해 보면 그렇지 않습니다. 상대론적
질량은 어떤 한 물체에 대한 것이었죠. 물체가 움직이면 그 속도에
따라 γm이 변화하고 그걸 상대론적 질량으로 부르기도 한다고 했
습니다. 하지만, 물체의 속도는 관점에 따라 달라지므로 상대론적
질량도 관점에 따라 달라집니다.

**위에서 얻은 결과는 한 덩어리 물체가 '정지'해 있을 때의 질
량 M이 커진다는 것입니다. 충돌 전 두 물체의 상대론적 질량 γm
의 합이 고스란히 '정지질량'으로 전환되었다는 뜻이죠.** 이걸 처음
접하면 의미가 바로 와닿지 않을 수 있습니다. 시간을 두고 곱씹으
며 음미할 내용입니다. **$E=mc^2$의 핵심이 여기 있습니다.** 이것의 의
미는 나중에 자세히 살펴보겠습니다.

$E=mc^2$에 점점 가까워지고 있다는 느낌이 드시나요?
이 결과와 에너지를 연결하려면 조금 더 생각이 필요합니다.

왜 $E=mc^2$ 인가

드디어 $E=mc^2$ 을 만납니다. 아무래도 수식이 꽤 많이 나옵니다. 수식에 익숙하지 않으면 건너뛰면서 읽어도 괜찮습니다.

이미 우리는 사전 준비를 충분히 마쳤습니다. 단, 한 가지가 더 필요합니다. **에너지 보존법칙**입니다. 시간이 흘러도 우주 전체의 에너지는 더 늘어나거나 줄어들지 않고 일정하다는 법칙이죠. 일상에서도 널리 쓰이기 때문에 그리 낯설지 않을 겁니다.

에너지 보존법칙은 시간이 바뀌어도 물리법칙은 달라지지 않는다는, 당연해 보이는 사실에서 따라 나오는 근본 법칙입니다. 앞에서 운동량 보존법칙은 우리 우주의 모든 위치가 동등하다는 공간에 대한 대칭성에서 나온다고 했는데, 이것의 시간 짝이 에너지 보존법칙입니다. 상대론에서는 시간과 공간이 개별적인 개념이 아니므로 두 법칙이 서로 짝을 이루어 성립하는 건 매우 당연하다고 볼 수 있죠. 우리는 상대론적 운동량이 mv 가 아니라 γmv 라는 것을 이미 알아냈습니다. 이 표현의 시간 짝이 여기서 얻으려고 하는 바로 그 식입니다.

우주에 두 물체만 있다면 이들의 충돌 전과 충돌 후 에너지는 같아야 할 겁니다. 이게 바로 '에너지가 보존된다'는 문장의 의미죠. 혹은, 충돌 전과 후에 보존되는 어떤 양을 찾아 그걸 에너지라고 정의한다고 표현하는 것이 더 적절할 수도 있습니다. 앞에서 이미 우리는 그런 양을 하나 찾았죠. 운동량 $\gamma m v$. 이 양은 속도가 매우 작은 극한에서 우리가 잘 아는 뉴턴 이론의 운동량 $m v$가 됩니다. 이와 마찬가지로, 운동량과는 다른 새로운 어떤 양이 충돌 전후에 보존되고 속도가 매우 작은 극한에서 뉴턴 이론의 에너지가 된다면, 그걸 특수상대론에서의 에너지로 부를 수 있을 겁니다. 조금 추상적인 논의지만, 아래에 이어지는 설명을 보면 그리 어려운 얘기는 아닙니다.

41강에 이어 정지 질량이 m인 두 물체가 충돌해서 한 덩어리가 되는 상황을 계속 살펴보겠습니다. 충돌 전 한 물체의 에너지를 E_1이라고 하면 전체 에너지는 $2E_1$이겠지요. 만약 에너지 보존법칙이 성립한다면 충돌 후의 에너지를 E라고 했을 때 다음과 같이 쓸 수 있습니다.

$$E = 2E_1$$

앞에서 구한 질량 관계식($M=2\gamma m$)으로 이 식을 나누어 봅시다.

$$\frac{E}{M} = \frac{E_1}{\gamma m}$$

이들이 같은 값이군요! 이 값이 뭔지는 아직 잘 모르지만 일단 k라고 둡시다.

$$\frac{E}{M} = \frac{E_1}{\gamma m} = k$$

이걸 다시 쓰면 다음과 같습니다.

$$E_1 = \gamma m k$$
$$E = Mk$$

그런데 **다른 물체와 상호작용을 하지 않고 혼자 덩그러니 있는 어떤 물체의 에너지는 그 자체로 잘 정의가 되어 있어야 합니다.** 충돌 전의 물체도 두 물체가 충돌한 후 한 덩어리가 된 물체도 각기 물체의 질량과 속도가 정해지면 에너지가 어떤 특정한 값으로 정해져야 한다는 거죠. 예를 들어, 충돌 전 물체가 충돌 후 한 덩어리가 될 자신의 운명을 미리 예견할 수는 없습니다. 그러니 E_1에 충돌 후 물체의 특성인 M이나 E가 들어가 있으면 안 되겠지요. k는 E나 M과 무관해야만 합니다.

k가 E_1이나 γ, m에 따라 달라지는 건 가능할까요? 한 덩어리 물체의 에너지를 보면 $E=Mk$인데, 위와 마찬가지 논리로 이 물체의 에너지도 그 자체의 특성에 의해서만 정해져야 하고 충돌 전 물체와는 무관해야 맞겠지요. 덩어리 물체는 두 물체가 합쳐져서 나중에 만들어진 거니 사정이 다르다고 생각할 수도 있습니다. 하지만, 시간을 거꾸로 돌려 보면 어떨까요? 그러면 질량 M인 한 덩어리 물체가 먼저 있었고 이게 나중에 두 물체로 쪼개지죠. 이런 반응도 얼마든지 일어날 수 있습니다.

이상의 논의를 통해 결국 k는 **특정 물체와 무관한 순수한 상수여야만 한다는 결론에 도달합니다.** 이제 k만 정하면 되겠네요!

k를 정하는 건 뉴턴 이론의 정보를 이용하면 됩니다. 뉴턴의 이론

에 따르면 힘을 받지 않고 자유롭게 움직이는 물체의 에너지는 운동에너지 $mv^2/2$입니다. (만약 외부에서 힘을 받고 있다면 퍼텐셜에너지(위치에너지)가 더 추가되지만, 여기서는 굳이 그런 경우까지 생각할 필요는 없습니다.)

상대론을 하다가 갑자기 왜 뉴턴 이론이냐고요? **뉴턴 이론과 특수상대론의 관계**를 생각해 봅시다. 특수상대론은 뉴턴의 이론을 포함하는 더 근본적인 이론입니다. 뉴턴 이론은 빛의 속도보다 매우 느리게 움직이는 물체에 적용되는 근사적인 이론이죠. 이걸 살짝 다르게 표현하면, 물체의 속도가 빛의 속도보다 매우 느릴 때는 특수상대론이 뉴턴의 이론과 일치하는 결과가 나와야 한다는 얘기입니다. **위에서 얻은 에너지의 표현은 물론 특수상대론에서 얻은 결과이므로 속도가 매우 빨라도 성립하지만, 속도가 매우 느려도 성립해야만 합니다. 즉, 속도가 매우 느릴 때 뉴턴 이론의 에너지가 나와야 한다는 거죠.** 뉴턴 이론과 비교하면 k를 정할 수 있겠죠?

E_1은 질량 m인 물체가 외부와의 상호작용 없이 속도 v로 움직일 때의 에너지입니다. 구체적으로 써 봅시다.

$$E_1 = \gamma m k = \frac{mk}{\sqrt{1 - v^2/c^2}}$$

v가 c보다 매우 작으면, γ는 다음과 같이 근사할 수 있습니다.

$$\gamma = \frac{1}{\sqrt{1 - v^2/c^2}} = 1 + \frac{1}{2}\frac{v^2}{c^2} + \frac{3}{8}\frac{v^4}{c^4} + \cdots$$

여기에서 뒤에 생략한 …은 v가 c보다 작으면 작을수록 거의 0에 접근하여 무시할 수 있는 양입니다. 그림 2에 v/c를 변화시킴에 따라 좌변 γ와 우변의 근사적 표현이 얼마나 차이 나는지 보였습니다. 이런 근사법은 대학 1학년 수학 시간에 배웁니다. 이 식을 처음 보

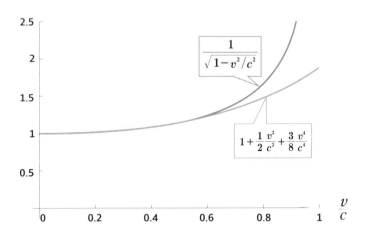

그림 2 γ와 근사식의 비교. v/c가 작으면 두 곡선이 거의 차이가 나지 않아서 그래프에서 구별이 안 된다. 0.4를 넘으면서 서서히 차이가 나기 시작하고 1에 가까우면 차이가 매우 크게 난다.

는 분들은 그냥 '맞겠거니' 하고 받아들여도 괜찮습니다. 1+1=2와 흡사한 수학의 단순한 결과일 뿐 이 식에는 어떤 흑막도 없습니다.

이것을 대입하면 다음과 같습니다.

$$E_1 = mk + \frac{1}{2}mv^2\frac{k}{c^2} + \frac{3}{8}mv^4\frac{k}{c^4} + \cdots$$

뉴턴의 이론에서는 운동에너지가 $mv^2/2$이라고 했죠? 언뜻 보면 전혀 같아 보이지 않습니다. 하지만, 잘 보면 둘째 항이 $mv^2/2$과 같습니다, k/c^2만 없다면….

k/c^2만 없다면! 즉, $k=c^2$이라면! 그럼 위의 식은 이렇게 됩니다.

$$E_1 = mc^2 + \frac{1}{2}mv^2 + \frac{3}{8}mv^2\frac{v^2}{c^2} + \cdots$$

셋째 항 이하는 모두 v/c가 매우 작을 때 무시할 수 있습니다. 둘째 항은 c와 무관하므로 그대로 살아남네요. 이게 바로 뉴턴 이론의 운동에너지와 같습니다.

첫째 항은 뭘까요? 뉴턴 이론에 없는 항입니다. 그럼 속도가 작을 때 뉴턴 이론과 어긋나는 결과가 나온 걸까요? 그렇지 않습니다. 사실 뉴턴 이론에서 에너지는 상수가 정해지지 않습니다. 운동에너지는 $mv^2/2$이지만 자유 입자의 퍼텐셜에너지는 0이라고 해도 되고 다른 아무 상수라고 해도 전혀 상관이 없습니다. 그 상수가 여기서는 mc^2이라는 특별한 값으로 정해진 거죠.

E_1과 E의 본래 표현에 $k=c^2$을 대입하면 다음과 같습니다.

$$E_1 = \gamma mc^2$$
$$E = Mc^2$$

드디어 원하는 결과를 얻었습니다!

지금까지 발견한 내용을 정리합시다.

정지질량이 m인 어떤 물체가 힘을 받지 않고 자유롭게 움직일 때 그 에너지 E는 $E = \gamma mc^2$입니다. 만약 정지해 있다면 속도가 0이고 γ는 1이므로 mc^2이겠지요.

앞서 언급했지만 여기 소개한 내용이 $E = mc^2$을 얻는 유일한 과정은 아닙니다. 아인슈타인도 다른 방법을 사용했고요. 하지만, 이것이 많은 사람이 비교적 쉽게 따라갈 수 있는 방법일 겁니다. 여전히 수식이 꽤 필요하긴 하지만, $E = mc^2$이 범접할 수 없는 신비로운 어떤 것에서 비교적 친근한 수식으로 느낌을 바꾸는 데 도움이 되었기를 바랍니다.

이어서 이 결과의 의미를 자세히 알아보겠습니다.

물리학자 스티븐 호킹은 그의 유명한 교양서적 『시간의 역사』를 쓰면서 책에 수식을 얼마나 넣을지 고심했습니다. 처음에 작성한 원고에는 수식이 많이 있었죠. 그런데 누군가가 호킹에게 수식 한 개가 늘어날 때마다 독자가 절반씩 줄어들 거라고 했습니다. 책이 안 팔릴까 봐 걱정한 호킹은 모든 수식을 다 빼기로 결심했습니다. 수식을 말로 풀어쓰거나 내용을 많이 수정해야 했겠지요. 호킹은 다른 모든 수식을 없애는 데 성공했지만, 딱 한 개는 남겨 둘 수밖에 없었다고 합니다. 시간의 역사 초판 감사의 글을 보면, 이 결정으로 인해 독자가 절반으로 줄어들지 않기를 바란다고 되어 있습니다. 그 식은 바로 $E = mc^2$입니다.

　지금까지 $E = mc^2$을 어떻게 얻을 수 있는지 최대한 쉽게 풀어 설명하려고 노력했습니다. 일반인을 대상으로 하는 보통의 교양 과학 서적에는 나오지 않는 부분이지요. 물리학 전공 서적에서 설명하는 방식과도 약간 다릅니다. 나름대로 고심하여 생각해 냈는데, 도움을 받은 분이 있기를 바랍니다.

　$E = mc^2$이 워낙 유명한 식이기 때문에 다른 책처럼 그냥 주어진 식으로 받아들이자고 해도 큰 무리는 없었겠지요. 중간 과정의 비약 없이 최소한의 논리적 흐름이라도 유지할 수 있는 쉬운 설명 방법

을 찾으려고 굳이 노력한 것은 책의 제일 앞에 썼던 바로 그 이유 때문입니다. 이 책은 특수상대론이 주제이지만, **궁극적인 목표는 물리학자처럼 생각하고 물리학자처럼 결론에 도달하는 완전한 체험을 하는 것입니다.**

아무리 유명하다 해도 하늘에서 뚝 떨어진 식을 아무 근거 없이 받아들여야 한다면, 그 순간 우리는 과학이 아니라 종교 활동을 하는 것과 다를 바 없습니다. 물론 이해가 잘 안 되는 어떤 이론을 잠정적으로 일단 받아들이고 그 결과를 보는 것도 때에 따라서 훌륭한 방법이 될 수 있습니다. 하지만, 적어도 완전한 체험을 궁극 목표로 삼은 이 책에서 핵심 중의 핵심인 $E=mc^2$을 그렇게 종교처럼 믿으라고 할 수는 없는 일이라고 생각했습니다. 헬리콥터를 타고 높은 산 정상에 착륙하는 것을 아무도 완전한 등산 체험이라고 부르지는 않으니까요. $E=mc^2$을 얻기까지의 과정이 다른 부분에 비해 수식도 많고 내용도 약간 어렵다고 느끼셨더라도 그러한 의도를 이해해 주시기 바랍니다. 핵심 논리에 집중하여 읽어 나갔다면 크게 난해하지는 않았을 거라고 믿습니다.

유도과정을 곰곰이 곱씹어 보면, $E=mc^2$은 E나 m을 어떻게 해석하느냐에 따라 여러 다른 의미가 있다는 사실을 깨달을 수 있습니다. **하늘에서 뚝 떨어진 식을 비판 없이 받아들이는 것과 모든 과정을 자기 눈과 손과 뇌를 이용하여 일일이 고민하고 검증하며 따라가 보는 것의 차이가 이런 데 있습니다.** E나 m은 단순히 에너지와 질량으로 받아들여야 하는 어떤 것이 아니라, 이들이 등장한 맥락 속에서 우리가 의미를 부여하고 해석해야 하는 존재입니다.

앞에서 살펴본 충돌 전과 후의 상황을 다음과 같이 요약할 수 있습니다.

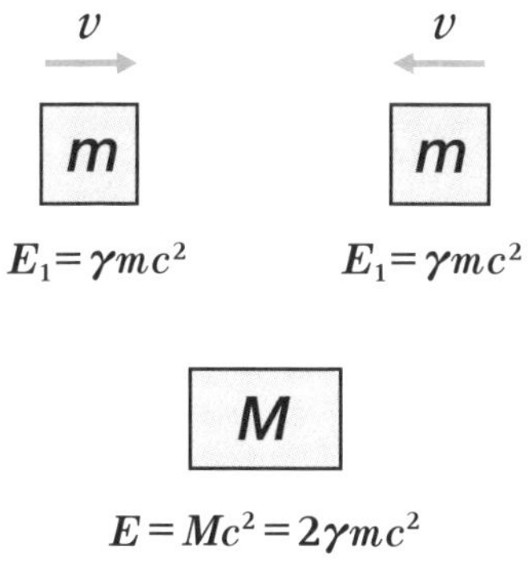

$$v \rightarrow \qquad \leftarrow v$$

$$\boxed{m} \qquad \boxed{m}$$

$$E_1 = \gamma m c^2 \qquad E_1 = \gamma m c^2$$

$$\boxed{M}$$

$$E = Mc^2 = 2\gamma m c^2$$

그림 1 충돌 전과 충돌 후의 에너지.

▶ **충돌 전**(물체의 속도는 각각 v)

· 한 물체의 정지질량: m

· 두 정지질량의 합: $2m$

· 한 물체의 에너지: $E_1 = \gamma m c^2 = m_{rel} c^2$

· 총에너지: $E = E_1 + E_1 = 2\gamma m c^2 = 2m_{rel} c^2$

▶ **충돌 후**(물체의 속도=0)

· 물체의 정지질량: $M = 2\gamma m$

· 물체의 에너지: $E = Mc^2 = 2\gamma m c^2 =$ 충돌 전 물체의 총에너지

여기에서 물론 γ는 속도가 v일 때의 로런츠 인자입니다.

$$\gamma = \frac{1}{\sqrt{1 - v^2/c^2}}$$

m_{rel}은 상대론적 질량으로, $m_{\text{rel}} = \gamma m$입니다.

요약 내용을 잘 보면 두 부분에서 '$E = mc^2$'을 발견할 수 있습니다. (E는 어떤 물체의 에너지, m은 질량을 나타내는 기호죠. 만약 다른 기호를 쓰면 식의 모양도 그에 따라 변하겠지요. 이런 의미에서 식에 따옴표를 했습니다.) 우선 충돌 전 상황입니다. (정지)질량이 m인 한 물체가 속도 v로 움직이면 에너지가 $\gamma mc^2 = m_{\text{rel}}c^2$이죠. 즉, '$E = mc^2$'에서 '$m$'을 정지질량이 아니라 상대론적 질량 m_{rel}로 해석하면 '$E = mc^2$'이 됩니다. 충돌 후의 상황에서도 '$E = mc^2$'을 발견할 수 있습니다. 충돌 후 생긴 덩어리의 질량이 M인데 에너지가 Mc^2이네요. 이때는 물체가 정지해 있어서 로런츠 인자가 1이므로 바로 위에서 얻은 결과의 특수한 경우라고 생각하면 됩니다.

다시 말해, 움직이거나 정지해 있거나, 물체가 어떤 과정으로 생겨났건 무관하게, '$E = mc^2$'은 항상 성립한다는 얘기죠. (여기에서 물론 'm'은 정지질량에 로런츠 인자를 곱한 양, 즉 상대론적 질량을 의미합니다.) 앞서 언급했듯이 요새는 물리학에서 그냥 질량이라고 하면 정지질량을 의미하는 것이 보통입니다. 이런 용법을 사용한다면 γ를 붙여서 $E = \gamma mc^2$이라고 쓰는 것이 혼동을 피하고 의미를 더 명확히 할 수 있겠지요.

여기까지 '$E = mc^2$'에 대한 설명이 다 끝난 것처럼 보이지만, 이제 시작일 뿐입니다. 물리는 어떤 수식이나 상황을 놓고 얼마나 더 깊이 생각하느냐가 중요합니다. 지금까지는 그냥 표면에 드러난 사실을 나열했을 뿐이죠. 여기서 어떤 얘기를 더 할 수 있을까요?

우선 눈에 띄는 점은 속도가 커질 때 에너지가 매우 빨리 증가한다는 사실입니다. 로런츠 인자 γ가 에너지에 곱해져 있는 것이 바로 이런 빠른 증가의 원인입니다. 42강의 그래프에서 보듯이 작은 속도에서는 뉴턴 이론과 큰 차이가 없지만 빛의 속도에 근접할수록 증가 속도가 빨라지다가 빛의 속도가 되면 완전히 무한대가 되어 버립니다. 물리적으로 에너지가 무한대가 되는 일은 일어날 수 없죠. 우리가 볼 수 있는 우주 전체의 에너지를 다 더해도 유한한 양일 테니까요. 그래서 어떤 물체의 속도는 절대로 정확히 빛의 속도가 될 수 없습니다.

정확히 빛의 속도로 움직이는 방법이 한 가지 있긴 합니다. 정지질량 m이 0이면 됩니다. 그러면 γmc^2이 무한대 곱하기 0의 꼴이 되어 에너지가 무한대가 되는 걸 피할 가능성이 있죠. 빛이 바로 이런 경우입니다. 정지질량이 0이면, 빛의 속도 이외에 다른 속도로는 움직일 수 없다는 사실도 바로 알 수 있습니다. 다른 속도로 움직이면 로런츠 인자가 유한한 값이고 그러면 에너지와 운동량이 정확히 0이 되어 버리니까요. 그러면 다른 물질에 아무 영향도 미칠 수 없고, 애초에 그냥 아무것도 없는 거죠. 결론적으로, 정지질량이 0인 어떤 존재가 있다면 항상 빛의 속도로 움직일 수밖에 없습니다. 그러면 0이 아닌 유한한 에너지를 가질 수 있고 우주의 다른 물질과 상호작용을 하면서 빛처럼 자신의 존재를 드러낼 수 있습니다.

2장의 〔토론〕에서도 설명했듯이 '빛의 속도'는 빛만의 속도가 아니라는 점도 이제 쉽게 이해할 수 있습니다. 혹시 우리가 아직 발견하지 못한 어떤 물질의 정지질량이 0이라면, 그 물질도 자동으로 빛의 속도로 움직여야만 합니다.

또 하나 눈에 띄는 점은 **정지해 있는 물체도 에너지를 가지고 있다는 사실**입니다. 아무 느낌 없이 그냥 넘어갈 수 있는 매우 단순한 사실이지만, 영혼 없이 그냥 끄덕이는 것과 의미를 음미하는 건 다릅니다.

정지해 있을 때의 에너지를 E_0로 표시하면 다음과 같습니다.

$$E_0 = mc^2$$

이것을 물체의 **정지에너지**라고 합니다. '$E=mc^2$'에서 'm'을 상대론적 질량이 아니라 정지질량으로 해석하면 아인슈타인의 방정식은 정지에너지에 대한 식으로도 이해할 수 있습니다.

앞에서도 잠깐 설명했듯이 뉴턴 이론에서는 에너지에 상수를 마음대로 더할 수 있습니다. 도중에 기준만 변하지 않으면 됩니다. 그 기준 에너지를 0이라고 하건 10이라고 하건 아무 차이가 없죠. 그렇게 정한 기준에 대해 상대적으로 얼마나 에너지가 낳으냐를 따지면 되니까요.

특수상대론에서는 물체 하나하나마다 그 물체의 정지질량에 비례하여 고유의 정지에너지를 부여합니다. 42강에서 유도과정을 잘 보면 에너지 보존법칙이 성립하도록 하다 보니 필연적으로 이렇게 되었다는 것을 알 수 있습니다. 다시 말해서, **물체마다 정지에너지를 부여함으로써 에너지 보존법칙이 완성되었다**고 표현할 수도 있겠지요. 이러한 정지에너지는 비록 상수지만, 마음대로 더하거나 뺄 수 있는 상수가 아닙니다. 반드시 있어야 하는 상수이고 그 의미를 캐어물어야만 하는 에너지입니다.

물리학에서 에너지는 보통 '일을 할 수 있는 능력'으로 정의합니다. 일상 용어로 사용하는 에너지의 뜻도 크게 다르지 않습니다. '에너지가 넘친다'거나 '에너지가 떨어져서 움직일 수가 없다'는 식의 표현을 사용하죠. 어떤 물체가 제자리에서 꼼짝도 하지 않고 곱게 있으면 에너지가 0이라고 하는 것이 상식적으로 맞아 보입니다(물론 높은 곳에 있는 물체는 위치에너지를 가지고 있지만, 이런 위치에너지는 지금 생각하지 않고 있습니다). 그런데 특수상대론에 따르면 그렇지 않다는 거죠. **정지에너지가 0이 아니라는 말은 물체의 존재 자체만으로 에너지가 있다, 즉 일을 할 수 있는 능력을 가지고 있다는 뜻입니다.**

어떤 일을 할 수 있을까요?

질량·에너지 동등성

$E=mc^2$은 아무 근거도 없이 아인슈타인의 머리에서 어느 날 갑자기 샘솟은 아이디어가 아닙니다. 특수상대론의 기본 가정 두 가지에서 출발하여 논리의 사슬을 따라 필연적으로 얻은 결론이죠. 광속 불변의 원리가 없다면 $E=mc^2$도 없습니다. $E=mc^2$이 옳지 않다면 광속 불변의 원리도 옳지 않습니다.

우주에 존재하는 모든 물체는 그 존재 자체만으로 $E_0=mc^2$이라는 정지에너지를 가집니다. 여기에서 m은 그 물체의 (정지)질량이죠. 어떤 물질로 구성되어 있는지와는 아무 관계도 없습니다. 어떤 연유로 그 질량을 갖게 되었는지도 중요하지 않습니다. 벽돌 덩어리든, 물 한 컵이든, 내 몸의 뱃살이든 모두 공평하게 그 질량만큼의 정지에너지가 있습니다.

지금까지는 두 물체가 충돌하여 한 덩어리 물체가 되고 멈추는 상황을 살펴보았습니다. 이번에는 그림 1처럼 반대의 경우를 생각해 봅시다.

질량 M인 물체가 정지해 있습니다. (앞으로 그냥 '질량'이라고 힐 때는 모두 '정지질량'을 의미합니다.) 이 물체가 어떤 이유로든 갑자기 정확히 질량이 m인 두 물체로 쪼개집니다. 예를 들어 내부에 있던 시한폭탄이 터졌을 수도 있겠지요. 쪼개진 두 물체는 반대 방향으로

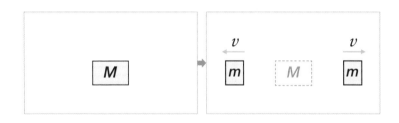

그림 1. 질량 M인 물체가 둘로 쪼개져서 두 물체가 서로 반대 방향으로 움직인다.

움직일 겁니다. 정확히 같은 속도로요. 두 물체의 질량을 더하면 $2m$ 인데 이것은 본래 물체의 질량 M과 같을까요? 아니면 크거나 작을 까요?

우리는 이미 답을 알고 있습니다. 지난 몇 강에서 살펴본 상황에 서 시간만 거꾸로 하면 되니까요. 쪼개진 물체가 움직이는 속도를 v 라 하고 그에 해당하는 로런츠 인자를 γ라 하면 $M=2\gamma m$입니다. 즉, 쪼개진 두 물체의 질량을 더하면 본래의 질량보다 작습니다. 그 리고 그 차이에 해당하는 에너지가 바로 두 물체의 운동에너지로 바뀐 거죠.

달리 표현하면 이렇습니다. 쪼개진 물체가 움직인다는 건 그들이 운동에너지를 가지고 있다는 뜻인데, 그 운동에너지는 쪼개지기 전 본래 물체가 가지고 있던 에너지의 일부에서 온 것일 수밖에 없습 니다. 에너지는 보존되어야 하니까요. 그런데 쪼개지기 전 물체의 에너지는 정지에너지 Mc^2이 전부입니다. 움직이지 않고 그냥 정지 해 있었으니까요. 따라서 나중 물체의 정지에너지(mc^2+mc^2)가 조금 줄어들고 그 차이만큼이 운동에너지로 전환되었을 수밖에 없다는 결론이 나옵니다. 즉, 다음과 같습니다.

$$두\ 물체의\ 운동에너지 = Mc^2 - 2mc^2 > 0$$

그리고 43강에서 보았듯이 $M = 2\gamma m$이므로 이 운동에너지를 구체적으로 계산하면 $2(\gamma-1)mc^2$이 나옵니다. **처음의 질량 M이 이 운동에너지만큼 줄어들죠.** 놀라운 얘기입니다.

이게 왜 놀라운 얘기냐고요? 전혀 아무 느낌도 없는 분을 위해 이렇게 표현해 보겠습니다. **우주 전체에서 어느 순간 물질의 일부가 '펑!' 하고 사라진 겁니다.** 사라진 물질은 우주의 어느 곳에도 더 이상 존재하지 않습니다. 보통 만화 같은 데에서는 순간적으로 뭔가가 사라지면 사라졌다는 걸 표현하기 위해 사라진 위치에 연기 자국 같은 것을 남깁니다. 그리고 사라진 물체는 다른 어딘가로 이동하죠. 실제는 만화보다 훨씬 극적입니다. 사라질 때 연기 자국조차도 남지 않습니다. 그리고 우주의 다른 어딘가로 이동한 게 아니라 그야말로 세상 어디에도 더 이상 존재하지 않는 거죠. 물체 하나가 쪼개지는 지극히 단순한 상황에서조차도 말이죠. 아무런 마법도 필요 없습니다. 이게 **우리 일상에서 지금도 늘 벌어지는 일입니다!**

우리는 보통 중고등학교 과학 시간에 질량 보존의 법칙을 배웁니다. 예를 들어 어떤 화학 반응이 일어나면, 겉모습이나 물질의 종류는 달라질지라도 질량에는 변함이 없다고 배웁니다. 근본 물질인 원자 수준에서는 새로 생겨나거나 사라지는 게 없으니까요. 수소 원자

(H) 두 개와 산소 원자(O) 한 개가 합쳐져 물 분자 한 개(H_2O)가 되면, 그 질량은 수소 원자의 질량을 두 배 하여 산소 원자의 질량을 더한 것과 같아야 한다는 거죠. 물 분자 속에 수소와 산소가 그대로 들어가 있으니까요.

이러한 **질량 보존의 법칙은 상대론에서 더 이상 성립하지 않습니다.** 어떤 사건 전후에 질량은 얼마든지 달라질 수 있습니다. 아니, **달라질 수 있다는 가능성의 수준이 아니라 거의 항상 달라진다**고 해야 맞겠지요. 더 커질 수도, 더 작아질 수도 있습니다. 정확히 같은 질량을 유지하는 건 어떤 특별한 이유가 없는 한 사실상 불가능하죠.

달라지지 않는 건 에너지입니다. 에너지는 여러 형태가 있어서 서로 전환될 수 있습니다. 하지만 그들을 모두 더한 전체 에너지는 시간이 흘러도 변하지 않습니다. 상대론에 따르면 **'질량'은 에너지의 여러 형태 중 한 가지일 뿐**입니다. 운동에너지가 퍼텐셜에너지로, 퍼텐셜에너지가 운동에너지로 변하듯이 질량도 다른 형태의 에너지로 변할 수 있습니다.

구체적인 예를 들겠습니다. 두 물체가 충돌한 뒤 한 덩어리가 되는 과정을 좀 더 명확히 이해하기 위해 그림 2처럼 물체에 용수철과 걸쇠가 있다고 생각해 봅시다. 용수철과 걸쇠는 질량이 없다고 생각해도 되고, 이들의 질량까지 포함하여 각 물체의 질량이 m이라고 생각해도 됩니다.

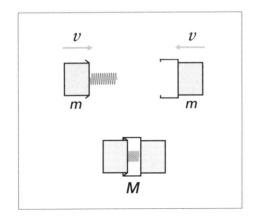

충돌 전에는 용수철이 자연스러운 길이로 늘어나 있지만, 충돌 후
에는 걸쇠에 의해 두 물체가 떨어지지 못합니다. 용수철은 본래 길
이에서 압축되어 있겠죠. 이렇게 용수철이 압축되어 있으면 그만큼
의 퍼텐셜에너지(탄성에너지)가 용수철에 저장되겠지요. 두 물체의
운동에너지가 용수철의 퍼텐셜에너지로 전환된 겁니다. (이런 설명에
익숙하지 않은 독자는 손으로 용수철을 압축하는 모습을 상상해 보세요. 힘이
들겠지요. 땀을 뻘뻘 흘리며 일을 해야 용수철을 압축할 수 있습니다. 우리가
일을 한 만큼 용수철에 에너지가 저장됩니다. 그걸 용수철의 퍼텐셜에너지라
고 합니다.) 충돌 전후의 에너지를 살펴보면 다음과 같습니다.

충돌 전 에너지 = 두 물체의 정지에너지 + 운동에너지 = $2\gamma mc^2$

충돌 후 에너지 = 두 물체의 정지에너지 + 퍼텐셜에너지

그런데 운동에너지만큼 퍼텐셜에너지로 바뀐 거라서 충돌 후 에

너지와 충돌 전 에너지는 같습니다. 이게 바로 에너지 보존법칙이죠. 한편, 충돌 후에는 두 물체가 한 덩어리가 되었고 이 덩어리는 움직이지 않으니 충돌 후 에너지는 다음과 같습니다.

$$충돌 \ 후 \ 에너지 = 한 \ 덩어리의 \ 정지에너지 = Mc^2$$

물론 새로운 얘기가 아닙니다. 앞에서 이미 살펴본 상황인데 용수철을 도입하여 조금 더 구체적으로 분석하는 중이죠. (왜 같은 상황을 지겹게 다시 보고 있냐고요? 이걸 잘 음미하면 새로운 깨달음을 얻을 수 있기 때문입니다.) 앞에서 살펴보았던 용수철이 없는 물체의 충돌과 이 상황이 같은지 의문이 생길 수도 있습니다. 하지만, 정말 아무것도 없이, 아무 일도 일어나지 않은 채, 충돌 후 두 물체가 붙어 있을 수는 없겠지요? 실제 물체에서는, 우리 눈에 보이지는 않지만 물질을 구성하는 수많은 분자가 용수철과 걸쇠의 역할을 합니다. 여기서는 그것을 한데 모아 알기 쉽게 보여 준 것입니다.

충돌 전후에 두 물체는 전혀 달라지지 않았습니다. 두 물체를 구성하는 물질이 사라지거나 뭐가 더 생겨나지도 않았지요. 그저 용수철에 퍼텐셜에너지가 늘어났을 뿐입니다. 그리고… **두 물체가 결합하여 새롭게 탄생(?)한 한 덩어리의 새로운 물체, 그 물체의 질량 M 안에는 용수철에 저장된 퍼텐셜에너지도 들어가 있다는 뜻입니다!** (앞에서 잠깐 나온 물 분자의 예에서도, 수소 원자 두 개와 산소 원자 한 개의 질량을 더하면 정확히 물 분자 한 개의 질량이 나오지 않습니다. 실제로는 물 분자 한 개의 질량보다 약간 크죠. 이건 물 분자를 구성하는 수소와 산소 사이

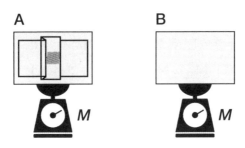

그림 3_ 상자 A에는 두 물체의 결합체가 들어 있고 상자 B는 물질이 균일하게 속을 꽉 채우고 있다. 두 상자는 모양이 같고 질량이 모두 M 이다.

의 퍼텐셜에너지가 음수이기 때문입니다. 다만 이 차이가 매우 작아서 질량이 보존된다고 생각해도 크게 틀리지 않는 겁니다.)

이 얘기가 잘 와닿지 않는다면 이렇게 바꿔서 설명할 수도 있습니다. 그림 3의 왼쪽처럼 질량을 무시할 수 있는 아주 가벼운 상자 A 안에 한 덩어리가 된 물체를 집어넣고 저울로 질량을 측정합니다. 물론 M이 측정되겠지요. 이번에는 겉보기에 이 상자와 똑같은 모양과 질량(M)의 물체를 균일한 재질로 만듭니다. 상자의 속을 꽉 채워서 말이죠. 이걸 상자 B라고 합시다. 물론 A와 B는 같은 모양, 같은 질량을 가지고 있습니다. 하지만 다른 점이 있죠. B의 질량은 오로지 '물질'에 의한 겁니다. A의 질량은? A는 내부 구조를 보면 두 물체로 되어 있죠. 두 물체의 질량을 더하면 $2m$이므로 전체 질량 M이 나오지 않습니다. 우리가 일상에서 보통 쓰는 방식으로 표현한다면, 상자 B는 '물질'로만 구성되어 있고, 상자 A는 '물질'과 '에너지'

로 구성되어 있는 거죠. 실제로는 두 상자가 아무런 차이 없이 행동합니다. 쪼개지지 않고 한 물체로 행동하는 한 말이죠.

지금까지의 논의를 통해 결국 우리는 이런 결론에 도달합니다. 질량과 에너지는 같은 겁니다. 질량 따로, 에너지 따로가 아니라 질량은 에너지의 한 형태일 뿐입니다. 거꾸로 말해서, 에너지가 모이면 그에 해당하는 만큼의 질량($M=E/c^2$)으로 나타납니다. 어떤 건 물질이고 어떤 건 에너지라는 명확한 구분은 없습니다. 이것을 **질량·에너지 동등성**mass-energy equivalence이라고 합니다. 이런 관점에서 보존법칙도 자연히 이해할 수 있습니다. 근본적인 수준에서 질량 보존법칙 같은 건 없습니다. 운동에너지 보존법칙이나 퍼텐셜에너지 보존법칙이 따로 없듯이 말이죠. 그냥 하나의 에너지 보존법칙이 있을 뿐입니다.

$E=mc^2$은 바로 질량과 에너지가 같은 것이라는 통찰이 담긴 방정식입니다. 특수상대론은 이렇게 시간과 공간을 통합하고 질량과 에너지를 통합하여 우주의 본질을 드러냅니다.

곰곰이 생각해 보면 의문이 하나 남습니다. 위의 예에서는 두 물체가 결합하여 용수철에 퍼텐셜에너지가 저장되었고 그것이 추가 질량($M-2m$)으로 나타납니다. 이들이 분리되면 용수철의 퍼텐셜에너지가 두 물체의 운동에너지로 바뀌면서 물체가 속도를 가지고 양쪽으로 튀어 나갈 겁니다. 44강의 첫 부분에 든 예가 바로 이 상황이죠. 그런데 여기에서 두 물체 자체의 양은 전혀 변하지 않았습니다. 오로지 용수철이 줄었다 늘었다 할 뿐이죠. **물체 자체, 즉 물체를 구성하는 물질 자체가 사라지고 그것이 에너지로 전환되는 것도 가능할까요?**

이 질문은 현대를 살아가는 누구나 알고 있는 바로 '그것'으로 연결됩니다.

45강

$E=mc^2$과 핵폭탄

과학에서 가장 유명한 방정식으로 흔히 $E=mc^2$이 거론되는 건 이유가 있습니다.

우선 **과학 발전의 과정에서 $E=mc^2$이 가지는 상징성**입니다. 20세기에 접어들어 물리학은 소위 현대물리학 혁명기를 맞습니다. 혁명은 30여 년간 지속되었고, 이 시기에 상대성 이론과 양자역학이 완성됩니다. 오늘날 인류가 이룩한 현대 물질문명은 대부분 이 두 이론을 바탕으로 하고 있다고 해도 크게 틀린 말이 아닐 겁니다. 혁명의 전반기를 대표하는 특수상대론의 정점에 $E=mc^2$이 있습니다.

$E=mc^2$은 물리적으로 질량과 에너지의 동등성을 의미합니다. 이들은 빛의 속도(의 제곱)를 통해 연결되죠. 질량이 있는 그만큼 에너지가 있습니다. 에너지가 있으면 바로 그만큼 질량으로 나타납니다. 이 둘은 서로 다르지 않고 같은 겁니다. $E=mc^2$은 이렇게 우주의 심오한 비밀 한 가지를 드러냅니다.

과학의 영역을 넘어 일반인에게까지 유명할 정도의 방정식이 되려면 단순해야 하겠지요. 맥스웰 방정식이나 슈뢰딩거 방정식 등 물리학에는 중요한 방정식이 많이 있지만, $E=mc^2$처럼 단순하면서도 강렬한 인상을 남기는 식은 거의 없습니다. 뉴턴의 운동 방정식인 $F=ma$가 아마도 대등한 수준이겠지요. 다만 $F=ma$는 '뉴턴의 사과'라는, 어린이 그림책에도 단골로 등장할 정도로 유명한 일화에 가려져 약간 손해를 보는 느낌입니다.

무엇보다도, **아인슈타인과 $E=mc^2$이 과학의 영역을 넘어 현대인 모두에게 과학의 상징처럼 각인된 건 이에 얽힌 정치나 사회, 혹은 철학적 문제가 지금까지 현실에서 끝없는 논쟁을 불러일으키고 있기 때문으로 보입니다.** 책을 덮는다고 사라지지 않고 우리의 삶에 계속 등장하여 기억을 되살리는 거죠. 바로 핵 문제 이야기입니다. $E=mc^2$의 발견이 핵폭탄이나 핵발전의 원인이라는 인식이 세간에 널리 퍼져 있으니까요.

원론 차원에서 말하자면, $E=mc^2$은 에너지의 본질에 대한 방정식이므로 핵 이용의 근본 원리인 건 맞습니다. 그러나 직접적인 관계는 없습니다. 비유하자면, 컴퓨터로 사칙연산을 할 수 있는 원리가 알려졌다고 하여 그게 챗GPT 같은 인공지능의 원리라고 할 수는 없는 것과 같습니다. 컴퓨터를 만들 수 없다면 인공지능도 개발할 수 없겠지만, 컴퓨터를 만든 뒤 인공지능이 나오기까지는 오랜 노력이 필요했습니다. 마찬가지로 핵 개발에 $E=mc^2$이 기본 원리로 들어가 있긴 하지만, 양자역학을 비롯하여 다른 많은 발전이 쌓여서 핵 개발이 비로소 가능하게 된 거죠.

핵폭탄이나 핵발전소는 다른 무기나 발전소와 어떤 차이가 있을까요? 앞에서 설명했듯이 에너지가 관련된 모든 현상에는 $E=mc^2$이 적용됩니다. 원리적으로는 아무 차이가 없습니다. 하지만 다른 무기나 발전소를 거론할 때는 $E=mc^2$을 언급하지 않죠. 왜 유독

그림 1_ 1945년 일본 히로시마(왼쪽)와 나가사키(오른쪽)에 투하한 핵폭탄으로 형성된 버섯구름. 히로시마 핵폭탄은 TNT 15킬로톤, 나가사키 핵폭탄은 TNT 21킬로톤에 해당한다.

'핵'에만 $E=mc^2$이 따라다닐까요?

우리는 흔히 세상 만물이 원자로 이루어졌다는 얘기를 듣습니다. 원자는 본래 더 이상 쪼갤 수 없는 가장 궁극적인 물질을 뜻했죠. 하지만, 수소나 산소 등 현재 우리가 원자라고 이름을 붙인 입자는 더 작게 쪼갤 수 있습니다. 널리 알려져 있듯이 원자는 핵과 전자로 구성되어 있으니까요. 이런 점에서 쪼갤 수 없다는 본래의 의미는 퇴색했다고 할 수 있겠지요. '세상 만물'도 정말 우주의 모든 것은 아니고 '지구에서 볼 수 있는 보통 물질'로 적용 범위가 줄었습니다. '보통 물질'을 조금 더 정확히 표현하자면, 지구가 생겨난 이후 현대

물리학이 발전하기 전까지 지구에 존재했던 사실상 모든 물질이라고 할 수 있습니다. (그렇습니다. 상대론과 양자역학을 두 기둥으로 발전한 현대물리학은 45억 년 동안 지구상에서 일어나지 않았던 새로운 종류의 사건을 일으켰습니다.)

태양과 행성들이 한데 묶여 태양계를 이루는 건 이들 사이에 중력이 작용하여 서로 잡아당기기 때문입니다. 만약 이렇게 잡아당기는 힘이 없다면 진작에 뿔뿔이 흩어졌겠지요. 이처럼 **원자를 구성하는 핵과 전자도 서로 잡아당기고 있어야 흩어지지 않고 묶여 하나의 원자가 됩니다. 핵과 전자 사이의 힘은 전자기력입니다.** 핵은 양전하, 전자는 음전하를 가지고 있는데, 다른 부호의 전하는 서로 잡아당기고 같은 부호는 밀어내죠. 핵의 양전하와 전자의 음전하는 크기가 정확히 같고 부호만 반대입니다. 원자 하나의 수준에서 보면 전체적으로 중성인 셈입니다. +와 -가 서로 상쇄되니까요.

원자의 이런 독특한 내부 구조 때문에 밀고 당기는 전자기력 하나만으로 우리 주변의 모든 물질이 만들어집니다. 원자들이 모이면 전자를 주거니 받거니 하며 더 크게 뭉쳐 분자가 되고, 이들이 더 많이 모여 때로는 바위가 되고, 때로는 나무가 되고, 때로는 바이러스나 인간이 됩니다. 그리고 물론 때로는 다이너마이트 같은 폭탄도 되죠. 우리가 밥을 먹으며 살아가는 것도, 기나긴 세월 동안 진화하는 것도 모두 원자의 이합집산입니다. 요컨대 **우리가 지구에서 상상할 수 있는 '거의' 모든 현상은 전자기력, 그리고 때로는 중력에 의한 겁니다. 이 과정에서 원자 내부의 핵은 수십억 년 동안 전혀 변하**

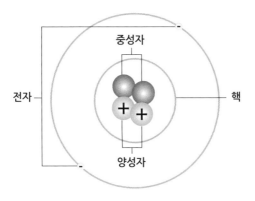

그림 2. 원자의 대략적인 구조. 가운데에 핵이 있고 밖에는 전자가 있다. 핵은 다시 양성자와 중성자로 구성되어 있다. 양성자의 양전하 크기와 전자의 음전하 크기가 정확히 같다. 한 원자 안에 있는 양성자와 전자의 개수가 같아서 원자는 전기적으로 중성이다. ©CNX OpenStax, CC BY 4.0

지 않습니다. 극히 일부만 제외하고. 제아무리 화산이 폭발하고 운석이 떨어져도, 공룡은 멸종할지언정 원자 내부의 핵은 꿈쩍도 하지 않습니다.

핵이 더 이상 쪼갤 수 없는 근본 물질이라서 변하지 않는 걸까요? 그렇지 않습니다. 핵은 양성자와 중성자라는 더 작은 입자로 이루어져 있습니다. 양성자는 전기적으로 양전하를 가지고 있고 중성자는 전기적으로 중성입니다. 양성자가 몇 개 있느냐에 따라 핵의 종류가 달라지죠. 예를 들어 양성자가 한 개만 있으면 수소, 여덟 개가 있으면 산소입니다.

그런데 곰곰 생각해 보면 이상한 점이 있습니다. **양성자와 중성**

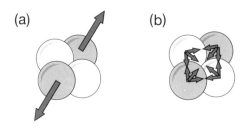

자는 어떻게 모여 있을 수 있을까요? 앞에서 설명했듯이 잡아당기는 힘이 필요하겠지요? 그런데 양성자끼리는 전자기력이 작용하여 밀어낼 것처럼 보입니다. 같은 전하를 가지고 있으니까요. 중성자는 중성이니 전자기력이 작용하지 않습니다. 중력은 무엇이든 잡아당기니 중력 때문에 모여 있나 싶지만, 사실 중력은 전자기력에 비하면 매우 약해서 아무런 도움도 안 됩니다. 결국 모여서 핵이 되려면 뭔가 다른 힘이 더 필요하다는 결론이 나옵니다. 전자기력보다 훨씬 강한 힘이 있어야 하죠. 그 힘을 '강력'이라고 합니다. **양성자와 중성자는 강력 때문에 매우 강하게 뭉쳐 핵을 이룹니다. 이 힘이 너무 강력하여 수십억 년의 세월이 흘러도, 화산이 폭발해도 한번 뭉친 핵은 변하지 않습니다.** 일부의 예외를 빼고는 말이죠.

　일부 예외 현상 중 자연에서 일어나는 대표적인 예는 **방사성 붕괴**입니다. 양성자와 중성자가 모여 핵을 만들 때 아무렇게나 모인다고 하여 다 뭉쳐지진 않습니다. 예를 들어, 요새 건축물에서 때때로 문제가 되는 라돈(Rn)의 핵은 보통 양성자 86개와 중성자 136개가 모여 있습니다. 이런 라돈은 라듐(Ra)에서 생성되는데, 3~4일 후에 는 헬륨(He) 핵(양성자 2개와 중성자 2개)을 내보내며 폴로늄(Po)이라 는 핵으로 바뀌죠. 폴로늄은 다시 여러 과정을 거쳐 최종적으로 납 (Pb)이 됩니다(그림 4).

지구 역사 수십억 년 동안 일어나지 않다가 인간이 인공적으로 만들어 낸 현상도 있습니다. 핵폭발이 바로 그것입니다. (참고로 핵폭 발이 아닌 핵분열은 지구에서 17억 년 전에 자연 상태에서도 일어난 적이 있 었습니다. 일종의 핵발전 같은 것이었습니다.) 예를 들어 우라늄(U)-235 에 중성자(n) 한 개가 충돌하면 바륨(Ba)-141과 크립톤(Kr)-92, 그리 고 중성자 3개로 쪼개지는 핵분열이 일어납니다(그림 5).

이 과정에서 대략 200메가전자볼트(MeV)의 에너지가 나오는데, 이것을 $m = E/c^2$을 사용하여 질량으로 환산하면 우라늄 질량의 0.1%에 해당합니다. 다시 말해, 우라늄이 가벼운 핵으로 쪼개지면 서 0.1%의 질량이 우주에서 사라지고, 에너지 보존법칙에 따라 그 '질량 에너지'가 다른 형태의 에너지로 전환되는 거죠. 쪼개진 핵의 어마어마한 속도로, 그리고 강렬한 빛(감마선)으로 말입니다. 이걸 폭탄으로 만든 것이 다름 아닌 핵폭탄입니다. 원자폭탄이라고도 하 죠. **일본 히로시마에서 터진 핵폭탄은 폭발하면서 질량이 0.7그램 (g) 사라졌습니다.** 겨우 0.7그램이 사라지면서 십만 명의 목숨을 앗 아 간 겁니다.

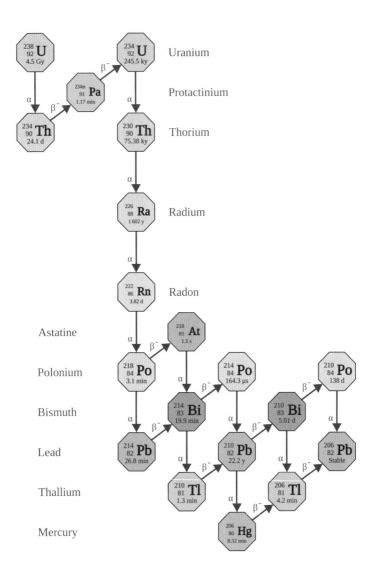

그림 4. 라돈과 관련된 우라늄 계열 방사성 붕괴. ©Tosaka. CC BY 3.0

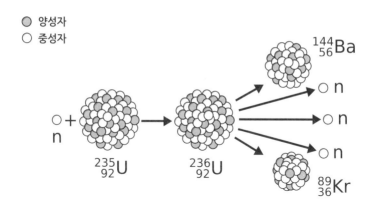

핵분열이 느리게 일어나도록 통제하면 핵발전, 혹은 원자력발전이 됩니다. 폭탄은 최대한 짧은 시간에 많은 에너지를 방출하는 것이 목표이고, 발전은 필요에 따라 반응을 제어하여 원하는 수준의 에너지를 안전하고 꾸준하게 뽑아내는 것이 목표겠지요. 즉, 같은 핵분열 현상을 어떻게 이용하느냐에 따라 폭탄이 되기도 하고 발전소가 되기도 합니다.

지금까지 살펴보았듯이 핵폭탄이나 핵발전은 다른 모든 폭탄이나 발전과 원리적으로 차이가 있습니다. 원자의 종류가 바뀌고 완전히 새로운 물질이 생겨나니까요. 그러나 **$E=mc^2$이 그 핵심적 차이는 아닙니다.** 다만, 여러 이유가 얽혀서 그렇게 인식되고 있을 뿐입니다. 굳이 과학적 이유를 찾자면, 핵분열에서 나오는 에너지가 매우 커서 분열 후의 질량이 유의미할 정도로 줄어들다 보니 $E=mc^2$

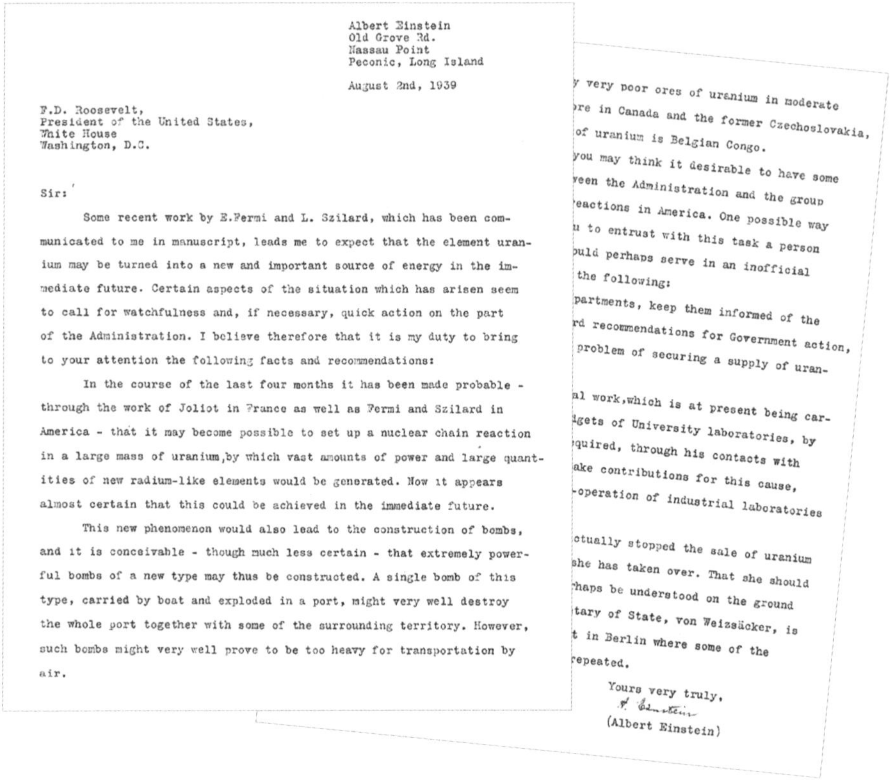

Albert Einstein
Old Grove Rd.
Nassau Point
Peconic, Long Island

August 2nd, 1939

F.D. Roosevelt,
President of the United States,
White House
Washington, D.C.

Sir:

Some recent work by E.Fermi and L. Szilard, which has been communicated to me in manuscript, leads me to expect that the element uranium may be turned into a new and important source of energy in the immediate future. Certain aspects of the situation which has arisen seem to call for watchfulness and, if necessary, quick action on the part of the Administration. I believe therefore that it is my duty to bring to your attention the following facts and recommendations:

In the course of the last four months it has been made probable - through the work of Joliot in France as well as Fermi and Szilard in America - that it may become possible to set up a nuclear chain reaction in a large mass of uranium,by which vast amounts of power and large quantities of new radium-like elements would be generated. Now it appears almost certain that this could be achieved in the immediate future.

This new phenomenon would also lead to the construction of bombs, and it is conceivable - though much less certain - that extremely powerful bombs of a new type may thus be constructed. A single bomb of this type, carried by boat and exploded in a port, might very well destroy the whole port together with some of the surrounding territory. However, such bombs might very well prove to be too heavy for transportation by air.

y very poor ores of uranium in moderate
ore in Canada and the former Czechoslovakia,
of uranium is Belgian Congo.
you may think it desirable to have some
ween the Administration and the group
eactions in America. One possible way
u to entrust with this task a person
ould perhaps serve in an inofficial
the following:
partments, keep them informed of the
rd recommendations for Government action,
problem of securing a supply of uran-

al work,which is at present being car-
dgets of University laboratories, by
quired, through his contacts with
ake contributions for this cause,
-operation of industrial laboratories

ctually stopped the sale of uranium
she has taken over. That she should
haps be understood on the ground
tary of State, von Weizsäcker, is
t in Berlin where some of the
repeated.

Yours very truly,
(Albert Einstein)

그림 6_ 미국 루스벨트 대통령에게 보낸 아인슈타인·실라르드 편지.
이 편지를 계기로 핵무기 개발이 추진되었다.

을 직접 검증하기가 쉽기 때문이겠지요. 역사적으로는 핵폭탄 개발이 $E=mc^2$으로 상징되는 아인슈타인에게서 시작되었기 때문이기도 할 겁니다. 아인슈타인은 1939년에 당시 미국의 루스벨트 대통령에게 편지를 보내 독일의 핵폭탄 제조 가능성을 경고하고 미국이 먼저 개발하기를 요청했습니다. 그 결과 핵폭탄 개발을 목적으로 하는 '맨해튼 프로젝트'가 시작되었습니다.

핵분열 반응에서 0.1% 정도의 질량이 사라진다는 것은 99.9%의 질량이 그대로 남아 있다는 뜻입니다. 100% 완전히 사라지는 **반응은 없을까요?** 만약 존재한다면, 이건 그야말로 질량·에너지 동등성을 보여 주는, 순도 100% 궁극의 현상일 겁니다.

우주 어디에선가 찾을 수 있을까요? 있습니다. 사실은 생각보다 가까운 곳에서 꽤 많이 일어나죠. 바로 **우리의 몸 안에서도 일어납니다.** 46강에서 알아보겠습니다.

$E = mc^2$과 반물질

아인슈타인의 상대론은 인류가 태곳적부터 가지고 있던 시간과 공간의 개념을 바꿔 놓았습니다. 1905년에 발표한 특수상대론은 시간과 공간이 시공간으로 통합되어야 한다는 사실을 밝혔습니다. 누구나 동의할 수 있는 절대적 시간이나 절대적 공간은 존재하지 않습니다. 정확히 10년 후, 아인슈타인은 특수상대론을 일반화한 일반상대론을 발표합니다. 여러 번 강조했듯이 특수상대론은 관성계라는 특수한 좌표계에서만 적용할 수 있습니다. 또한, 중력이 작용하는 상황에서도 적용할 수 없죠. **일반상대론에서는 이런 제한조건이 완전히 사라집니다.** 일반적인 모든 경우에 적용할 수 있습니다. 이 이론을 통해 아인슈타인은 시공간이 섞일 뿐만 아니라 휘어질 수도 있으며 휜 효과가 중력으로 나타난다는 것을 밝혔습니다. 블랙홀이나 우주의 역사도 일반상대론을 통해 연구할 수 있게 되었죠.

같은 시기에 물리학에는 또 하나의 이론이 탄생하고 있었습니다. 바로 양자역학입니다. 인간이 가지고 있던 오랜 상식을 근본적으로 뒤엎은 혁명적 이론이라는 점에서 양자역학은 상대론과 유사하지만 다른 점도 있습니다. 상대론은 특정한 해(1905년과 1915년)에 거의 완성된 형태로 발표되었습니다. 아인슈타인이라는 한 물리학자가 주도적 역할을 했죠. 반면에 양자역학은 시작부터 완성까지 거의

30년이 걸렸습니다. 여러 젊은 물리학자를 중심으로 새로운 아이디어가 쏟아져 나왔고 격렬한 논쟁이 거듭되었습니다. 양자역학은 이런 집단 지성의 공동연구가 낳은 결과물입니다.

상대론과 양자역학은 우리가 경험하는 일상 세계를 각각 다른 극한으로 확장한 이론입니다. 일상 세계에서 일어나는 일은 웬만하면 뉴턴 이론으로 충분합니다. 하지만, 빛의 속도에 가깝게 매우 빨리 움직이는 물체를 다룰 때는 특수상대론이 필요합니다. 중력이 강해지면 특수상대론만으로는 부족하고 일반상대론을 적용해야죠. 원자 수준의 매우 작은 세계는 양자역학으로 연구합니다. 이처럼 어떤 영역, 혹은 어떤 현상을 연구하느냐에 따라 그에 맞는 이론이 필요합니다.

그런데 무언가가 빠져 있습니다. 우리가 살고 있는 세상은 하나

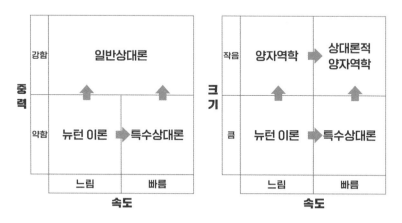

그림 1_ 속도, 중력, 크기에 따른 뉴턴 이론과 상대론, 양자역학의 관계. 화살표는 이론이 일반화되는 방향을 나타낸다.

입니다. 이론이 두 개일 수는 없죠. **상대론이나 양자역학이 모든 경우에 성립하는 최종 이론은 아닌 게 분명합니다. 두 이론은 통합되어야만 합니다.** 좀 더 구체적으로 따져 봅시다. 원자 수준의 작은 세계에서도 빛의 속도에 가깝게 매우 빠르게 움직이는 물질을 얼마든지 생각할 수 있습니다. 이런 물질은 특수상대론을 적용해야 할까요, 아니면 양자역학을 적용해야 할까요? 특수상대론에는 양자역학이 빠져 있고, 양자역학에는 특수상대론이 빠져 있습니다. 사람들이 흔히 양자역학이라고 할 때는 빛의 속도보다 매우 느린 물질에만 적용되는 이론을 뜻합니다. 빛의 속도에 가깝게 움직이는 경우에는 양자역학의 기본 방정식이라고 알려진 슈뢰딩거 방정식도 수정되어야만 하죠.

1928년에 **영국의 물리학자 디랙**Paul Dirac, 1937~1984(1933년 노벨 물리학상 수상)이 이 작업에 성공합니다. 바로 **상대론적 양자역학을** 만든 거죠. 이에 대해 자세한 이야기는 긴 글이 필요하므로 여기서는 그 결과만 간단히 소개합니다. (관심이 있는 분은 〔부록〕을 참고하시기 바랍니다.)

디랙은 자신의 이론을 바탕으로 대담한 예측을 합니다. **모든 물질에는 그에 해당하는 반물질이 존재한다고 말이죠. 예를 들어 원자를 구성하는 입자인 선자**electron**의 반물질은 양전자**positron**라고 합니다.** 양전자는 전자와 비교할 때 질량, 스핀 등 거의 모든 성질이 같은데 전하만 다르죠. 전하의 크기는 전자와 같은데, 부호가 반대여서 양전하를 가지고 있습니다. 디랙의 이런 예측은 오래지 않아 실험으로 확인됩니다.

순전히 디랙의 상상의 산물이던 반물질은 양전자의 발견 이후 우리 우주에 '실제로 존재하는 물질'이 되었습니다. 사실은 다른 기본입자에도 그에 해당하는 반입자가 있습니다. 양성자나 중성자를 구성하는 기본입자인 쿼크quark도 그것의 반입자인 반쿼크antiquark가 존재하고, 중성미자, 뮤온, 타우온 등 여러 기본입자들도 각각의 반입자(반중성미자, 반뮤온, 반타우온)가 있습니다. 전기적으로 중성인 입자 중에 어떤 것은 자기 자신이 반입자가 되기도 합니다. 예를 들면 빛 입자, 즉 광자의 반입자는 자기 자신입니다(양자역학적으로 빛은 하나, 둘 하고 셀 수 있는 입자로 구성되어 있습니다. 이 입자를 광자라고 합니다). 이렇게 우리가 보통 접하는 세계를 구성하는 입자들 각각에 대한 반입자를 통째로 '반물질'이라고 부릅니다.

반물질이라는 용어를 처음 접하면 혼란스럽습니다. 여기서 잠깐 용어를 정리하겠습니다. '물질'을 질량과 부피를 갖는 존재라는 보통 의미로 사용한다면 여기에는 반물질도 포함됩니다. 즉, 물질에는 좁은 의미와 넓은 의미가 있는데, 보통 사용하는 의미는 넓은 의미의 물질입니다. 좁은 의미의 물질은 인간을 포함하여 우리 주변에 있는 온갖 것을 구성하는 존재를 뜻합니다. 옛날에는 좁은 의미의 물질과 넓은 의미의 물질에 구별이 없었지만, 약 100년 전에 반물질의 존재가 밝혀지면서 두 의미가 나뉘었습니다. 반물질은 넓은 의미에서 물질이긴 하지만, 우리 주변에 흔히 존재하진 않습니다. 앞으로 물질이라고 할 때는 좁은 의미로 사용하겠습니다.

반물질은 왜 우리 주변에 흔히 존재하지 않을까요? 물질과 만나면 소멸하기 때문입니다. 예를 들어 양전자는 전자와 만나면 전자·양전자 쌍이 우주에서 사라집니다. 대신 다른 것이 생겨나죠. 흔히 생성되는 건 광자 두 개입니다. 즉, **물질(전자)과 반물질(양전자)이 만나 사라지고 빛이 생겨납니다. 이걸 쌍소멸이라고 하죠.** 반응식으로는 다음과 같이 나타냅니다. (e^-는 전자, e^+는 양전자, γ는 광자입니다.)

$$e^- + e^+ \rightarrow \gamma + \gamma$$

전자와 양전자의 질량을 각각 m이라고 하고 각각 반대쪽에서 같은 속도 v로 달려와 충돌한다면, 각각의 에너지가 γmc^2이므로 전체 에너지는 $2\gamma mc^2$이겠지요. (여기서 γ는 광자가 아니라 로런츠 인자입니다. 물리학에서 γ는 로런츠 인자를 의미하기도 하고 광자를 의미하기도 하므로 주의해야 합니다.) 에너지 보존법칙에 따라 이만큼의 에너지는 100% 빛의 에너지로 전환됩니다. 다시 말해, 전자와 양전자가 만나 쌍소멸한 바로 그 장소에서 광자 두 개가 각각 γmc^2의 에너지를 가지고 서로 반대 방향으로 뻗어 나갑니다. 45강 마지막에 언급했던 바로 그 현상이죠. 물질의 100% 에너지 전환. 우라늄 핵분열은 0.1%의 물질이 에너지로 전환되지만, 쌍소멸은 그야말로 궁극의 에너지 전환입니다.

우리 주변에 양전자 같은 반물질이 거의 발견되지 않는 건 바로 쌍소멸 때문입니다. 우주에서 아주 오래전에 반물질이 많이 있었다 하더라도 이들은 주변의 물질을 만나 진작에 사라져버렸던 거죠. 물

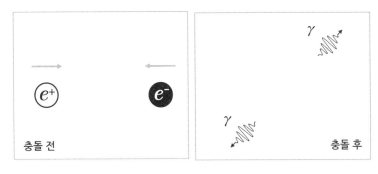

그림 2. 쌍소멸. 전자와 양전자가 충돌하여 사라지고 광자(빛) 두 개가 생겨난다.

론 여기에는 한 가지 조건이 필요합니다. 물질이 반물질보다 많이 있어야 한다는 것. **아주 오랜 옛날에는 우주에 물질과 반물질이 모두 있었는데, 어떤 이유에선지 물질이 반물질보다 더 많았습니다**(더 정확히 표현하자면, 둘 중에 더 많이 있었던 쪽을 우리가 지금 물질이라고 부르고 있습니다). 그런데 이들은 만나는 족족 쌍소멸이 일어납니다. 그러면 적은 쪽은 모조리 사라지고 많은 쪽은 약간이나마 남겠죠. 즉, 쌍소멸 후 물질은 완전히 사라지지 않고 남아서 현재 우리가 보는 우주의 여러 천체와 지구, 인간 등을 구성하게 된 겁니다. **애초에 왜 물질이 반물질보다 더 많았는지는 아직 잘 모릅니다. 물리학에 남아 있는 매우 중요한 미해결 문제 중 하나입니다.**

우주 극초기에 대부분의 반물질은 사라졌지만, 요새도 종종 반물질이 생겨나기도 합니다. 예를 들어 쌍소멸의 반대 반응도 가능합니다. 즉, 광자 두 개가 만나 전자·양전자 쌍을 만드는 거죠. 이런 반응을 **쌍생성**이라고 합니다.

또는 앞에서 잠깐 설명했듯이 **방사성 붕괴를 하는 핵에서 양전자 같은 반물질이 생성될 수 있습니다.** 예를 들면, 주요 영양소 중의 하나인 칼륨(K)은 대부분 안정하지만, 만 개 중에 한 개 정도인 0.012%는 칼륨-40이라는 불안정한 핵을 가지고 있습니다. 이 중에서 0.001%는 소위 **역 베타 붕괴**inverse beta decay라는 걸 통해 아르곤(Ar)-40으로 붕괴하면서 양전자를 생성합니다. 이런 방식으로 지금도 자연에서는 양전자가 조금씩 생성되고 있습니다.

인간도 원자로 이루어져 있습니다. 대략 10^{28}(억억조)개 정도의 원자가 모여 있죠. 이 중 0.03%가 칼륨입니다. 여기서 다시 0.012%가 칼륨-40이므로 인간의 몸에는 수 해(10^{20})개 정도의 칼륨-40이 있는 셈입니다. 칼륨-40의 반감기는 12.5억 년으로 알려져 있습니다. 12.5억 년마다 절반씩 줄어드는 거죠. 이것을 하루에 줄어드는 양으로 바꾸면 대략 조(10^{12}) 분의 1입니다. 해를 조로 나누면 억이죠? 따라서 인간의 몸에서는 하루에 수억 개의 칼륨-40이 방사성 붕괴를 하는 겁니다. 여기서 0.001%, 즉 10만 분의 1은 역 베타 붕괴를 하며 양전자를 만들어 냅니다. 결론적으로 **우리 몸 내부에서는**

$$^{40}_{19}\text{K} \rightarrow {}^{40}_{18}\text{Ar} + e^+ + \nu_e$$

그림 3. 칼륨-40의 역 베타 붕괴. 칼륨-40이 아르곤-40으로 바뀌면서 양전자(e^+)와 전자중성미자(ν_e)를 내놓는다. 10만 개의 칼륨-40 중에서 한 개꼴로 일어나는 매우 드문 붕괴지만, 양전자가 생성되는 중요한 반응이다.

하루에 수천 개씩의 양전자가 생겨나는 거죠!

이렇게 생겨난 양전자는 어떻게 될까요? 양전자의 관점에서 생각해 봅시다. 칼륨-40이 붕괴하면서 막 태어난 양전자가 주위를 둘러보면 온통 원자밖에 안 보입니다. 무려 10^{28}개의 원자가 자기를 둘러싸고 있는 거죠. 원자마다 한 개에서 수십 개씩의 전자를 거느리고서요. 이 양전자는 탄생 즉시 사망입니다. 주변에 있는 아무 전자하고 만나서 쌍소멸을 일으키고 사라집니다. 사람은 죽어서 이름을 남기듯이, 이렇게 **소멸한 전자·양전자 쌍은 죽어서 광자 두 개를 남깁니다.** 앞에서 설명했듯이 전자의 정지에너지 0.511메가전자볼트보다 살짝 크거나 같은 에너지의 광자 쌍이 우리 몸의 어디에선가 생겨나 서로 반대 방향으로 움직일 겁니다. 이 광자를 검출하면 양전자가 있었다는 증거가 되겠네요.

$E=mc^2$에 의한 물질-에너지 전환은 이렇게 우리 몸에서도 100%의 효율로 1분에도 몇 번씩 일어납니다. 우리가 아무 노력을 하지 않아도 일어나죠. 피하고 싶어도 피할 수 없습니다. 전 세계 누구에게서나 공평하게 일어납니다.

지금까지는 자연에 본래 존재하는 칼륨에서 어떻게 양전자가 생성되는지 알아보았습니다. 만 분의 1 정도가 칼륨-40이고 그중에서 다시 10만 분의 1이 양전자를 생성하므로 양전자가 많이 생겨나진 않죠. 하지만 인공적으로는 얼마든지 다른 방사성 물질을 이용하여 양전자의 생성을 조절할 수 있습니다. 이것을 적극적으로 활용하면 의료기기를 만들 수 있죠. 바로 병원에서 암 검사 등에 널리 활용하

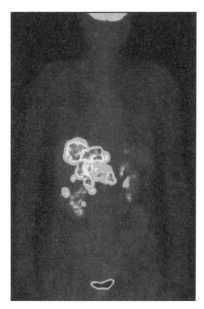

그림 4. PET로 촬영한 영상.
F18-FDG라는 방사성 포도당
유사 물질을 이용하였다. 암과 같이
포도당 대사가 많이 일어나는 곳에
이 물질이 많이 모이므로, 그곳에서
쌍소멸이 많이 일어나고 그때
나오는 광자들을 분석하여 영상으로
재구성한다.

는 PET(positron emission tomography, 양전자 방출 단층 촬영 장치)입니다. 이 장치는 전자·양전자 쌍소멸 후 0.511메가전자볼트의 광자두 개가 만들어 낸 신호를 검출하고 이를 영상으로 재구성하여 우리 몸 내부 상태를 영상으로 만듭니다. 광자의 이 에너지는 가시광선 에너지의 수십만 배에 달하는 감마선 영역으로서 다른 빛과 뚜렷하게 구별됩니다.

광속 불변의 원리에서 출발하여 특수상대론의 기본 이론, $E=mc^2$, 물질·에너지 동등성, 그리고 반물질까지 필연적으로 이어지는 기나긴 이야기의 사슬을 잘 따라오셨나요?

47강
특수상대론을 넘어

아인슈타인은 특수상대론을 발표한 지 10년 후 일반상대론을 완성합니다. 특수상대론은 관성계에서만 성립하고 중력이 작용할 때는 적용할 수 없다는 제한이 있지만, 일반상대론은 이런 제약이 없습니다. 지금까지 살펴보았듯이 시간과 공간은 특수상대론에서 시공간으로 통합됩니다. 일반상대론에서는 단순한 통합을 넘어 휘어질 수 있다는 사실을 밝혔습니다. 에너지가 있으면 그만큼 시공간이 휩니다. 중력은 바로 시공간이 휜 효과입니다. 휘다 못해 구멍이 나면 블랙홀이 됩니다.

특수상대론까지만 해도 시간과 공간은 일종의 배경입니다. 연극에 비유하면, 시공간은 무대라고 할 수 있습니다. 그 위에서 연기를 하는 배우는 물질이죠. **일반상대론에 따르면, 시공간은 단순히 미리 설정된 무대 배경이 아닙니다. 직접 연기에 참여하는 배우입니다.** 시공간의 출렁임은 파동을 형성하여 우주로 퍼져 나가죠. 중력파가 바로 이런 시공간의 출렁임입니다.

상대론이 시간과 공간의 개념에 대한 혁명이라면 양자역학은 물질의 존재 양식과 인식에 혁명을 일으킨 이론입니다. 1920년대에 수학 이론이 완성되었지만, 그 해석은 아직도 논란이 있고 완벽히 정리되지 않았습니다. 이런 논란과는 별개로 물리학자들은 상대론과 양자역학을 통합하는 작업에 곧바로 착수했습니다. 46강에서 설명한 것처럼 디랙이 특수상대론과 양자역학을 결합한 상대론적 양자역학 이론을 만들었습니다.

상대론적 양자역학은 태생적으로 결함이 있는 이론입니다. 이 결함을 극복하는 과정에서 디랙은 반물질의 존재를 이론적으로 예측합니다. 얼마 지나지 않아 전자의 반물질인 양전자가 정말로 실험에서 발견되죠. 이러한 성공은 순수한 인간의 사유가 아무런 실험적 요구나 동기가 없는 상황에서도 어디까지 우주의 비밀을 벗길 수 있는지 보여 주는 놀라운 사례입니다.

상대론적 양자역학의 근본적 결함은 바로 $E=mc^2$과 관계가 있습니다. 양자역학, 혹은 디랙이 처음 고안한 상대론적 양자역학은 입자의 개수가 정해져 있습니다. 예를 들어, 이 이론에서는 처음에 전자가 한 개 있었으면 계속 한 개가 있다고 가정하고 이론을 전개합니다. 하지만, 이미 우리가 잘 알듯이 상대론에서는 질량과 에너지가 얼마든지 전환될 수 있으므로, 입자의 개수가 수시로 바뀔 수 있습니다. 전자·양전자 쌍이 빛으로 바뀌면서 사라지는 게 바로 대표적인 예입니다.

디랙을 비롯한 여러 물리학자는 곧바로 이런 결함을 극복한 이론 체계를 만들었습니다. 이것을 **양자장론**quantum field theory이라고 합니다. 이때가 1930년대입니다. 양자장론도 초기에는 계산에서 무한대가 나오는 문제를 비롯해 여러 어려움이 있었습니다. 그러나 문제를 해결하고 발전을 거듭하여 1970년대에는 소위 **표준모형**stan-

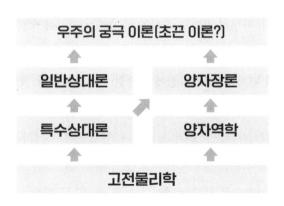

그림 1_ 물리학 이론 사이의 관계. 우주의 궁극 이론은 아직 완성되지 않았다.

dard model을 완성하기에 이릅니다. 2013년에 힉스 입자가 발견되면서, 표준모형은 그간 인간이 행한 모든 실험 검증을 통과했습니다.

특수상대론은 글자 그대로 일반상대론의 특수한 경우입니다. 양자장론은 양자역학과 특수상대론만을 결합했으므로, 눈부신 성공에도 불구하고 우주의 궁극 이론이 될 수 없겠지요. 일반상대론과 양자역학을 결합하는 문제가 남아 있기 때문입니다. 일반상대론은 중력을 설명하는 이론입니다. **양자역학과 결합하여 중력을 설명하는, 소위 '양자 중력 이론'은 아직 완성되지 않았습니다.** 중력을 양자역학적으로 설명하고 더 나아가 모든 힘을 단 하나의 이론으로 설명하는 **우주의 궁극 이론**theory of everything으로 **초끈이론**superstring theory이 1980년대에 등장했지만, 많은 연구에도 불구하고 아직 미완성 이론으로 남아 있습니다.

인류는 지구에서 언제까지 생존할 수 있을까요? 한 가지는 거의 확실합니다. 아무리 길어도 수십억 년 후에는 지구에 생명체가 남아 있지 않을 거라는 것. 태양의 수명이 50억 년 정도 남았기 때문입니다. 수십억 년까지 지나기 전에 멸종할지도 모릅니다. 오랫동안 지구에 군림했던 공룡시대가 6000만 년 전 갑자기 끝났듯이 말이죠. 물론 공룡과 인류는 차이가 있습니다. 인류는 지구에서 벗어날 수 있을 정도로 과학을 발전시킨 지적 생명체니까요.

인류가 자력으로 지구를 벗어나 다른 행성으로 이주하든, 공룡처럼 어느 시점에 멸종하든, 아니면 오랜 기간 생존에 성공하다가 지구의 다른 모든 생명체와 함께 종말을 맞든 지구에 더 이상 인류가 존재하지 않는 때는 반드시 옵니다. 그 전에 인류는 우주 궁극의 이론을 완성할 수 있을까요? 아니, 우주 궁극의 이론이 존재하기는 하는 걸까요?

아무도 모릅니다. 아인슈타인 같은, 아니 아인슈타인을 능가하는 어떤 물리학자가 갑자기 나타나 내일 당장 이론을 완성할 수도 있겠지요. 혹은 전 세계의 모든 물리학자가 공동으로 노력하여 꾸준히 이론을 발전시키지만, 궁극의 이론까지 가는 길이 끝없이 이어질 수도 있습니다.

이 모든 가능성과 불확실성에도 불구하고 한 가지 확실한 사실이 있습니다. 특수상대론이 밝혀낸 시간과 공간의 통합은 우주 궁극의 이론을 향한 위대한 여정의 출발점이었다는 것. 어느 시점에서 인류의 역사가 끝나더라도, 우주 어딘가에서 또 다른 지적 생명체의 역사가 이어지는 한 그 역사와 함께할 지워지지 않을 발자취라는 것.

이상으로 특수상대론 강의를 마칩니다.

보존법칙은 늘 성립할까: 뇌터의 정리

운동량 보존법칙과 에너지 보존법칙은 언제나 존재해야 할까요? 특수상대론에서 새로운 운동량과 에너지를 찾을 때, 먼저 보존법칙이 있을 것으로 가정한 뒤 새로운 정의를 찾았습니다. 결과적으로 성공해서 다행이긴 하지만, 이건 운이 좋았기 때문이 아닌가 하고 의문을 품을 수 있습니다. 나중에 새로운 이론이 출현했을 때, 그 이론에서도 반드시 이런 보존법칙이 성립해야만 한다는 근거가 있을까요?

20세기 초반에 에미 뇌터Amalie Emmy Nöther, 1882~1935라는 수학자가 바로 이 문제의 답을 알아냈습니다. 뇌터는 어떤 물리 이론에 연속적인 대칭성이 있으면 그에 해당하는 보존법칙이 존재한다는 사실을 수학적으로 증명했습니다. 그 보존되는 양을 구하는 방법까지도 제시했죠. 이것을 '뇌터의 정리'라고 하는데, 특정 물리 이론에만 국한되지 않고 미래에 만들어질 이론까지 포함하여 모든 물리 이론에 광범위하게 적용되는 중요한 업적입니다.

대칭성이 있다는 것은 물리 시스템에 어떤 변화를 주어도 달라지지 않고 그대로라는 의미입니다. 예를 들어 정삼각형은 좌우를 바꿔도 모양이 변하지 않고 그대로인데, 이런 경우 좌우 대칭성이 있다고 합니다. 원은 중심에 대해 몇 도를 회전시켜도 변함이 없죠. 이때 원은 회전 대칭성이 있다고 합니다. 돌리는 각도는 연속적으로 달라질 수 있으므로 이런 회전 대칭성은 연속적인 대칭성이죠.

운동량 보존법칙은 우리 우주의 모든 곳이 동등하다는, 소위 병진 대칭성에서 자동으로 따라 나오는 보존법칙입니다. 에너지 보존법칙은 어느 순간을 시간이 0인 때로 놓든 물리 이론이 달라지지 않아야 한다는 시간 이동 대칭성의 결과죠. 제대로 된 이론이라면 당연히 가지고 있어야만 할 것 같은 대칭성입니다. 물론 뉴턴 이론이나 상대론, 양자역학 등은 모두 이런 대칭성을 가지고 있고요. 그래서 이론에 따라 구체적 형태는 다르지만, 반드시 보존되는 운동량과 에너지가 있어야만 합니다. 이 책에서는 이 사실을 이용하여 상대론적 운동량과 에너지를 구했습니다. (역사적으로는 상대론이 먼저 나오고 뇌터의 정리가 나중에 증명되었습니다.)

빛의 에너지와 운동량, 그리고 양자역학

빛은 정지질량이 0이어서 항상 빛의 속도로 움직인다고 했습니다. 그런데 에너지와 운동량은 $E=\gamma mc^2$, $p=\gamma mv$이므로 무한대 곱하기 0의 꼴이라서 잘 정의가 되지 않습니다. 빛의 에너지와 운동량은 어떻게 구해야 할까요?

이 문제를 해결하는 실마리는, 문제가 되는 부분인 γm이 에너지와 운동량에 공통으로 들어 있다는 사실입니다. E를 p로 나누면 γm이 서로 약분되겠지요. 그러면 $E/p = c^2/v$입니다. 이 식에는 γ도 없고 m도 없으므로 빛에 적용해도 아무 문제가 없겠지요. v에 빛의 속도를 대입하면 $E=pc$가 됩니다. 즉, 빛은 운동량에 c만 곱하면 바로 에너지가 됩니다.

에너지와 운동량 사이의 관계는 구했지만, 이것만으로는 에너지나 운동량 자체를 어떻게 구할지는 알 수 없습니다. 곰곰이 생각해 보면, 에너지나 운동량을 논할 때 보통은 공처럼 크기가 유한한 물질 덩어리를 상상합니다. 그런데 고전물리학적으로 빛은 그런 존재가 아닙니다. 우주 어디로든 퍼져 나가는 파동이니까요. 정해진 에너지나 운동량을 가지고 있는 게 오히려 이상합니다. 특수상대론에서 E나 p를 제대로 정의할 수 없는 게 당연하죠.

사실은 바로 여기에 양자역학과 상대론의 접점이 생깁니다. 양자역학적으로 빛은 입자의 성질도 가지고 있습니다. 전자 같은 입자와 전혀 다를 바가 없죠. 양자역학적인 빛 입자를 광자라고 합니다. 광자는 개수를 셀 수 있습니다. 광자 한 개의 에너지와 운동량도 정의할 수 있죠. 양자역학에 따르면 그 정의는 $E=hf$, $p=h/\lambda$입니다. 여기에서 f는 빛의 진동수, λ는 파장, 그리고 h는 양자역학을 특징짓는 플랑크 상수입니다. f와 λ는 파동의 특성인데 이들을 곱하면 파동의 속도가 나옵니다. 파장은 한 번 출렁일 때 가는 거리이고 진동수는 1초에 출렁이는 횟수니까, 그 둘을 곱하면 1초 동안 가는 거리, 즉 속도가 되는 거죠. 물론 빛은 속도가 c입니다. 따라서 $E=pc$가 성립하는 것을 바로 알 수 있습니다.

특수상대론의 응용

물리학은 우리 우주에 존재하는 모든 것의 작동 원리를 연구하는 학문입니다. 한편으로 물리학은 다양한 분야에 응용되어 현대 물질 문명의 기반을 이루고 있습니다. 특수상대론은 어떤 분야에 응용될까요?

● 핵무기와 핵발전

특수상대론이 본격적으로 응용되는 예는 물론 핵무기나 핵발전입니다. 기본 원리는 45강에서 설명했습니다. 조금 덧붙이자면, 핵폭탄은 참혹한 살상 무기이니 폭발시키면 그만이지만, 핵발전은 핵분열의 모든 과정을 완벽히 제어해야만 합니다. 자칫 잘못하면 부산물로 생성되는 방사능 물질이 인간의 통제를 벗어날 위험이 있으므로 항상 최악의 가능성에 대비하고 있어야겠지요. 소련과 일본에서 일어난 비극이 이를 생생하게 보여 줍니다.

   핵분열은 크고 무거운 원자핵이 쪼개지는 현상인데, 반대로 작은 원자핵이 합쳐지는 핵융합 현상도 있습니다. 예를 들어 양성자와 중성자가 모여 헬륨의 원자핵이 되면 질량이 줄어듭니다. 그 질량 차이만큼 에너지가 나오겠지요. 핵분열에 비해 줄어드는 질량이 커서 훨씬 많은 에너지가 나옵니다. 핵융합 현상은 우주에서 지금도 매우 많이 일어나고 있습니다. 태양을 비롯하여 우주에 있는 모든 별의 내부에서 핵융합이 일어나고 있거든요. 바로 이때 나오는 에너지가 별을 밝게 빛냅니다. 핵융합을 이용한 폭탄은 흔히 수소폭탄이라고 부릅니다. 핵융합을 이용해 전기를 생산하는 핵융합 발전은 오래전부터 시도하고 있으나 아직 성공하지 못했습니다. 하지만 우리나라를 비롯하여 세계 여러 곳에서 계속 연구하고 있으므로 언젠가는 성공할 거라고 기대합니다. 핵분열과 달리 방사능 물질이 거의 나오지 않기 때문에, 만약 성공한다면 인류의 에너지 문제는 영구히 해결된다고 해도 될 정도로 인류의 미래를 좌우하는 중요한 연구 주제입니다.

● 브라운관 텔레비전과 GPS

특수상대론은 물체의 속도가 빛의 속도에 근접할 때 중요해지므로 일상생활에서 특수상대론의 효과를 직접 느끼기는 어렵습니다. 그러나 여러 곳에 그 효과가 녹아들어 있습니다. 아날로그 TV가 그런 예입니다. 요새는 TV가 디지털로 바뀌었고 화면도 대부분 LCD 혹은 OLED를 사용하지만, 얼마 전까지만 해도 모든 TV는 브라운관을 사용했죠. 브라운관은 화면의 뒤쪽에 있는 전자총에서 전자를 화면 쪽에 발사하는 장치입니다. 화면에는 형광물질이 있어서 전자가 형광물질에 충돌하면 빛을 내고, 그 빛을 우리가 TV 영상으로 보는 거죠. 이때 전자의 속도가 광속의 30%에 달합니다. 로런츠 인자 γ로 환산하면 1.05에 해당하죠. 이런 상대론적 효과를 무시하고 브라운관을 만들면, 전자가 화면의 원하는 위치로 가지 않으므로 선명한 영상을 만들 수 없습니다. 전 세계 사람 대부분이 매일매일 TV를 보며 특수상대론을 수도 없이 검증한 셈이지요. 브라운관은 역사의 뒤안길로 사라졌지만, 19강과 20강에서 보았듯이 지금은 그 역할을 GPS가 대신하고 있습니다.

● 금의 색이 '금색'인 이유

의외의 곳에서 특수상대론이 우리의 생활에 큰 영향을 끼치는 사례도 있습니다. 금의 색이 '금색'으로 보이는 것이 바로 특수상대론의 효과입니다. 흰색 빛을 금에 쪼이면 파란빛을 주로 흡수하고 나머지는 거의 반사하는데, 흰색에서 파랑을 뺀 빛이 금색인 거죠. 파랑과 노랑이 서로 보색 관계인 것을 떠올리면 쉽게 이해할 수 있습니다. 그런데, 파란빛을 흡수하는 것이 바로 특수상대론 때문입니다.

어떤 물질이 어떤 빛을 흡수하고 반사하는지는 양자역학적으로 결정되는데, 특수상대론을 고려하지 않은 양자역학에서는 금이 파란빛이 아니라 자외선을 흡수하는 것으로 나옵니다. 은이나 대부분의 금속 물질이 '은색' 계열의 색을 나타내는 것이 이런 이유죠. 그런데 금은 금속 중에서 원자번호가 매우 큰 편입니다. 원자번호 79번으로 금 원자 하나에 전자가 79개나 있습니다. 이 중에는 빛의 속도에 근접한 빠른 속도로 움직이는 전자도 있는데, 이들은 '상대론적 질량'이 꽤 커지겠지요. 이 때문에 금이 흡수하는 빛이 자외선에서 파란 가시광선으로 바뀌는 결과가 나옵니다.

세부 과정은 양자역학이 필요하여 설명을 생략합니다. 다만, 금의 색에 특수상대론이 어떤 역할을 하는지 대략은 이해하셨으리라고 믿습니다. 만약 금이 금색이 아니라면, 사람들이 지금처럼 금을 좋아하진 않았겠지요. 어쩌면 세계 역사도 많이 바뀌었을지 모릅니다.

● 도플러 효과를 이용한 속도 측정

마지막으로, 이 책에서 지금까지 전혀 언급하지 않은 대표적 응용 사례를 소개합니다. 도플러 효과입니다. 도플러 효과는 학교 과학 시간에 많이 배우는 주제라서 들어 본 분이 많을 겁니다. 과학 수업에서는 주로 소리의 도플러 효과를 배웁니다. 예를 들어 기차가 가까이 다가올 때는 기적이 높은 소리로 들리다가 '나'를 지나쳐 멀어지면 갑자기 소리가 낮아지는데, 이게 도플러 효과 때문이죠.

도플러 효과는 모든 파동에 존재하는데, 빛도 파동이어서 도플러 효과가 있습니다. 다만 빛은 매질이 없고 관찰자와 무관하게 속도가 불변이기 때문에 보통 파동과는 약간 다른 효과를 냅니다. 여기에 물론 특수상대론이 개입되어 있죠. 특히 광원, 즉 빛을 내는 물체가 움직일 때 특수상대론의 시간 팽창 효과가 나타납니다. 도플러 효과를 이해하려면 파동의 기초 성질과 약간의 수식 계산이 필요하므로 여기에서 본격적으로 다루기는 어렵습니다. 특수상대론의 핵심 내용은 아니므로 결과와 응용만 간단히 살펴봅니다.

빛도 소리와 마찬가지로 다가오는 빛은 진동수가 커지고 멀어지는 빛은 작아집니다. 가시광선에서 진동수가 큰 빛은 파란색 쪽이고 작은 빛은 빨간색 쪽이라서, 진동수가 커지는 현상을 '파랑쏠림' 혹은 '청색편이'라고 하고 작아지는 현상은 '빨강쏠림' 혹은 '적색편이’라고 합니다.

실생활에서도 빛의 도플러 효과를 많이 이용합니다. 도로에 설치된 자동차 속도 측정장치가 도플러 효과를 이용하죠. 야구장에서 투수가 던진 공의 속도를 재는 스피드건, 군사 장비로 사용하는 레이다 등도 모두 마찬가지 원리입니다. 모두 전파, 즉 빛을 자동차나 야구공, 혹은 미사일 등에 쏘아 반사되는 빛의 진동수가 얼마나 변했는지 측정하여 속도로 환산합니다. 혹시 도로에서 과속 단속에 걸려 벌금을 내 본 경험이 있는 분은 일단 아인슈타인을 원망하셔도 됩니다.

도플러 효과가 가장 광범위하게 사용되는 분야는 천문학입니다. 멀리 있는 별이나 은하 등의 천체가 얼마나 떨어져 있고 어떤 속도로 움직이고 있는지는 거의 전적으로 도플러 효과를 이용하여 측정합니다. 이 이야기를 제대로 하려면 새로운 책 한 권이 필요할 정도이므로 여기서는 언급만 하고 끝내겠습니다. 만약 상대론이 없었다면, 우리가 직접 가 볼 수도 없는 머나먼 천체를 연구할 방법은 사실상 없었을 겁니다.

놀이동산에서 나오며

연구년을 맞아 미국에 와서 이 책을 마무리하고 있습니다. 얼마 전에는 가족과 함께 놀이동산에 다녀왔죠. 수십 년 만에 처음으로 롤러코스터도 탔습니다. 낯선 곳에 따라와서 적응하느라 애쓰고 있는 열 살짜리 아이를 잠시나마 즐겁게 해 주고 싶었습니다.

학생 시절에 자의 반 타의 반으로 롤러코스터를 두어 번 타 본 적이 있습니다. 봉우리에서 내려가며 급가속할 때 심장이 몸에서 이탈하여 따로 노는 느낌이 그리 즐겁지만은 않았습니다. 발밑 저 멀리 보이는 절벽의 끝으로 열차가 치닫는 동안 영겁의 세월을 경험했죠. 시간 팽창은 상대론에만 존재하는 게 아니라는 사실을 그때 온몸으로 깨달았습니다.

그동안 의식적, 무의식적으로 롤러코스터를 외면했습니다. 이번에는 그럴 수 없었습니다. 아이와 함께 놀이동산에 가기로 한 순간에 운명이 결정되었겠지요. 아이는 친구에게서 재미있다는 놀이기구의 이름을 몇 개 알아 왔습니다. 어두운 실내에서 긴 줄을 선 뒤 놀이기구에 탈 때 비로소 그게 롤러코스터라는 걸 알았습니다. 현란한 영상과 음악이 롤러코스터의 정상 작동을 알려 주고 있었으나,

제 눈은 돌덩이처럼 무거워 꽉 닫혔고 음악은 비명에 묻혔습니다. 롤러코스터의 가장 큰 문제는 그만두고 싶을 때 그만둘 수가 없다는 겁니다. 컴퓨터 게임은 그냥 죽으면 되는데….

롤러코스터는 물리학의 단골 주제입니다. '롤러코스터의 물리학'이라는 책도 여러 권 있을 정도죠. 기초 원리쯤은 저도 잘 알고 있습니다. 보기보다 안전합니다. 생리적, 심리적으로 어떤 효과를 내어 사람들을 즐겁게 하는지도 이해하고 있습니다. 물론 그게 '모두'를 즐겁게 하지는 않지만요.

놀이동산 전망대에서 둘러보는 것으로는 롤러코스터를 느낄 수 없습니다. 설령 타고난 뒤 후회할지라도 우선 줄을 서야 합니다. 근육이 막대처럼 굳고 신경이 바늘처럼 곤두서서 다 타고 나올 때 머릿속이 새하얘지더라도, 일단 타고 모든 과정을 온전히 체험해야 다시 탈 것이 못 된다는 깨달음이라도 얻을 수 있습니다.

제가 좋아하는 롤러코스터는 물리학이라는 놀이동산에 있습니다. 특수상대론은 멋진 롤러코스터입니다. 끝없이 이어지는 논리의 레일을 따라가다 보면 봉우리를 오르고 절벽에서 떨어집니다. 놀란의 〈인터스텔라〉나 퀸의 〈'39〉 같은 영상과 음악을 만들어 내는 무궁무진한 소재가 있습니다. 달리의 그림처럼 축 늘어진 시계도 있고, 피카소의 그림처럼 다양한 관점도 있습니다.

전망대의 눈요기만으로 깨달음을 얻을 수 없는 건 물리학의 롤러코스터도 마찬가지입니다. 시간 팽창이나 $E=mc^2$이 어떻게 광속불변의 원리에서 출발하여 논리적 필연으로 이어지는 외길에서 그 모습을 드러내는지, 직접 따라가 보지 않으면 별자리에 얽힌 점성술 이야기를 읽는 것과 크게 다르지 않습니다. 세부 내용은 잊을지라도 굳고, 곤두서고, 새하애졌던 경험이 마지막에 하나의 작은 느낌을 형성합니다. 마음에 남은 그 느낌만큼 특수상대론, 더 나아가 과학을 알게 되고, 그만큼 세상을 보는 눈이 달라진다고 생각합니다.

실제 놀이동산의 롤러코스터와는 달리 물리학의 롤러코스터에서는 언제든 내릴 수 있습니다. 그럼에도 불구하고 온갖 혼란과 유혹을 넘어 종착역에 도착한 여러분께 축하와 감사의 말씀을 드립니다. 오랜만에 롤러코스터를 타느라 힘들었지만, 아이와 놀이동산을 나서며 모처럼 여유와 행복을 느꼈습니다. 여러분도 책을 덮으며 같은 마음이기를 바랍니다.

로런츠 변환 유도

로런츠 변환Lorentz transformation은 특수상대론을 전문적으로 연구하는 출발점입니다. 임의의 두 관성계가 어떻게 연결되어 있는지 수식으로 정확하게 보여 줍니다. 수식에 익숙해지기만 하면, 일상 언어로 상상하는 것보다 훨씬 쉽고, 빠르고, 정확하게 상대론을 이해할수 있습니다. 여기서는 본문에서 설명한 시공간 그림을 이용하여 로런츠 변환을 유도하겠습니다. 수식에 거부감이 있으면 보지 않아도됩니다.

35강에서 x방향을 따라 속도 v로 움직이는 좌표계(지영)가 정지한 좌표계(기훈)의 시공간 그림에서 다음과 같이 나타나는 걸 보았습니다.

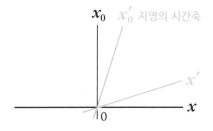

그림 1. 지영의 시간축(x'_0축)은 속도 v로 움직이는 지영의 세계선이므로 기훈의 좌표계에서는 $x = vt$를 나타낸다.

이 그림을 수식으로 옮기기만 하면 됩니다. 지영은 속도 v로 움직이므로 지영의 위치를 식으로 나타내면 $x = vt$입니다. 이 직선이 지영의 세계선이고 지영의 좌표계에서 시간축(x'_0축)입니다. 즉, 이 직선이 x'=0라는 뜻이죠. 지영의 관점에서 본인은 항상 정지해 있으니까요. 이것을 식으로 나타내면 다음과 같습니다.

$$x' = a(x - vt)$$

a는 아직 모르는 상수입니다. 이 식에 $x = vt$를 대입하면 물론 x'=0가 되는 것을 바로 확인할 수 있습니다.

한편, 기훈을 지영의 관점에서 보면, 반대 방향으로 움직입니다. 따라서 기훈의 위치 x를 지영의 위치와 시간으로 나타내면 위의 식에서 x', t'과 x, t를 서로 바꾸고 v를 $-v$로 바꿔 주면 됩니다. 다음처럼요. 이렇게 서로 역할을 바꿔도 동등하다는 게 바로 특수 상대성 원리죠.

$$x = a(x' + vt')$$

아직 우리가 사용하지 않은 사실이 하나 있습니다. 바로 광속 불변의 원리입니다. 빛의 속도는 어떤 좌표계에서든 속도가 c이므로 빛의 세계선을 나타내는 식은 $x = ct$이고 $x' = ct'$이어야 합니다. 이것을 위의 식에 각각 대입하면 다음과 같습니다.

$$ct = x = a(ct' + vt') = a(c+v)t'$$
$$ct' = x' = a(ct - vt) = a(c-v)t$$

이 두 식에서 a를 구하는 건 쉽습니다. 예를 들어 첫째 식의 t'에 둘째 식을 대입하면 되죠. 식을 a에 대해 정리해 봅시다.

$$a = \frac{1}{\sqrt{1 - v^2/c^2}} = \gamma$$

a가 로런츠 인자 γ였네요! 지금까지 얻은 식을 다시 써 봅시다.

$$x' = \gamma(x - vt)$$
$$x = \gamma(x' + vt')$$

이제 첫째 식을 둘째 식의 x'에 대입하면 t'을 구할 수 있습니다.

$$t' = \gamma\left(t - \frac{vx}{c^2}\right)$$
$$x' = \gamma(x - vt)$$

이것이 바로 로런츠 변환식입니다. 유도과정에서 보았듯이 이 식에는 특수상대론의 두 가지 가정이 모두 포함되어 있습니다. t를 t'으로 나타낸 식도 마찬가지로 구할 수 있는데, 답은 물론 다음과 같이 v를 $-v$로 바꾼 것입니다.

$$t = \gamma\left(t' + \frac{vx'}{c^2}\right)$$
$$x = \gamma(x' + vt')$$

이것을 로런츠 역변환식이라고 합니다. 마지막으로, $ct = x_0$, $ct' = x'_0$을 이용해 t와 t'을 x_0와 x'_0로 바꿔 쓰면 시간과 공간의 대칭성이 명확하게 드러납니다.

$$x'_0 = \gamma\left(x_0 - \frac{v}{c}x\right)$$
$$x' = \gamma\left(x - \frac{v}{c}x_0\right)$$

이것이 본문에서 보여 드린 식입니다.

상대론적 속도의 덧셈 공식 유도

II장의 〔토론〕에서 상대론적으로 속도를 더하는 공식을 소개했습니다. 자동길의 속도를 u, 자동길에서 움직이는 기훈의 속도를 w라 할 때, 정지해 있는 사람이 보는 기훈의 속도 w는 다음과 같았죠.

$$w = \frac{u+v}{1+uv/c^2}$$

이 공식은 어떻게 나왔을까요? 로런츠 변환을 이용하면 어렵지 않게 답을 얻을 수 있습니다.

자동길이 v로 움직이므로 로런츠 변환에서 정지한 사람이 보는 좌표는 (x, t), 자동길이 보는 좌표는 (x', t')에 해당한다고 보면 됩니다. 자동길에서 기훈의 속도는 움직인 거리 x'을 시간 t'으로 나누면 되겠지요. 따라서 $u=x'/t'$입니다. 정지한 사람이 본 기훈의 속도는 x를 t로 나누어 $w=x/t$ 겠지요. 우리는 $w=x/t$를 다른 양으로 표현하는 것이 목적이므로 로런츠 역변환식을 사용하는 것이 편합니다. 역변환식 두 개를 서로 나누면 다음과 같습니다.

$$w = \frac{x}{t} = \frac{\gamma(x'+vt')}{\gamma\left(t'+\dfrac{vx'}{c^2}\right)}$$

이제 어떻게 하면 될지 눈에 바로 보입니다. 분모, 분자를 각각 t'으로 나누면 되죠.

$$w = \frac{x'/t' + v}{1 + \dfrac{vx'/t'}{c^2}} = \frac{u + v}{1 + \dfrac{uv}{c^2}}$$

원하는 상대론적 속도 덧셈 공식이 나왔습니다.

만약 1차원이 아니라 3차원에서 속도를 더하려면 수직 방향과 수평 방향을 모두 고려해야 하기 때문에 공식이 조금 더 복잡해지지만, 원리는 같습니다.

반물질의 존재

46강에서 $E=mc^2$과 반물질에 관해 이야기했습니다. 영국의 물리학자 디랙이 상대론적 양자역학을 만들고, 이를 바탕으로 반물질의 존재를 예측했다고 했지요. 이와 관련하여 좀 더 자세한 이야기가 궁금하시다면 아래 두 글을 읽어 보세요.

https://terms.naver.com/entry.naver?docId=35
68419&cid=58941&categoryId=58960
반물질이 존재한다고?

https://terms.naver.com/entry.naver?docId=35
68585&cid=58941&categoryId=58960
반물질은 존재한다

단위를 알면 과학이 보인다
_과학의 핵심 단위와 일곱 가지 정의 상수

곽영직 지음

새로운 국제단위계를 반영한 최신 단위 사전!

기본상수와 주요 단위의 정의와 쓰임을 명쾌하게 설명할 뿐만 아니라, 단위로
표현되는 물리량의 개념과 과학 법칙, 과학의 역사와 과학자 이야기를 단단하
게 엮었다. 단위를 표제 삼아 고전물리에서 양자물리, 열과 통계물리의 핵심
내용까지 풀어놓은 이 책은 단위뿐 아니라 과학 자체의 이해에 많은 도움을
줄 것으로 기대한다.

_최무영(서울대학교 물리천문학부 명예교수, 『최무영 교수의 물리학 강의』 저자)

• 학교도서관저널 '이달의 새 책'
• 과학책방 '갈다' 주목 신간

이제라도! 전기 문명

곽영직 지음

전기 없인 못 살지만 전기는 모르고, 스마트폰은 늘 쓰지만
전자기파는 모른다? AI를 만나기 전에, 4차 산업혁명을
논하기 전에 이제라도! 전기 문맹 탈출!

"전자기학의 기본 이론에서부터 전자공학의 최신 기술에 이르기까지 과학과
기술의 많은 내용을 다루면서도 흡사 소설처럼 술술 익히고 흥미롭게 전개되
어 전공 분야 교수인 필자조차 읽는 내내 '아!' 하면서 머릿속의 상식이 하나
씩 늘어 가는 즐거움을 느낄 수 있었다."

_정종대(한국기술교육대학교 전기전자통신공학부 교수)

• 책씨앗 청소년 추천도서
• 과학책방 '갈다' 주목 신간

태양계가 200쪽의 책이라면

김항배 지음

손과 마음으로 느끼는 텅 빈 우주,
한 톨의 지구!

"거대한 태양계를 한 권의 책에 오롯이 담았다. 이것은 비유가
아니다. 책을 읽는 동안, 페이지가 된 공간을 지나 삽화가 된 행
성을 둘러보며 색다른 우주여행을 즐기게 된다. 기발한 기획과
탄탄한 내용의 멋진 책이다."

_김상욱(경희대학교 물리학과 교수)

• 제61회 한국출판문화상 편집 부문 본심
• 행복한 아침독서 '이달의 책'
• 경기중앙도서관 추천도서
• 책씨앗 '좋은책 고르기' 주목 도서
• 과학책방 '갈다' 주목 신간
• 고교독서평설 편집자 추천도서

- 교보문고 '작고 강한 출판사의 색깔 있는 책' 선정
- 과학책방 '갈다' 주목 신간
- 고교독서평설 편집자 추천도서
- 경향신문, 한겨레, 교수신문, ibric 등 언론의 주목

냄새: 코가 뇌에게 전하는 말

A. S. 바위치 | 김홍표 옮김

〈기생충〉 봉준호 감독 추천!!

냄새와 후각의 본질을 과학적, 철학적, 역사적, 심리학적으로 본격 탐구한 책.

"〈기생충〉의 후반부에서도 드러나듯 인간의 기억이나 감정, 집단적인 무의식을 가장 강력하게 뒤흔드는 것이 바로 냄새-후각이다. 이 책은 그토록 위력적인 냄새의 본질을 깊이 있게 파헤친 흥미로운 역작이다!"_봉준호(영화감독)

"냄새 지각, 행동과 감정을 이끄는 후각의 의식적 무의식적 영향, 그리고 우리가 어떤 냄새를 어떻게 맡는지 결정하는 신체적 행동적 세부사항에 대한 풍부한 정보와 논의를 담았다. 이를 통해 후각의 심리학에 대한 폭넓은 통찰력을 제공한다."_사이언스

"활기차다! 정통 학자의 신뢰할 만한 역작! 소외되었던 냄새와 후각의 지위를 회복하는 책."_월스트리트 저널

- 연세대, 한림대, 서울대, 울산대, 포항공대, 부산대, 제주대, 한국약제학회, 현대경제연구원 등에서 저자 초청 강연

원병묵 교수의 과학 논문 쓰는 법

원병묵 지음

학위 과정 동안 연구 방법 못지않게 논문 쓰는 법을 배워야 한다! 아무도 알려 주지 않았던 과학 논문 쓰기의 모든 것!

국제 학술지에 80여 편의 논문을 발표하고, 네이처 자매지인 《사이언티픽 리포트》편집위원을 지낸 성균관대 원병묵 교수의 쉽고 친절한 과학 논문 쓰기 안내서.

"수십 년 쌓아 온 지식과 경험을 푹 고아 '엑기스'만 뽑아낸 결정체! 이보다 더 간결하고 친절한 과학 논문 쓰기 안내서는 없다!"
_김미소(타마가와대학교 ELF센터 교수)

"논문 작성의 시작부터 단락마다 고려할 사항들을 단계별로 꼼꼼하게 짚어 주고 있어 1:1 맞춤 과외를 받으며 논문을 쓰는 기분이다."
_유보람(베를린대학교 물리학과 석사 과정)

"조금 더 빨리 이 책을 접할 수 있었더라면, 얼마나 좋았을까!"
_정성목(교토대학교 의과대학원 박사)

"자유 주제의 산출물 보고서나 과학탐구 보고서를 작성해야 하는 중·고등 학생들에게도 유용한 책이다."_김미영(가천대학교 과학영재교육원 주임 교수)

【기억해야 할 우리 과학자_한국 과학기술 인물열전】

한국 과학기술 인물열전;자연과학 편

대한민국 과학자의 탄생 : 자연과학 편

김근배·이은경·선유정 편저

"한국 현대사는 산업화, 민주화와 함께
치열한 과학화의 과정이었다."
우리 역사의 잃어버린 고리, 근현대 한국 과학자 이야기

아인슈타인, 뉴턴 같은 과학의 거장 이야기가 익숙한 여러분은 100년 전 대한
민국 과학의 불꽃을 지핀 숨은 과학 영웅들에 대해 들어 본 적 있는가?
_강성주(천체물리학 박사, 유튜브 '안될과학' 크리에이터)

일제강점기와 해방 후 우리나라 과학의 토대를 닦은 분들의 삶과 업적을 정성
껏 담아낸 이 책은 한국 과학자의 뿌리와 계보를 확인할 수 있는 귀중한 자료
이다. _유욱준(한국과학기술한림원 원장)

편저자들의 면밀하고 철저한 연구에 기반하여 학문적으로도 더없이 탄탄하다.
_장하석(케임브리지대학교 과학사·과학철학과 석좌교수)

이 책은 한국 근대 과학기술의 기원을 찾는 출발점이자, 현대 한국의 압축적
성장을 규명하는 퍼즐을 완성할 수 있는 길을 제시해 줄 것이다.
_박태균(서울대학교 국제대학원 교수)

- 국민일보, 한국일보,
  조선일보, 문화일보,
  부산일보, 한겨레, 동아일보,
  교수신문 등 언론 추천
- 교보문고 MD의 선택
- 알라딘 MD's Choice
- 예스24의 선택

【조금 다른 과학자 이야기_어나더 사이언티스트】

에미 뇌터
그녀의 좌표

에미 뇌터 그녀의 좌표

에두아르도 사엔스 데 카베손 지음 | 김유경 옮김 | 김찬주·박부성 감수

"뭔가를 포기했다고 해서 그것이 다 좌절의 이야기는 아니다."

현대 추상 대수학의 개척자이자 '뇌터 정리'를 증명한
이론물리학의 선구자! 학문적 엄격함을 견지하면서도 섬세하고
문학적인 필치로 되살린 에미 뇌터의 삶.
"뇌터 여사는 역사상 가장 위대하고 창의적인 여성 수학자였다."
_아인슈타인

"에미 뇌터를 중심으로 여러 여성 수학자의 삶과 업적을 돌아보는 일은,
단순히 수학사에서 여성의 역할을 복원하는 것 이상의 의미가 있습니다."
_김찬주(이화여자대학교 물리학과 교수)

- 과학책방 '갈다' 주목 신간
- 예스24 과학MD 추천도서
- 한겨레신문 '정인경의 과학
  읽기' 추천도서

다시는 집을 짓지 않겠다

지윤규 지음

"농부가 된 과학자의 현장감 100% 리얼 건축일지"

집을 짓기로 한 순간부터 준공검사 후 취득세 납부까지
모든 절차, 비용, 현장, 사람살이를 꼼꼼하게 관찰하고 깊이
있게 통찰한 이 시대의 집 짓기 보고서!

"그는 고통 속에서도 인부 하나하나의 사정까지 헤아리고, 감사해야 할 것에
감사하려 애쓴다. 그래서 이 책은 누구나 집을 짓는 데에 참고할 만한 실용적
인 기록이며, 동시에 무작정 다정하게 살고 싶다는 마음을 안겨주는 에세이
같기도 하다." _오성윤《에스콰이어》 에디터)

• 《전원 속의 내 집》,《아레나》
  매거진 주목 도서
• 《에스콰이어》 에디터
  추천도서

그렇게 물리학자가 되었다

김영기·김현철·오정근·정명화·최무영 지음

"뭔가 해야 한다면, 그게 뭘까?"

각자의 인생 궤도 속에서 과학자의 길을 발견하고
물리학이라는 향연을 즐긴 K과학자의 5인 5색 나의 길 찾기!

「이보다 더 나은 선택은 없다」★ 정명화(서강대 교수)
「책과 함께 물리학자의 꿈」★ 오정근(국가수리과학연구소 선임연구원)
「시인과 물리학자」★ 김현철(인하대 교수)
「나를 만든 레고 블록들」★ 김영기(시카고대 석좌교수, 미국물리학회 차기 회장)
「그렇게 물리학자가 되었다」★ 최무영(서울대 교수)

• 마산도서관 '진로와 디딤' 추천
  도서
• 서울 도봉도서관 사서추천도서
• 의정부 과학도서관 사서컬렉션

식물 심고 그림책 읽으며 아이들과 열두 달

이태용 지음

식물이 주는 기쁨과 위로, 그리고 식물 심고 그림책 읽으며 남자 어른이 만난 '어린이라는 세계'.

도시인의 하나인 나는 반성과 함께 경탄을 거듭했다. 가정에서, 유치원이나
학교에서 꼭 한 권씩 비치하고 수시로 참조하면 좋겠다. 책에는 원예의 역사
와 여러 나라의 원예 문화, 풀과 나무와 꽃이 인간에게 주는 기쁨도 담겨 있
다. 마음에 상처가 있거나 소외감을 느끼던 아이들이 원예 활동을 하면서 스
스로 마음을 여는 모습은 가슴 뭉클하다. _엄혜숙(그림책 전문가, 번역가)

• 국립중앙도서관 사서 추천도서
• 여수시 이순신도서관 추천도서
• (사)어린이와작은도서관협회 추천